Les mécanismes de la vision

Les mécanismes de la vision

Préface par Yves Galifret

POUR LA SCIENCE
DIFFUSION BELIN

8, rue Férou 75006 Paris

En couverture :
Rétine de Lapin. La fine couche de tissu nerveux de la rétine est transparente. La lumière qui la traverse frappe les photorécepteurs – les cônes et les bâtonnets – qui transforment les signaux lumineux en impulsions nerveuses. Les neurones rétiniens envoient ces impulsions vers le nerf optique (*filaments blancs*). Les deux paires de vaisseaux sanguins longent la surface antérieure de la rétine. *Photographie Richard Masland*

ISBN 2-9029-**18-43**-7 ISSN 0224-5159

Table des matières

	Préface	8
1	**L'œil : son accommodation et son vieillissement** *Jane Koretz et George Handelman*	18
2	**Les cellules photoréceptrices de l'œil** *Julie Schnapf et Denis Baylor*	30
3	**Les molécules de la vision** *Lubert Stryer*	43
4	**Les gènes de la vision des couleurs** *Jeremy Nathans*	57
5	**L'architecture fonctionnelle de la rétine** *Richard Masland*	69
6	**Des synapses qui détectent le mouvement** *Tomaso Poggio et Christof Koch*	85
7	**La découverte du cortex visuel** *Mitchell Glickstein*	97
8	**Les mécanismes cérébraux de la vision** *David Hubel et Torsten Wiesel*	108
9	**Art, illusion et système visuel** *Margaret Livingstone*	131
10	**Les mécanismes cérébraux de l'attention visuelle** *Robert Wurtz, Michael Goldberg et David Robinson*	144
11	**Les ombres et la perception des formes** *Vilayanur Ramachandran*	157
12	**Imagerie mentale et système visuel** *Ronald Finke*	170
	Auteurs et bibliographie	183
	Références des illustrations	187

De l'Optique physiologique aux Sciences de la vision

Préface, par Yves Galifret

Dans le domaine de la vision, comme dans toutes les disciplines scientifiques, le développement s'est considérablement accéléré à partir des années cinquante et les textes rassemblés dans ce volume, dus aux meilleurs spécialistes du moment, permettront au lecteur de mesurer l'importance des progrès accomplis.

Ces progrès ont été tels qu'il n'est peut-être pas superflu, en rappelant quelques dates et quelques noms, de faire le pont entre les connaissances dont on peut supposer qu'elles constituent le fonds commun du public cultivé, lecteur de ce type d'ouvrage, et les données les plus récentes qui sont mises ici à sa disposition. Mais ce fonds commun n'est probablement pas dégagé de certains présupposés devenus anachroniques ; il nous faudra en faire justice et les renvoyer là où ils doivent figurer aujourd'hui, dans l'Histoire des Sciences.

Tel est le cas de la conception de la fonction de l'œil selon laquelle, le système optique ayant formé une image sur la rétine, celle-ci en fournit une sorte de décalque nerveux, électrique, qu'elle envoie au cerveau par le nerf optique. La fonction de la rétine serait donc de transformer l'énergie lumineuse en "énergie nerveuse" ou même — pourquoi pas ? — en énergie électrique.

Rien n'est plus faux. On a montré sur de multiples exemples que l'énergie nécessaire à la production du message sensoriel était fournie par le récepteur lui-même, la stimulation jouant uniquement le rôle de déclencheur et de modulateur de la libération de cette énergie. Dès 1905, Ernst Mach avait fait l'hypothèse d'un tel mécanisme et il comparait les récepteurs sensoriels à ce que nous appelons aujourd'hui les capteurs actifs (jauge de contrainte, microphone électro-dynamique) qui, pour fonctionner, doivent être alimentés en courant.

Dans le cas particulier de la vision, le processus est compliqué par le fait que la lumière, contrairement à un stimulus mécanique ou chimique, ne peut agir directement sur les terminaisons nerveuses. Comme l'écrivait Helmholtz en 1866 "l'action de la lumière sur les éléments nerveux est médiate" et Boll, en 1876, découvrait l'agent intermédiaire, le pigment photosensible des bâtonnets qu'après Kühne (1877) on appellera rhodopsine. Il faudra attendre 1935 et le développement de la biochimie pour que George Wald montre que la rhodopsine est formée de la combinaison d'une protéine qu'il appelle l'opsine et d'un dérivé de la vitamine A. Robert Morton, à Liverpool, en 1948, précise que ce dérivé est la forme aldéhydique de la vitamine A (alcoolique), d'où les appellations actuelles de rétin*al* et rétin*ol*. Au cours des années cinquante, Wald (Prix Nobel 1967) et ses collaborateurs à Harvard, découvrent que, pour se combiner à l'opsine, le rétinal doit se présenter avec la configuration 11-cis (voir l'article de Stryer p. 43) et que la seule action de lumière, du photon, est d'isomériser ce rétinal 11-cis et de le faire passer en configuration tout-trans.

C'est au maître de George Wald, Selig Hecht (lui-même élève du biophysicien Jacques Loeb auteur en particulier de la *Conception mécanique de la vie*) que l'on doit l'introduction décisive des concepts de la microphysique en physiologie de la vision. Avec Simon Schlaer et Maurice Pirenne, Hecht, mesure en 1942 le seuil absolu de la perception lumineuse de sujets adaptés à l'obscurité : il est en moyenne de moins de 10 quanta (absorbés par les bâtonnets rétiniens). Les auteurs montrent également que ce seuil est fluctuant, et que les fluctuations, qui suivent la loi de Poisson, traduisent en fait les fluctuations physiques inhérentes à la nature quantique de la stimulation.

Comment de l'isomérisation du rétinal 11-cis par le photon, parvient-on à la réponse électrique du photorécepteur ? On notera que les photorécepteurs des Vertébrés, cônes et bâtonnets, ont un mode de fonctionnement inverse du mode de fonctionnement classique, celui des photorécepteurs des Invertébrés comme de la plupart des récepteurs sensoriels. Dans le cas classique, au repos (en l'absence de stimulation sensorielle), les processus métaboliques fournissent de l'énergie à un mécanisme (sorte de pompe) qui maintient à l'intérieur de la cellule une concentration en ions sodium plus faible qu'à l'extérieur et une concentration en ions potassium plus forte à l'intérieur qu'à l'extérieur. La membrane est alors perméable essentiellement aux ions potassium, d'où un courant sortant de potassium et une polarisation négative de l'intérieur de la cellule par rapport à l'extérieur : –70 à –100 millivolts, c'est le potentiel de repos.

La stimulation (lumineuse, mécanique, chimique) a pour effet essentiel d'augmenter la perméabilité de la membrane aux ions sodium, d'où un courant entrant de sodium, plus important que le courant sortant de potassium. L'intérieur de la cellule devient alors moins négatif par rapport à l'extérieur, la réponse à la stimulation est donc une dépolarisation, c'est le potentiel de récepteur.

Dans le cas des cônes et des bâtonnets de la rétine des Vertébrés, et c'est là l'originalité du système, tout se passe comme si l'obscurité était la stimulation. C'est à l'obscurité que l'on observe un flux entrant de sodium (courant d'obscurité) et donc une dépolarisation permanente de la cellule. La lumière a pour effet de contrarier cette dépolarisation en diminuant la perméabilité au sodium et le potentiel de récepteur apparaît alors comme une hyperpolarisation, en fait une interruption de la dépolarisation permanente. Julie Schnapf et Denis Baylor (voir p. 30) rappellent quelques uns des travaux qui ont conduit à ces évidences et auxquels on peut ajouter ceux de Y. A. Trifonov à Moscou.

Pour une analyse plus fine des phénomènes on a mis au point, dans le laboratoire de Denis Baylor à l'Université Stanford (K.W. Yau en particulier), une méthode extrêmement élégante qui consiste à mesurer non les voltages mais les courants, en isolant le segment externe du photorécepteur par aspiration dans une micropipette de diamètre convenable (voir la figure 6 p. 36). L'analyse statistique poissonnienne, appliquée aux enregistrements du type des deux tracés supérieurs de la figure 7 p. 37 montre — ce n'est là qu'un des résultats, mais il est particulièrement spectaculaire — que, dans un bâtonnet, en réponse à l'isomérisation par un photon d'une molécule de rhodopsine, on enregistre une variation du courant de membrane de l'ordre de 1 pico-ampère.

Comment la modification d'une unique molécule de photopigment parmi les quelques centaines de millions (400 millions selon Stryer) que compte le segment externe peut-elle fournir une réponse électrique mesurable? C'est là un problème difficile auquel Lubert Stryer de l'Université Stanford et Marc Chabre du Centre d'Études nucléaires de Grenoble (voir p. 43) ont apporté des éléments de réponse. Ils ont en particulier fourni la clé du phénomène d'amplification expliquant l'étonnante sensibilité du bâtonnet comme détecteur de photons. On notera que la *transducine*, qui intervient dans ce mécanisme très spécifique qu'est la détection des photons, est une protéine de la famille ubiquitaire des protéines *G* (celles qui se combinent aux nucléotides guanidiques) ce qui explique l'étonnante ressemblance entre la cascade fonctionnelle conduisant de la photo-activation de la rhodopsine à la régulation de perméabilité membranaire, et celle conduisant de la fixation d'une hormone sur son récepteur à la régulation enzymatique (voir la figure 9 p. 55).

La connaissance de plus en plus précise des mécanismes en jeu dans le fonctionnement rétinien accentue s'il en est besoin le caractère obsolète de l'invocation de la persistance de l'image rétinienne dans l'explication de la "fusion des images" lors d'une stimulation présentant une modulation temporelle d'intensité (éclairage en courant alternatif, stroboscopie, projection cinématographique). Cette conception n'a pas été totalement évacuée de notre fonds culturel bien que son inadéquation ait été dénoncée dès la fin du XIXe siècle sur la base d'une observation très simple : on peut constater que, lorsque l'intensité d'un éclair bref augmente, la durée de notre sensation lumineuse augmente également ; dans le cas d'une stimulation répétitive par cet éclair, la fréquence nécessaire pour obtenir la fusion devrait donc diminuer, or c'est le contraire que l'on observe, la fréquence critique de fusion augmentant comme le logarithme de l'intensité stimulatrice. En réalité la fusion traduit l'incapacité du système à "suivre" les fréquences même modestes ; aux niveaux usuels d'éclairement l'atténuation est manifeste au-delà de 20 hertz et, aux fortes intensités, la fusion est totale au-delà de 100 hertz. Le phénomène est lié à la constante du temps des photorécepteurs, quatre fois plus grande pour les bâtonnets (éclairement crépusculaire) que pour les cônes (éclairement diurne) et on a montré, dans le laboratoire de Baylor, que les constantes de temps des réseaux nerveux rétiniens connectés respectivement aux bâtonnets et aux cônes ont des constantes de temps adaptées à celles des récepteurs.

Les cônes, récepteurs de la vision diurne, ont un "câblage" qui permet la discrimination spatiale fine, ils sont également responsables de la discrimination des couleurs.

La possibilité de reproduire toutes les couleurs du spectre par mélange de trois d'entre elles, convenablement choisies, fut entrevue par Mariotte en 1681. Lomonosov en 1757 et Palmer en 1777 firent l'hypothèse de l'existence dans la rétine de trois espèces de "corpuscules éthérés" ou de "molécules nerveuses". Cette hypothèse trichromatique, défendue brillamment par Thomas Young en 1802, fut reprise et développée en 1852 par Helmholtz mais il fallut encore attendre plus d'un siècle (1963) pour qu'elle commence à recevoir des confirmations expérimentales solides. Plus récemment, dans le laboratoire de Denis Baylor (voir la figure 10 p. 42), on a utilisé la mesure des photocourants pour tracer les courbes de sensibilité relative des cônes dits par commodité rouges, verts et bleus (en fait sensibles préférentiellement au rouge au vert et au bleu).

Ces courbes sont à rapprocher des courbes d'absorption spectrales de la figure 3 p. 62. La différence de forme tient au fait que les ordonnées sont linéaires dans un cas et logarithmiques dans l'autre, d'où l'écrasement des tracés. De plus, dans la figure de Schnapf et Baylor, l'échelle linéaire d'abscisses concerne le nombre d'ondes par micromètre et non la longueur d'onde. Horace Barlow a trouvé que les courbes de sensibilité spectrale des quatre photopigments (la rhodopsine et les pigments des cônes) étaient rigoureusement superposables si l'on portait en abscisses la racine quatrième de la longueur d'onde (aux physiciens d'expliquer pourquoi), ne se différenciant que par la localisation spectrale de leur maximum.

On a montré que le groupement prosthétique de la rhodopsine, le rétinal 11-cis, était également celui des photopigments des cônes : les quatre pigments ne diffèrent donc que par leur opsine dont la structure conditionne la spécificité d'absorption. Or parallèlement à l'analyse des mécanismes de la phototransduction, les progrès de la biologie moléculaire et en l'espèce le développement de la technique d'hybridation de l'ADN (voir la figure 5 p. 65) ont permis de déterminer la séquence nucléotidique des gènes codant la séquence de leurs amino-acides. Les résultats sont schématisés par Jeremy Nathans dans la figure 4 p. 63 qui présente des comparaisons deux à deux des chaînes d'amino-acides. Au vu de cette figure on comprend que les pigments sensibles au vert et au rouge aient des courbes d'absorption si voisines, leurs deux opsines (364 amino-acides) étant quasiment identiques. La différence est plus importante avec l'opsine du pigment sensible au bleu ou avec celle de la rhodopsine (les deux ayant chacune 348 amino-acides); néanmoins les quatre protéines ont un incontestable air de famille et de plus elles peuvent être rapprochées non seulement de celles existant dans les yeux d'insectes mais de nombreux récepteurs membranaires (récepteurs B de l'adrénaline et récepteurs muscariniques par exemple).

Ces résultats sont passionnants à plus d'un titre. D'une part ils constituent des matériaux précieux pour qui tente de reconstituer l'histoire naturelle des fonctions et, à l'intérieur de la fonction visuelle, le développement progressif, dans certains phylums, de la vision des couleurs. On verra également dans l'article de Nathans comment les techniques d'hybridation, après avoir permis la connaissance précise des structures protéiques responsables de la sélectivité spectrale, ont encore permis d'expliquer l'origine des anomalies génétiques discrètes ou flagrantes de la discrimination chromatique dans la région vert-jaune-rouge du spectre.

On notera que les Français désignent souvent

ces anomalies sous le nom de daltonisme. Jeremy Nathans qui est américain ne refuse pas le terme mais il serait difficile de le trouver dans un texte en provenance de Grande-Bretagne : pour les Anglais, Dalton est une célébrité nationale, le fondateur de la théorie atomique en chimie, et non un cas pathologique. Pasteur souffrait d'une légère claudication, les Français se réjouiraient-ils que l'on désigne ce symptôme comme "pastorisme" ? Il existe une nomenclature précise des différentes formes de dyschromatopsie que Nathans utilise ; elle est fondée sur le nombre de fondamentales nécessaires au sujet pour reconstituer par mélange les différentes couleurs du spectre. Les sujets normaux sont donc trichromates mais il existe des trichromates anormaux pour lesquels l'équilibre rouge-vert dans la réalisation du jaune est atypique. Certains sujets se contentent de deux fondamentales, ce sont des dichromates et selon que leur déficit concerne la première fondamentale (rouge) la seconde (vert) ou la troisième (bleu), ils sont dits protanopes, deutéranopes ou tritanopes. Enfin certains sujets n'ont besoin que d'une fondamentale (n'importe laquelle). Pour la cohérence de la nomenclature on les appelle monochromates, ils sont en fait achromates, totalement aveugles aux couleurs soit parce que leur rétine ne possède pas de cônes fonctionnels (vision par bâtonnets uniquement) soit parce que les cônes, bien que fonctionnels (acuité normale, appréciation des luminosités quasi normale), sont dépourvus de sélectivité chromatique.

Si l'épithète de daltonien a au moins sur dyschromatopsique rouge-vert l'avantage, et donc l'excuse de la simplicité, on trouve encore dans le domaine de la perception des couleurs un certain nombre de vestiges traditionnels passablement encombrants, à commencer par l'énumération canonique des sept couleurs de l'arc-en-ciel. Elle est héritée de Newton et si Newton tenait absolument à voir sept couleurs dans le spectre, c'est que la pensée de son temps était encore marquée par les influences pythagoriciennes si évidentes chez Kepler (sept, symbole de l'harmonie des mondes). Les lois qui règlent la "musique des sphères" devaient également s'appliquer aux couleurs et, dit Helmholtz, aux sept intervalles de la gamme phrygienne Newton fait correspondre sept bandes spectrales. De la tradition babylonienne (sept planètes, sept jours) au dogme catholique (sept péchés capitaux, sept sacrements) en passant par les sept sages, les sept merveilles du monde, les sept anges de l'Apocalypse, la magie du sept est éclatante et c'est ainsi que, depuis plus de trois cents ans, les écoliers sont tenus d'ajouter aux couleurs familières rouge, jaune, vert, bleu, violet, l'incertain orange et le mystérieux et exotique indigo. Newton lui-même, lorsqu'il décrit ses nombreuses et ingénieuses expériences, s'oublie quelquefois et ne cite que rouge, jaune, vert, bleu et violet ou même seulement rouge, jaune, vert, bleu et Helmholtz (*Optique physiologique*) constate que si l'on examine un spectre peu étalé "il ne paraît composé que de quatre bandes colorées : rouge, vert, bleu et violet, tandis que le contraste avec ces quatre couleurs principales fait disparaître presque complètement les nuances intermédiaires : c'est tout au plus si l'on remarque que le vert devient un peu jaunâtre près du rouge". C'est en se fondant sur une pareille description du spectre par son collègue de Cambridge Wollaston (qui fut le premier à observer les raies d'absorption dans le spectre solaire mais sans savoir les interpréter), que Young avait, cinquante ans plus tôt, proposé comme "couleurs principales" le rouge, le vert et le violet.

Si, au lieu de comprimer le spectre pour faire émerger les couleurs principales, on l'étale largement, on parvient à y distinguer, dans les conditions optimales, environ 150 qualités chromatiques entre le rouge extrême et le violet extrême : dans le bleu-vert (480-490 nm) et le jaune (570-590 nm), un œil exercé est capable de percevoir une variation de la couleur pour une variation de longueur d'onde de 0,5 à 1 nanomètre contre 2 nanomètres ou plus dans le bleu, le vert ou le rouge. A chacune des 150 bandes spectrales différenciables on peut ajouter plus ou moins de lumière blanche et faire varier ainsi leur pureté chromatique, ce qui provoquera une sensation variable de saturation. La marge est faible dans le jaune qui résiste mal à la dilution : 8 niveaux de saturation différenciables entre le jaune spectral (pureté 1) et le blanc (pureté 0) ; elle est plus étendue dans le bleu ou le rouge où l'on atteint 20 à 25 niveaux de saturation. Au total, en combinant les deux dimensions, localisation spectrale et pureté chromatique on ne dépasse guère 3000 qualités discriminables. Nous sommes loin des 20 000 "teintes" que pouvaient distinguer, disait-on jadis, les trieurs de laine des Gobelins. C'est que la perception des objets colorés fait intervenir une troisième caractéristique : le coefficient de réflexion diffuse de la surface (0 pour le noir théorique et 1 pour le blanc théorique, 0,7 à 0,8 pour le papier blanc de ces feuilles). Le morceau de chocolat et l'écorce d'orange réfléchissent à peu près les mêmes radiations spectrales mais la "réflectance" du chocolat est beaucoup plus faible. Si l'on ne fait pas la claire distinction entre les deux domaines, entre les lumières colorées (rouge + vert + bleu = blanc) et les peintures (rouge + vert + bleu = noir), entre les synthèses additives et soustractives, on est conduit aux pires non-sens comme en témoigne la suffisance de Goethe réfutant Newton (*Sur la théorie des couleurs*, 1810). Wittgenstein, pour sa part (*Remarques sur les couleurs*, 1950-51) considère bien le marron comme une couleur de surface et s'amuse de l'impossibilité d'une lumière brune ou grise mais en même temps il s'empêtre — ou feint de s'empêtrer ? — dans le couple blancheur-transparence : puisqu'il existe des verres rouges au travers desquels le vert paraît noir et le blanc rouge, ou des verres bleus ou verts, pourquoi pas des verres blancs, comme le lait, qui seraient transparents et au travers desquels le noir paraîtrait gris et le rouge rose ? Rêve de poète, le lait est blanc parce qu'il réfléchit toutes les longueurs d'onde du spectre, la vitre au contraire les laisse passer toutes et c'est improprement que l'on parle de verre "blanc" (pour transparent incolore).

La perception des couleurs de surface est un complexe fragile : l'infinie variété des roses, des beiges, des mauves, des gris-bleus, gris-verts, etc, s'évanouit dès que les échantillons sont isolés de leur champ perceptif : en l'absence de références, fournies normalement par l'environnement, on ne peut savoir si l'on observe une surface colorée, éclairée en lumière blanche, ou une surface blanche éclairée en lumière colorée. Et dans tous les cas, les couleurs perçues sont celles du spectre, plus ou moins saturées, plus ou moins lumineuses.

La présence d'un environnement de référence autour de l'échantillon observé, outre qu'elle induit une qualité perceptive étrangère au spectre, assure également une relative permanence de cette qualité en dépit des variations de composition spectrale de la lumière incidente, par exemple lors du passage de la lumière du jour à celle des lampes à incandescence. Ce phénomène, dit de constance perceptive, qui vaut également pour les variations d'intensité de l'éclairement — une feuille blanche amenée dans la pénombre reste blanche — est intrigant : Helmholtz l'expliquait en invoquant des "jugements inconscients" et Bergson (*Essai sur les données immédiates de la conscience*) y voyait le résultat d'une opération intellectuelle pernicieuse dénaturant, après coup, les précieuses données immédiates. En réalité on a pu vérifier que les mêmes lois perceptives se retrouvent chez le Macaque ou la vulgaire Poule de basse-cour et les neurophysiologistes, comme nous le verrons plus loin, ont à ce sujet des informations à fournir aux psychologues.

Le choix d'un Primate ou d'un Oiseau pour ces expériences sur la perception des couleurs n'est nullement fortuit et nous touchons là un autre chapitre des idées reçues. Sans trop y réfléchir, on attribue volontiers aux animaux et surtout à nos animaux familiers, des capacités sensorielles du même ordre que les nôtres, or le privilège d'une bonne perception chromatique n'est le fait que de certaines espèces. Chez les non-mammaliens on trouve une vision trichromatique surtout parmi les Poissons téléostéens, les Tortues et les Oiseaux diurnes, certains Poissons et certains Oiseaux semblent même posséder un quatrième type de cônes spécifiquement sensible à l'ultra-violet (maximum d'absorption entre 350 et 380 nm). Quant aux Mammifères, les seuls à posséder une aire rétinienne centrale riche en cônes, avec une fovéa dépourvue de bâtonnets, sont probablement les Primates diurnes : l'Homme, le Chimpanzé, le Macaque, le Babouin ont une vision trichromatique. Le Spermophile, Rongeur diurne est dichromate, quant aux autres Mammifères même si leur rétine comporte une certaine proportion de cônes, variable selon les espèces, la couleur n'intervient pas de façon déterminante dans leur comportement. C'est le cas évidemment du Rat et de la Souris ; le Chat, outre qu'il a une bien mauvaise acuité visuelle, est assez indifférent à la couleur ; quant au Taureau, comme on le sait, c'est au mouvement de la cape du toréador qu'il réagit et non à sa couleur.

Si les photorécepteurs conditionnent déjà certaines caractéristiques du comportement visuel, ils ne constituent cependant que "l'entrée" du système, et la vision dans ses différents aspects (nous avons évoqué par exemple la constance perceptive) est le résultat du traitement par le système nerveux de l'information fournie par les cônes et les bâtonnets. La qualité de ce traitement dépend elle-même des structures nerveuses dans lesquelles il s'effectue : des types de "câblage", de la plus ou moins grande complexité des réseaux, de leur plus ou moins grande flexibilité fonctionnelle.

Ces structures nerveuses en action sont d'abord rétiniennes puis cérébrales. La rétine nerveuse au cours de l'organogenèse s'est formée par évagination du diencéphale, elle constitue ainsi une expansion du cerveau et le nerf optique n'est pas l'analogue d'un nerf périphérique, comme le trijumeau ou le sciatique, mais d'une voie intracérébrale. La complexité des structures rétiniennes qu'évoquent la contribution de Richard Masland (voir p. 69) et celle de Thomaso Poggio et Christof Koch (voir p. 85) est de nature à permettre un traitement de l'information relativement sophistiqué et la conception d'une rétine réalisant passivement un décalque nerveux de l'image optique est d'une époque antérieure à la microscopie électronique, à la neurochimie, à la microphysiologie et, a fortiori, à l'informatique. La fonction de la rétine n'est pas d'envoyer au cerveau l'image d'une image mais des informations codées concernant cette image, informations que le cerveau continuera de traiter. En 1953, Horace Barlow à Cambridge (G.-B.), étudiant les propriétés fonctionnelles des cellules ganglionnaires de la rétine de Grenouille, remarquait qu'on ne pouvait échapper à la conclusion que certaines de ces cellules fonctionnaient très exactement comme des "détecteurs de mouches". Il s'agit pour le système visuel, dès la rétine, d'extraire et de traiter de l'information mais cette extraction est sélective, l'information propre à assurer la survie de l'espèce y est prioritaire.

Le mouvement, mouvement de la proie qu'il faut capter ou du prédateur qu'il faut fuir ou éviter, est une de ces informations prioritaires et probablement la première pour de nombreuses espèces. Dans la rétine d'animaux aussi différents que le Lapin et la Tortue on a effectivement montré l'existence de cellules ganglionnaires spécifiquement sensibles non pas seulement au mouvement en général mais au sens du déplacement, telle cellule fournissant sa réponse optimale pour tel sens de déplacement. Comment une telle performance est-elle possible ? De quel travail du réseau rétinien est-elle l'aboutissement ?

Pour aborder ce type de question il n'est pas mauvais de se souvenir de la structure générale de la rétine dont la figure 2 p. 88 donne un schéma qui semble complexe, mais qui est pourtant très loin de la réalité, et également des concepts de base nécessaires à son étude fonctionnelle parmi lesquels celui de champ récepteur que rappellent fort opportunément les figures 3 p. 73 et 4 p. 74. Masland, pour sa part, (voir p. 69) a étudié plus particulièrement les cellules amacrines (littéralement, qui n'ont pas de long crin, qui sont dépourvues d'un axone identifiable), il en montre la diversité morphologique et neurochimique et tente de préciser le rôle fonctionnel de chacun des types. Il fournit ainsi à Poggio et Koch (voir p. 85), avec la cellule amacrine de type cholinergique une des pièces majeures du montage susceptible d'extraire l'information concernant le sens du déplacement.

L'étude de cet exemple de traitement d'un type d'information amène les auteurs à des considérations générales intéressantes. Divers signaux d'entrée et de sortie peuvent se côtoyer sur une même ramification, constate Masland ; il est alors difficile de considérer le neurone comme une unité fonctionnelle élémentaire, aussi Poggio et Koch insistent sur le changement d'échelle intervenu au cours des dernières décennies : ce sont les sites d'interactions synaptiques qui sont devenus les composants élémentaires du montage, en sorte que le neurone, que l'on considérait autrefois comme l'analogue d'un transistor, apparaît aujourd'hui comme "l'équivalent d'une puce, formée de plusieurs centaines de transistors."

Pour les autres informations traitées dans la rétine, comme le contraste lumineux ou la couleur, le mode opératoire est comparable et l'on peut remarquer qu'il est, dans tout le réseau rétinien, de type analogique, fondé sur l'interaction à faible distance de signaux d'amplitude graduable, excitateurs ou inhibiteurs. Ce n'est qu'à la sortie de la rétine, c'est à dire dans les cellules ganglionnaires dont les axones constituent le nerf optique, qu'apparaît un codage de type numérique fondé sur la répartition dans le temps (variations de fréquence) d'impulsions électriques répétitives de caractéristiques constantes (les classiques potentiels d'action) et également sur leur répartition dans l'espace à savoir la distribution des trains de potentiels d'action dans le million de fibres du nerf optique.

Au début des années cinquante Stephen Kuffler, travaillant sur les cellules ganglionnaires du Chat, avait approfondi le concept de champ récepteur et montré que, pour quantité de ces cellules, le champ était de structure concentrique avec antagonisme fonctionnel entre le cercle central et l'anneau du pourtour (voir la figure 3 p. 73). On put ainsi ultérieurement analyser la variété de comportement des cellules ganglionnaires en corrélation avec leur diversité morphologique et c'est sur les travaux de la décennie 1966-1976 que se fonde Margaret Livingstone quand elle évoque (voir p. 131) les grandes cellules ganglionnaires qui ne "voient" pas les couleurs et les petites qui, au contraire, présentent une sélectivité chromatique accrue par rapport aux cônes. Ces grandes cellules (dites cellules Y), caractérisées par un grand champ récepteur et une réponse de type transitoire (phasique), sont sensibles aux stimuli mobiles ; plus nombreuses à la périphérie rétinienne elles ont comme fonction essentielle d'alerter le système en cas d'apparition d'une stimulation dans les zones latérales du champ visuel. Elles déclenchent le réflexe de fixation qui amène l'image de la stimulation sur la fovéa. Ce sont alors les petites cellules ganglionnaires (dites cellules X) qui sont préférentiellement activées. Ces cellules, abondantes dans la fovéa et à proximité, sont caractérisées par leur réponse soutenue (tonique) et la petite dimension de leur champ récepteur (inférieur à une minute d'arc dans la fovéa) ; à l'antagonisme entre le centre du champ et le pourtour (antagonisme spatial), s'ajoute un antagonisme chromatique, par exemple sélectivité au rouge pour le centre (réponse "ON") et sélectivité au vert pour le pourtour (réponse "OFF"). Cet ensemble de propriétés confère aux cellules ganglionnaires de type X un rôle déterminant dans la détection des contrastes lumineux et des contrastes colorés et la perception des détails de faible dimension.

Chez le Macaque, 90 % des cellules ganglionnaires ont un champ récepteur de structure concentrique (centre-pourtour) qu'elles soient de type X (environ 55 %) ou de type Y (environ 35 %). Les autres, dites de type W, constituent un groupe fonctionnel disparate mais ont en commun de posséder un champ récepteur uniforme. Les lettres W, X, Y, correspondent à l'ordre croissant des vitesses de conduction de l'influx nerveux (mesurées dans le nerf optique du Chat) pour chaque type cellulaire, soient respectivement 3 à 8, 9 à 18 et 20 à 40 mètres par seconde. C'est dans le groupe W que l'on trouve les cellules ganglionnaires spécifiquement sensibles à la direction du déplacement (voir la figure 4 p. 74) découvertes en 1963 par Barlow et Levick dans la rétine du Lapin. Maturana, Lettvin, Mc Culloch et Pitts avaient identifié de telles cellules dans la rétine de Grenouille en 1960. Poggio et Koch (voir p. 85) analysent le mécanisme sous-jacent dans la rétine de Tortue. Il faut cependant se garder de généraliser et de considérer que, chez tous les Vertébrés, la direction du mouvement est une information fournie par la rétine. Ainsi dans la rétine du Chat dont pourtant plus de la moitié des cellules ganglionnaires sont de type W, celles sensibles à la direction sont extrêmement rares. Dans la rétine du Macaque elle sont inexistantes. Cet état de fait suggère que, chez les Mammifères supérieurs l'information "direction" est élaborée non dans la rétine mais dans le cerveau. Nous avons là une manifestation du phénomène de télencéphalisation des fonctions, corrélatif du développement des hémisphères cérébraux et l'on peut dire que si l'expression "voir avec ses yeux" est toujours fausse, car l'on voit avec les yeux et le cerveau, elle l'est moins s'agissant du Poisson ou de la Grenouille que s'agissant du Macaque et a fortiori de l'Homme.

Il est vrai que si le rôle de l'œil est évident, il n'en est pas de même des fonctions cérébrales et il faut attendre la seconde moitié du XIXe siècle pour que s'élabore progressivement la connaissance des structures cérébrales à fonction visuelle. Comme le rappelle Mitchell Glickstein (voir p. 97), c'est en 1892 que la recension exhaustive d'un grand nombre de cas cliniques permit à Henscher de désigner le cortex strié comme aire visuelle corticale principale et ce n'est qu'au début du XXe siècle que le Japonais Inouye puis l'Anglais Gordon Holmes mirent en évidence la projection point par point de la rétine sur cette aire visuelle. La découverte de cette rétinotopie, dont le caractère fondamental ne peut être nié, a eu cependant un certain effet pervers car elle a conforté la conception folklorique de l'image rétinienne projetée au cerveau. Il est vrai qu'il existe un réel isomorphisme entre l'objet observé et sa trace dans l'aire visuelle primaire. Les techniques utilisant le désoxyglucose marqué par un carbone 14 (voir Hubel et Wiesel p. 108) ont même permis de matérialiser cette trace et la tentation est forte de considérer que l'on atteint là, avec cette image corticale, l'étape ultime, la fin dernière du fonctionnement visuel.

Mais qui va maintenant regarder cette image ? A cette question les réponses traditionnelles devenaient confuses, plus ou moins empêtrées dans un dualisme implicite. Comme le disent avec humour Hubel et Wiesel, le petit bonhomme qui veille dans le lieu saint où sont censées défiler les images n'aurait pas un rôle facile.

Il faut cependant reconnaître que, bien avant que la neurophysiologie moderne ait renouvelé le problème, cette conception du fonctionnement visuel était mise en question. Aux psychologues allemands de la *Gestalttheorie* (théorie de la forme) qui, dans les années vingt, mettaient l'isomorphisme au centre de leur conception des mécanismes perceptifs on demandait déjà : "Si je regarde une maison, comment la trace cérébrale à deux dimensions me donnera-t-elle la perception d'un volume réel à trois dimensions et non d'une représentation plane ? Les volets verts et le toit rouge vont-ils colorer mes neurones ?"

Dans le système somesthésique la projection du corps sur le cortex (homuncule somatotopique) code la localisation de la sensation sur le corps, indépendamment de sa nature (pression, chaud, froid, piqûre, démangeaison...) tandis que dans le système auditif l'étalement sur le cortex dans le sens rostro-caudal code la hauteur des sons (aigus vers l'avant, graves vers l'arrière).

Dans le système visuel la rétinotopie doit être considérée comme le moyen de codage de la localisation dans le champ visuel, information importante mais information parmi d'autres, dont le mode de traitement fait précisément l'objet de la physiologie des centres visuels, corticaux et sous-corticaux.

Dans ce domaine, les travaux que David Hubel et Torsten Wiesel ont menés de la fin des années cinquante à 1981, année de leur prix Nobel, tiennent une place prééminente. On trouvera dans *Les mécanismes cérébraux de la vision* (voir p. 108) un exposé exhaustif de leurs résultats, en particulier ceux qui concernent l'architecture fonctionnelle du cortex visuel primaire. Il s'agit là d'une sorte de passage obligé pour l'accession aux données de la décennie suivante.

C'est à Hubel et Wiesel que l'on doit la découverte de ce que l'on appelle communément dans les manuels les colonnes d'orientation et les colonnes de dominance. Si les termes de bandes et de feuillets sont également utilisés pour désigner la même réalité, c'est que, les cellules possédant une même caractéristique fonctionnelle étant groupées en feuillets parallèles perpendiculaires à la surface du cortex, ces feuillets apparaissent comme des colonnes sur les coupes verticales et comme des bandes sur des coupes horizontales.

A la différenciation, fondée sur la cytoarchitectonique, des six couches du cortex (voir Hubel et Wiesel, figure 6 p. 116) correspond une différenciation fonctionnelle, aussi les colonnes ne sont-elles pas homogènes comme on peut le constater sur la figure 11 p. 120 pour l'orientation, et sur le schéma de la figure 14 p. 122 pour la dominance. Ultérieurement on découvrit une autre faille dans le bel ordonnancement des feuillets d'orientation à savoir l'existence, en particulier au niveau des couches II et III, d'amas cellulaire dont les unités ne sont pas sensibles à l'orientation mais à la couleur. Ces "îlots chromatiques" constituent un maillon essentiel dans la chaîne du traitement de l'information couleur et, comme le disaient avec humour Margaret Livingstone et David Hubel dans un article de 1984, on peut s'étonner qu'un tandem de chercheurs aussi remarquables que David Hubel et Torsten Wiesel soit passé à côté de groupements cellulaires aussi remarquables. Au-delà de l'anecdote on verra, en passant de l'article de Hubel et Wiesel à celui de Livingstone, comment la conception d'un traitement séquentiel hiérarchisé de l'information du type de celui décrit sur la figure 8 p. 117 est intégrée dans la conception plus exhaustive d'un traitement en parallèle de diverses informations dans des sous-systèmes, des modules distincts.

On s'imaginait autrefois pouvoir enfermer la vision dans la séquence des aires corticales 17, 18 et 19 et nos cliniciens français, dont l'audacieuse imagination n'est jamais en défaut, avaient décidé qu'il s'agissait des aires respectivement visuo-sensorielle, visuo-gnosique et visuo-psychique (!). En réalité on a dénombré encore une douzaine d'aires corticales qui traitent l'information visuelle. Toutes n'ont pas été systématiquement explorées mais au voisinage des trois aires classiques, dans l'aire dite V4 on a trouvé des cellules qui ne répondent pas à la composition spectrale de la lumière réfléchie par une surface mais à la réflexité intrinsèque de cette surface comparée à celle des surfaces voisines et indépendamment (dans certaines limites) de la composition spectrale de la lumière incidente. De telles cellules ne répondent à un Mondrian que si une grande surface du tableau est visible, un rectangle coloré isolé les laisse indifférentes. Cette aire V4 semble donc être la pièce maîtresse d'un module qui garantit la constance perceptive des couleurs dont il a été question plus haut.

C'est là un exemple parmi d'autres et Livingstone, en conclusion de son excellente mise au point, montre comment cette conception modulaire du fonctionnement visuel permet de comprendre le pourquoi d'autres phénomènes perceptifs bien connus mais restés mal expliqués.

Avec le traitement en parallèle des informations concernant respectivement la couleur, la perception fine des formes statiques et le mouvement associé à la profondeur tel qu'il est évoqué par Livingstone nous ne décrivons bien sûr qu'une partie des opérations constitutives de la phase analytique du processus, mais de plus cette phase analytique doit s'enchaîner avec des opérations ultérieures de synthèse dont la pertinence conditionnera l'adéquation de la réponse perceptive ou comportementale.

L'étude de telles opérations avec les moyens classiques de la neurophysiologie n'est pas aisée car l'activité cellulaire correspondante présente certainement une grande labilité. L'analyse du rôle du cortex pariétal postérieur dans *Les mécanismes cérébraux de l'attention visuelle* (voir p. 144) montre déjà comment la réponse d'une cellule de ce cortex peut varier en relation avec le comportement du Macaque vis à vis de la stimulation (figure 3 p. 148). S'agissant de neurones situés plus en aval dans les chaînes de traitement on peut concevoir que, pour obtenir leur réponse, il soit nécessaire de réaliser un ensemble complexe de conditions dont la maîtrise échappe à l'expérimentateur : conditions externes (concernant la stimulation) et surtout conditions internes concernant l'état de l'animal, ses motivations du moment, son expérience passée, immédiate et lointaine, l'activité dans laquelle il est engagé, l'activité du futur, immédiat et lointain, en cours de programmation par exemple.

Il peut aussi y avoir activité du système visuel en l'absence de stimulation externe. L'étude *Imagerie mentale et système visuel* (voir p. 170) s'ingénie à montrer que lorsque nous imaginons des scènes visuelles les structures cérébrales à l'oeuvre sont très vraisemblablement celles qui traitent l'information lors de la perception. D'où la possibilité d'interférence entre l'image perçue et l'image... imaginée.

Parmi les facteurs qui conditionnent l'activité du système visuel on a cité l'expérience passée de l'animal. Il faut encore ajouter l'expérience de l'espèce. C'est ce que montre V. Ramachandran dans *Les ombres et la perception des formes* (voir p. 157). Si la stéréoscopie, fondée sur la disparité des images rétiniennes en vision binoculaire est l'élément essentiel de la perception de la troisième dimension, les ombres participent également à cette perception, en particulier lorsqu'il s'agit de la forme des objets. Mais la distribution des ombres, qui dépend des reliefs de l'objet dépend également du nombre et de la position des sources lumineuses. Or Ramachandran observe que, spontanément, les ombres sont interprétées comme formées à partir d'une source lumineuse unique située en hauteur. Spontanément signifie ici qu'il ne s'agit nullement d'une opération intellectuelle consciente mais d'une appréhension immédiate, même si une rationalisation ultérieure peut intervenir.

Comment expliquer ce phénomène autrement que comme une manifestation de la mémoire de l'espèce : "...Le cerveau humain s'est développé dans un environnement où le soleil fut longtemps la seule source de lumière." Il s'agit là d'une forme particulièrement raffinée (qu'en est-il chez le Macaque ? chez le Chat ?) du phénomène très général de l'évolution adaptative par pression de sélection et qui se manifeste de façon si évidente par exemple dans le cas de la vision de la Grenouille.

Que le système visuel de la Grenouille, comme nous l'avons vu, soit spécifiquement sensible à des objets mobiles de petites dimensions, constitue un avantage décisif pour la survie d'une espèce dont les Insectes sont une part importante de l'alimentation. Que ce système visuel, peu performant en ce qui concerne la couleur, permette cependant à l'animal de manifester une préférence pour le bleu est un autre avantage pour sa survie : sauter dans le bleu c'est échapper au prédateur en plongeant dans l'étang où se reflète le ciel.

Pour voir il faut regarder et regarder un objet, le fixer c'est amener son image sur la fovéa dans chacune des deux rétines, ce qui suppose, outre les mouvements de la tête, un réglage extrêmement précis de la position des yeux. On trouvera dans l'article déjà cité sur *Les mécanismes cérébraux de l'attention visuelle* des informations sur le rôle des cellules du colliculus supérieur et du champ frontal oculaire dans la préparation de la commande que les noyaux oculo-moteurs envoient aux six muscles qui font mouvoir le globe oculaire dans la cavité orbitaire.

Au réflexe de fixation est associé le réflexe d'accommodation car pour voir bien il faut non seulement amener l'image sur la fovéa mais encore régler la mise au point pour que cette image soit nette. Si l'image rétinienne n'est pas transportée *ne varietur* au cortex c'est néanmoins à partir d'elle que sont élaborées les informations qui transiteront dans le nerf optique et sa qualité conditionne la qualité de la perception. C'est pour illustrer une telle évidence que ce recueil s'ouvre par une étude de l'accommodation du cristallin et des processus susceptibles d'expliquer pourquoi, à partir de 45 ans, nous sommes presque tous condamnés à porter des lunettes pour corriger notre presbytie ; et *presbutês* (en grec) signifie vieillard !

Des modifications des protéines du cristallin lors du vieillissement à la genèse des images mentales en passant par la physico-chimie de la transduction et la logique du traitement de l'information dans le système visuel on verra s'affirmer, à la lecture des textes qui suivent le caractère pluridisciplinaire de l'étude de la vision.

L'appellation d'*Optique physiologique,* proposée par Helmholtz vers 1856 pour désigner cette étude, était alors prématurée et il était le premier à considérer sa démarche comme "intimement liée aux problèmes les plus difficiles de la psychologie". De fait, son ouvrage magistral ne comporte pratiquement pas de physiologie et pour cause : il précède de dix ans les débuts de la photochime rétinienne et de plus de vingt ans la "doctrine du neurone" et les travaux d'histologie de la rétine de Ramón y Cajal.

Aujourd'hui, cette appellation est parfaitement obsolète. D'abord parce que les physiciens, peu soucieux de rigueur étymologique, entendent l'optique comme science de la lumiére (optique ondulatoire, optique corpusculaire) sans référence aucune à l'œil. Ensuite et surtout parce que, même traduite par "Physiologie de la vision", l'appellation est encore trop restrictive : outre la psychologie et la psychophysique des débuts, la zoologie, l'anatomie, l'histologie, la biophysique, la biochimie sont depuis longtemps parties prenantes dans l'étude des phénomènes visuels. De plus, traversant en quelque sorte les différents domaines des disciplines classiques, la biologie moléculaire d'une part, l'informatique de l'autre, ont apporté des techniques d'investigation et des concepts qui ont profondément transformé ce que nous appellerons les "Sciences de la vision". C'est ce dont témoignent les études qui sont proposées ici au lecteur de langue française.

Yves GALIFRET
Professeur émérite
de psychophysiologie
Université P. et M. Curie
(PARIS VI)

L'œil : son accommodation et son vieillissement

1

Lorsque l'œil vieillit, sa forme et sa structure se modifient : la vision des objets proches se détériore progressivement.

Jane Koretz et George Handelman

Nous sommes presque tous condamnés à porter des lunettes pour lire à partir de 45 ans. Comment l'œil jeune et bien portant fait-il la mise au point sur les objets proches et pourquoi la vision de ces objets proches se détériore-t-elle avec l'âge ? La réponse à la première question fut longtemps partielle, et la seconde question reste posée. En photographiant la lentille de l'œil — le cristallin — puis en construisant des modèles mathématiques de l'œil, nous avons amélioré la compréhension de ces deux problèmes. Nous avons montré que plusieurs phénomènes concourent à réduire progressivement les capacités d'accommodation sur les objets proches ; d'autres mécanismes compensent ces déficiences pendant un certain temps, mais ils sont finalement dépassés — en principe entre 40 et 50 ans.

Quand on regarde un objet, la lumière que celui-ci réfléchit traverse la cornée (un feuillet transparent situé sur la face avant de l'œil), puis un liquide appelé humeur aqueuse, la pupille de l'iris (une sorte de « diaphragme ») et, enfin, le cristallin, qui est normalement transparent et dont la position et l'orientation rappellent celles de l'objectif d'un appareil photographique. Derrière le cristallin, la lumière traverse un gel appelé corps vitré, et atteint la rétine, qui transforme la lumière en signaux électriques transmis vers le cerveau.

Pour qu'une image soit nette, les rayons lumineux doivent être déviés vers la fovéa, au centre de la rétine. Plus l'objet que l'on regarde est proche de l'œil, plus les rayons lumineux doivent être déviés. La cornée, l'humeur aqueuse et le corps vitré ont chacun un indice de réfraction — ou capacité à dévier la lumière — fixe, tandis que le cristallin accommode : la déviation des rayons lumineux varie en fonction de la courbure de ses faces avant et arrière, de sorte que l'œil est capable de changer la mise au point.

Comment le cristallin accommode-t-il ? Dans son Traité d' *Optique physiologique,* le physicien et physiologiste allemand Hermann von Helmholtz proposa en 1856 une première explication, confirmée depuis par différents travaux. Helmholtz avait observé que le cristallin est maintenu par des filaments issus d'un muscle, le muscle ciliaire, qui forment une collerette autour du cristallin, sans être en contact direct avec cette len-

1. LE CRISTALLIN de l'œil humain est suspendu au muscle ciliaire (en anneau autour du cristallin) par des filaments, constituant la zonule de Zinn (les fils pourpres). Sur cette vue de face, on ne voit pas le muscle ciliaire, car il est à l'intérieur du corps ciliaire (la région sombre et dentelée). Le muscle ciliaire et les fibres de la zonule assurent l'accommodation du cristallin, c'est-à-dire ses déformations et l'augmentation de sa puissance. On perd généralement la faculté d'accommodation vers 45 ans parce que le cristallin perd de son élasticité : lorsque le muscle ciliaire se contracte et que, de ce fait les fibres de la zonule de Zinn sont détendues, le cristallin — comparable à une balle de mousse — reprend une forme moins sphérique que chez le sujet jeune. Il semble en outre que l'indice de réfraction varie avec l'âge.

tille. Ces filaments souples, mais non élastiques, constituent la zonule de Zinn et forment autour du cristallin trois couronnes semblables aux rayons d'une roue de vélo ; une des couronnes s'attache sur l'équateur, et les deux autres sont de part et d'autre.

Le cristallin : une lentille à focale variable

Selon Helmholtz, lorsque nous observons un objet situé à l'infini (c'est-à-dire au-delà de six mètres environ pour l'Homme), le muscle ciliaire se relâche : comme le muscle est fixé sur le pourtour de l'œil, le diamètre du muscle circulaire est alors maximal. Or quand le muscle se relâche, il tire sur la zonule dont les fibres se raidissent et tirent à leur tour sur le cristallin : les faces avant et arrière s'aplatissent, et le diamètre à l'équateur augmente. Dans cet état de repos, la capacité du cristallin à dévier les rayons lumineux est minimale, et le pouvoir de réfraction de la cornée, de l'humeur aqueuse, du cristallin et du vitré est tel que l'image d'un objet éloigné se forme exactement sur la fovéa.

Quand on observe un objet plus proche (situé à une distance inférieure à six mètres), le muscle ciliaire se contracte, son ouverture se réduit et il se déplace un peu vers l'avant. Ces deux modifications réduisent les contraintes qu'exercent le muscle ciliaire sur la zonule ; celle-ci n'attire plus le cristallin qui se relâche : la lentille de l'œil se comporte comme une balle en mousse qui se détend après avoir été comprimée. Plus l'œil considère des objets rapprochés, plus la courbure du cristallin augmente et plus le diamètre de l'équateur diminue. Ce relâchement est précis et le pouvoir de réfraction dû au cristallin s'ajuste de telle sorte que l'on voit nettement les objets éloignés de moins de six mètres.

Le cristallin n'accommode donc pas — sa courbure et sa puissance sont minimales — quand il subit une contrainte maximale, c'est-à-dire lorsque l'objet observé est à l'infini et que le muscle ciliaire est totalement relâché. Au contraire, l'accommodation est maximale — les faces avant et arrière du cristallin sont très courbées et la lentille est très puissante — quand la contrainte est minimale, c'est-à-dire quand l'œil met au point sur l'objet le plus proche possible et que le muscle ciliaire est totalement contracté.

Le modèle d'accommodation d'Helmholtz est correct, mais imprécis : comment de petites modifications de la contrainte exercée par la zonule déforment-elles le cristallin ? Quelle est la relation entre la diminution de la force exercée par les fibres de la zonule et la courbure du cristallin, et quel est l'angle entre ces fibres et le cristallin ? Le corps vitré, auquel Helmholtz prêta peu d'attention, joue-t-il un rôle dans l'accommodation ?

Helmholtz supposait que le cristallin était un sac déformable rempli d'un liquide, mais ce « sac » contient plutôt un matériau — la substance cristallinienne — composé de longues fibres rubanées qui s'emboîtent les unes dans les autres, comme les couches d'un oignon. Le sac, lui-même, la capsule du cristallin, se compose d'autres fibres, parallèles à la surface de la lentille. Les deux sortes de fibres, riches en protéines, résistent à l'étirement, mais pas à la flexion. Quel est le rôle de cette structure du cristallin dans l'accommodation ?

Pour répondre à toutes ces questions, il faudrait, en principe, examiner directement la zonule et le corps vitré d'un œil réel, et mesurer l'intensité et la direction des forces appliquées sur la capsule et le cristallin ; il faudrait aussi mesurer la répartition des forces s'exerçant sur tout le cristallin, afin de déterminer les réactions de la structure interne quand on la soumet à des contraintes variées. De telles mesures sont naturellement impossibles.

En revanche, on peut suivre les déformations du cristallin lorsqu'il accommode, et calculer l'intensité et la direction des forces qui doivent agir sur le cristallin pour produire les modifications constatées. Puis on peut tenter de relier ces informations aux données relatives à l'architecture de l'œil afin de trouver les structures capables d'exercer les forces calculées.

Le rôle de la zonule

Cette seconde démarche est celle que nous avons suivie : nous avons d'abord conçu un

2. STRUCTURE DU CRISTALLIN : les fibres de la zonule s'accrochent sur la capsule, ou membrane extérieure, sur l'équateur et de part et d'autre de ce grand cercle. Le corps du cristallin se compose du noyau (le cristallin fœtal) et du cortex, c'est-à-dire des fibres qui se sont accumulées depuis la naissance. Les fibres s'étendent du pôle antérieur jusqu'au pôle postérieur ; ce sont d'abord des cellules épithéliales *(voir le détail)* situées à la limite extérieure du corps du cristallin. Progressivement ces cellules s'allongent, prennent la forme de rubans, perdent leur noyau et sont recouvertes de nouvelles cellules, si bien que le cristallin s'épaissit. Les fibres du cristallin se disposent à la manière des lamelles d'un oignon.

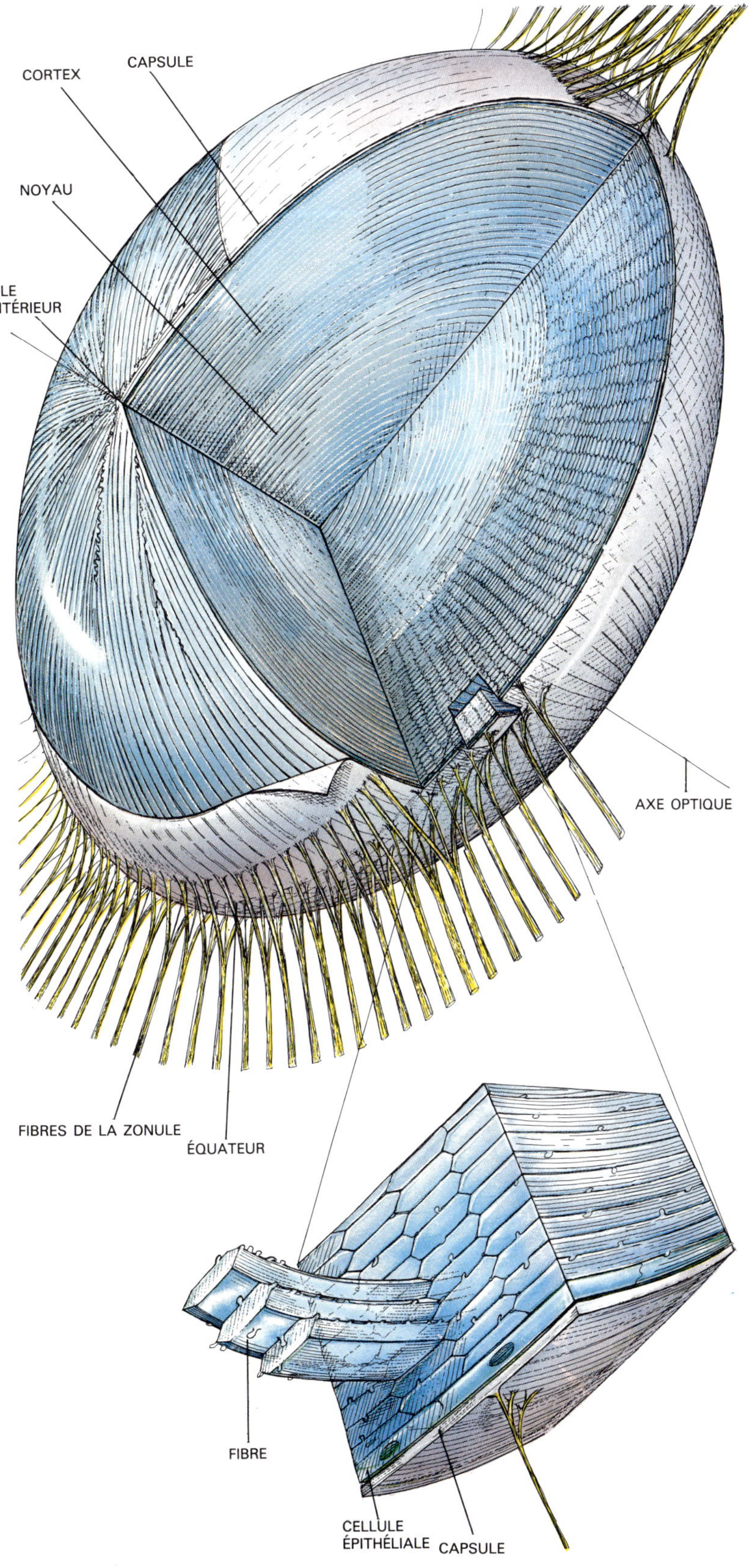
CORTEX
CAPSULE
NOYAU
PÔLE ANTÉRIEUR
AXE OPTIQUE
FIBRES DE LA ZONULE
ÉQUATEUR
FIBRE
CELLULE ÉPITHÉLIALE
CAPSULE

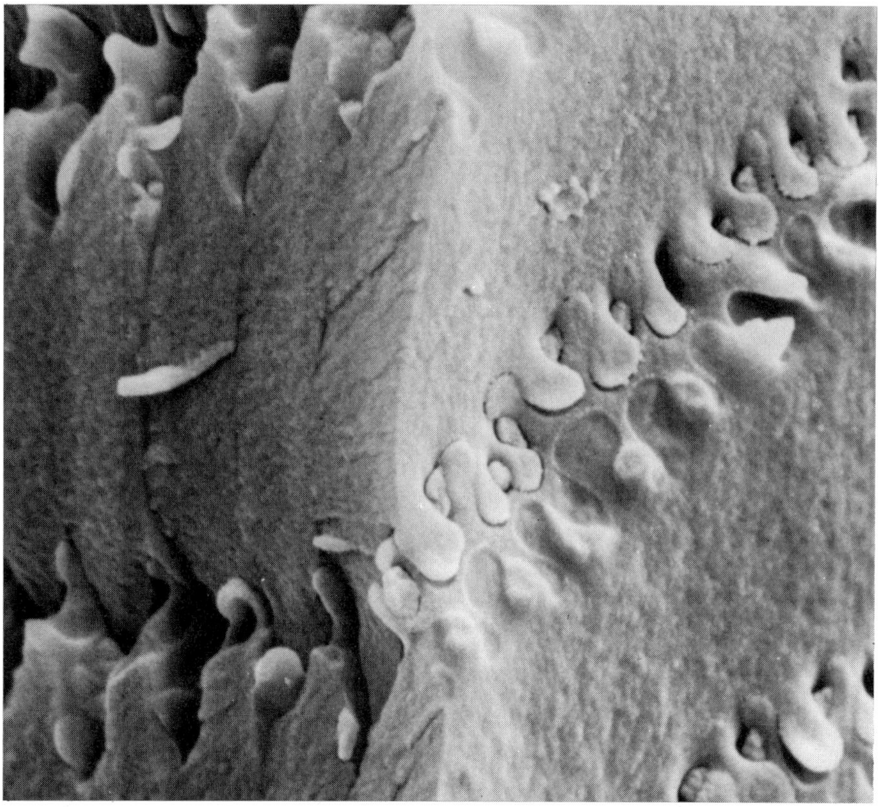

3. LES FIBRES DU CRISTALLIN s'emboîtent les unes dans les autres. Chaque fibre est également reliée à celle du dessus et à celle du dessous, comme on l'a schématisé sur la figure 2. Cette imbrication des fibres détermine la répartition des forces qui agissent dans le cristallin et imposent la forme de la lentille pendant l'accommodation. Sur cette micrographie électronique, le grossissement est égal à 8 000.

modèle mathématique de la plus simple des substances cristalliniennes (le cristallin sans la capsule) : celle d'un enfant de dix ans environ. Un tel cristallin ressemble à une sphère un peu déformée, composée de deux hémisphères de rayons différents (l'un représentant la partie antérieure du cristallin et l'autre la partie postérieure). Puis nous avons fait quelques hypothèses sur l'élasticité de la substance cristallinienne : nous avons admis, par exemple, que les déformations dues aux contraintes exercées parallèlement à l'axe optique de l'œil différaient de celles exercées perpendiculairement à cet axe. En outre, nous avons supposé que les fibres du cristallin ne glissent pas les unes par rapport aux autres : le cristallin ne se déforme que parce que la courbure des fibres varie.

Nous avons alors calculé que toutes les forces agissant à la surface du cristallin qui accommode sont approximativement égales et quasi perpendiculaires à cette surface ; soumise aux contraintes localisées qu'exercent les fibres de la zonule, la capsule est le seul élément en contact direct avec la substance cristallinienne (les fibres n'y pénètrent pas), et elle transforme ces contraintes discontinues en une contrainte uniforme sur toute la surface du cristallin. Quand la zonule cesse d'agir sur la capsule, la compression qui s'exerce à l'intérieur du cristallin est réduite et, grâce à son élasticité, celui-ci retrouve sa forme naturelle. Nous n'avons pas été très surpris de découvrir que la force exercée par la capsule est perpendiculaire à la surface de la substance cristallinienne : les fibres de la zonule exercent une force qui possède à la fois une composante parallèle au cristallin (la force d'étirement) et une composante perpendiculaire (de compression) ; comme les fibres de la capsule résistent à l'étirement, seule la force perpendiculaire est transmise au cristallin.

Le modèle indique en outre que le cristallin ne

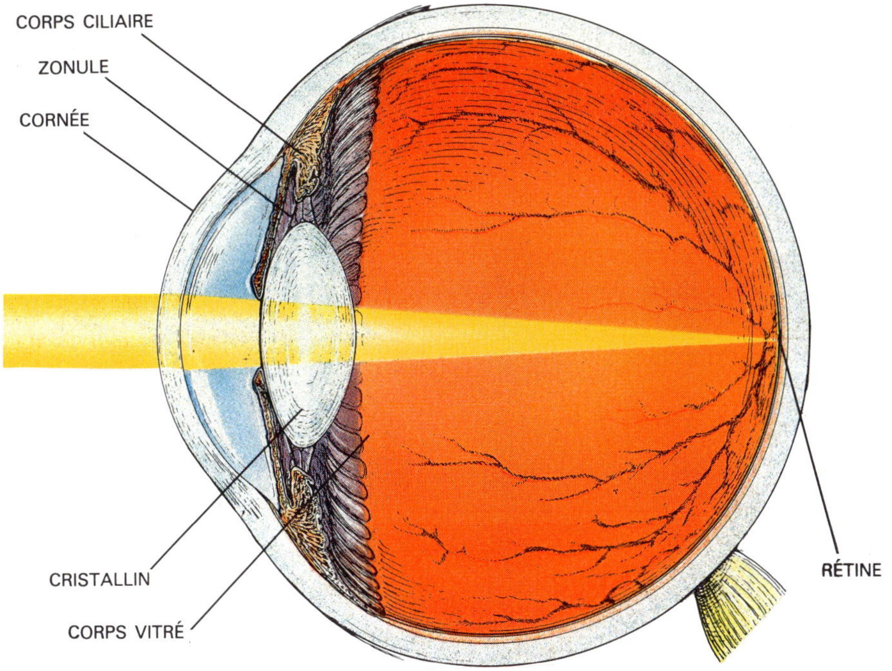

4. L'ŒIL ACCOMMODE en déviant la lumière (*le cône jaune*) réfléchie par un objet de telle façon que les rayons lumineux convergent sur la rétine. Les cellules nerveuses de la rétine transforment la lumière en signaux électriques transmis au cerveau ; celui-ci interprète les images captées par l'œil. La lumière est déviée lorsqu'elle traverse les faces avant et arrière de la cornée, et celles qui limitent le cristallin, mais seul le cristallin peut accommoder. Lorsque la réfraction est trop importante (par exemple, chez les sujets myopes), les rayons lumineux convergent en avant de la rétine, et les objets observés sont flous ; quand la réfraction est insuffisante, la lumière converge derrière la rétine, et la vision des objets proches est déficiente (c'est le cas des sujets hypermétropes). Les personnes âgées de plus de 45 ans ne voient plus nettement les objets proches parce que la réfringence du cristallin et son pouvoir d'accommodation ont trop diminué (*la coupe ci-dessus est une coupe horizontale*).

se comporte pas comme un simple sac de liquide : un tel sac, soumis à une pression uniforme n'adopte pas la configuration effectivement prise par le cristallin, quand il accommode. Nous en avons déduit, plus généralement, que la structure interne du cristallin détermine sa forme.

Quelles sont les autres parties de l'œil agissant sur le cristallin et quelles déformations produisent-elles? Comme le relâchement de la zonule n'est que partiellement responsable de la déformation du cristallin, lorsqu'il reprend sa position de repos, l'humeur vitrée participe sans doute à l'accommodation, en soutenant la partie postérieure du cristallin. Or l'humeur vitrée, qui est normalement un gel, commence à se liquéfier et perd son ultrastructure vers l'âge auquel on commence à porter des lunettes pour lire ; on ignore quelle est la perte exacte d'accommodation due à cette liquéfaction, mais il est clair que le phénomène est d'importance.

Les fibres de la zonule ne peuvent exercer des forces égales à celles que l'on a calculées, que si elles se détendent ou si l'angle d'application des contraintes sur le cristallin varie et réduit la composante de compression.

Les observations indiquent que les deux phénomènes interviennent de façon concomitante. De surcroît, lorsque les fibres de la zonule se distendent, elles bougent légèrement et deviennent parallèles à la surface de la capsule ; or plus ces fibres sont parallèles, moins elles compriment le cristallin. Nos prévisions théoriques sont confirmées par les observations expérimentales : on connaît notamment la cas d'une personne atteinte d'une maladie rare de l'iris et chez laquelle on voit, au microscope, les fibres de la zonule, qui sont normalement masquées par l'iris ; les fibres sont détendues quand l'accommodation est maximale, bien que, selon nos calculs, les forces qui s'exercent sur le cristallin ne s'annulent jamais ; en effet si tel était le cas, rien ne maintiendrait plus le cristallin en place.

Les zones de discontinuité du cristallin

L'étude de l'œil jeune nous a fait comprendre plusieurs aspects de l'accommodation, mais elle n'expliquait pas encore pourquoi le pouvoir d'accommodation de l'œil — et la capacité d'observer nettement des objets proches — diminue avec l'âge. On mesure la puissance de l'œil en dioptries ; elle est approximativement égale à l'inverse de la distance (exprimée en mètres) qui sépare l'œil et l'objet observé : un œil dont la puissance est égale à dix dioptries dévie suffisamment la lumière pour que l'on voie nettement un objet éloigné de dix centimètres.

Chez les sujets emmétropes, c'est-à-dire dont la vision est normale, la puissance est égale à 14 dioptries environ à l'âge de 10 ans — on voit le

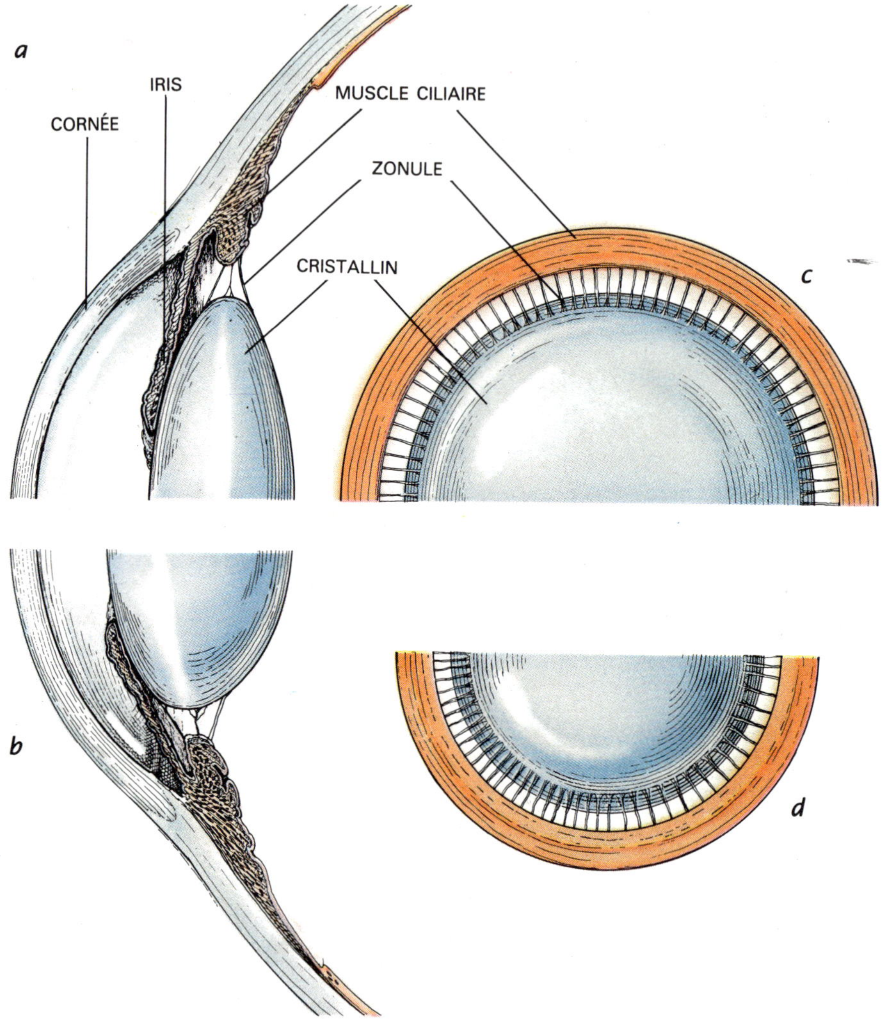

5. LA PUISSANCE DU CRISTALLIN augmente lorsque celui-ci s'épaissit. Lorsque le cristallin n'accommode pas, il est mince *(a)*. Lorsqu'il accommode *(b)*, il épaissit sous l'action du muscle ciliaire, qui se contracte ; la face avant se rapproche de la cornée et la face arrière ne bouge pratiquement pas. Le cristallin est au repos (il n'accommode pas) quand le muscle est détendu et que son diamètre est maximal *(c)* ; dans ces conditions, les fibres de la zonule se tendent et tirent sur le cristallin, qui s'aplatit. Quand le cristallin accomode, le muscle se contracte *(d)*, les fibres se détendent et le cristallin s'arrondit ; grâce à son élasticité, le cristallin se comporte comme une balle en caoutchouc-mousse, qui se détend après une compression (ces représentations sont très schématiques).

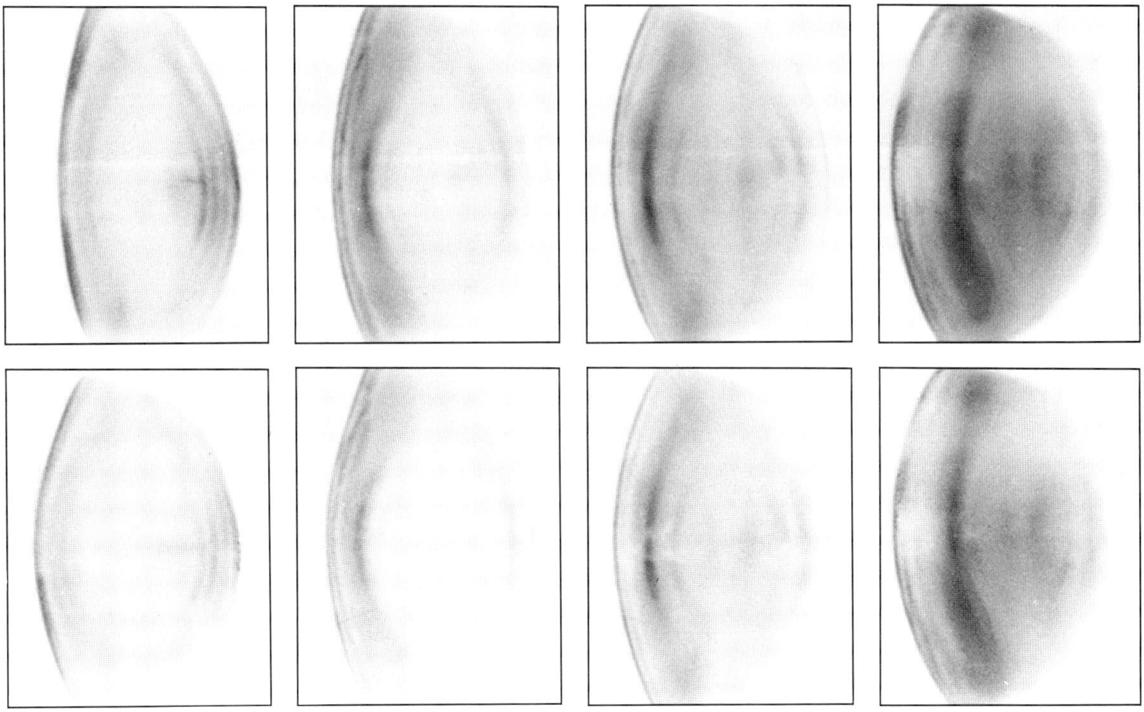

6. LE CRISTALLIN SE MODIFIE EN VIEILLISSANT. Certaines modifications apparaissent sur ces photographies de cristallins au repos *(en haut)* et accommodés au maximum *(en bas)* ; les quatre sujets étudiés étaient respectivement âgés *(de gauche à droite)* de 19 ans, 33 ans, 45 ans et 69 ans et leurs puissances d'accommodation maximales étaient respectivement égales à 9, 4,5, 1 et 0,25 dioptries : la plus courte distance de vision nette était égale à 11 centimètres pour le premier, 22 centimètres pour le deuxième, 1 mètre pour le troisième et 4 mètres pour le quatrième. Ces photographies sont des coupes verticales, où l'avant du cristallin est à gauche. On observe que le cristallin s'épaissit en vieillissant ; sa courbure augmente. Les cristallins des sujets âgés de 45 ans et 69 ans n'accommodent pratiquement plus *(les photographies du haut et du bas sont presque les mêmes)*. On observe également des bandes sombres, appelées zones de discontinuité. Lorsque le cristallin vieillit, ces bandes se multiplient et deviennent plus marquées ; au-delà de 45 ans environ, les zones fusionnent. Selon les auteurs, la puissance du cristallin diminue avec l'âge parce que le cristallin épaissit et parce que la proportion de protéines insolubles augmente dans les zones de discontinuité. L'augmentation de la courbure du cristallin compense pendant un certain temps cette diminution de la puissance ; les zones de discontinuité qui sont des surfaces réfringentes supplémentaires agissent de même. Cependant les mécanismes compensateurs sont finalement insuffisants et le cristallin cesse un jour d'accommoder.

bout de son nez ! — à 9 dioptries à 20 ans, à 4 dioptries vers 35 ans, et à 1 ou 2 dioptries vers 45 ans ; à 70 ans, la puissance est quasi nulle. Dans le dernier cas, le sujet ne distingue nettement que les objets situés à l'infini (au-delà de six mètres, en pratique). Comme on tient généralement les livres à 35 centimètres des yeux, on est surtout sensible au passage de 4 à 2 dioptries, car un texte que l'on lisait à 25 centimètres n'apparaît net qu'à bout de bras, vers 50 centimètres.

Pour comprendre cette dégradation progressive de la vision rapprochée, nous avons d'abord réuni autant d'informations que possible sur les modifications du cristallin avec l'âge et avec l'accommodation. Puis nous avons essayé de déterminer les causes de ces modifications et leurs conséquences sur la puissance de l'œil. Nous avons d'abord examiné une série de photographies de coupes de cristallins, effectuées au début des années 1970 par Nicholas Brown, de l'Institut d'Ophtalmologie de Londres, puis nous avons préparé une centaine de séries de photographies semblables. N. Brown nous procura quatre séries de photographies de sujets âgés de 11, 19, 20 et 45 ans, observant des objets plus ou moins éloignés de l'œil ; notre étude, d'autre part, portait sur des sujets âgés de 18 à 69 ans, emmétropes et dont la vision éloignée était normale.

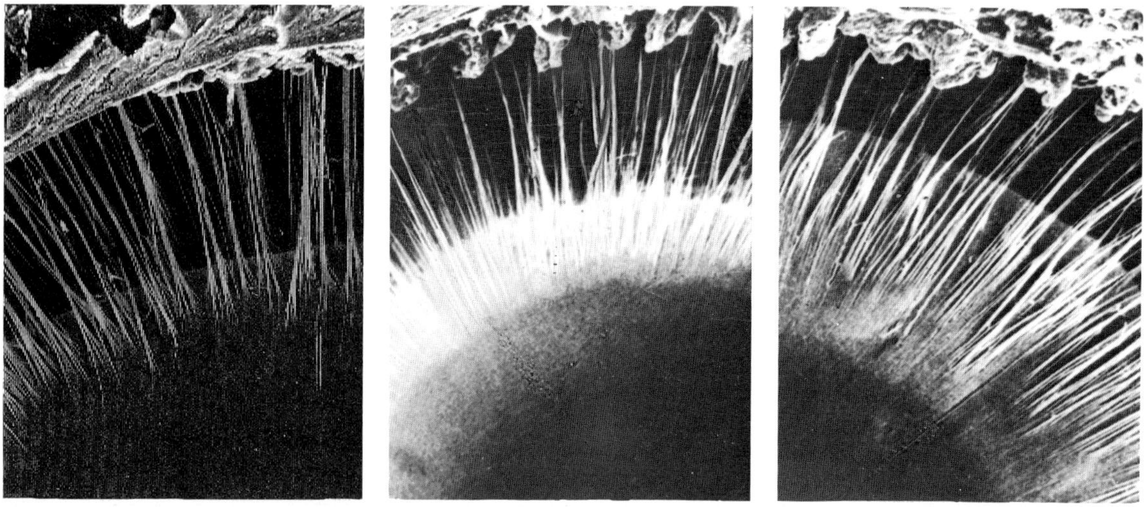

7. LES SITES DE FIXATION des fibres de la zonule sur la face avant du cristallin se déplacent lorsque le cristallin veillit et grossit. Sur le cristallin d'un sujet âgé de 17 ans *(à gauche)*, les points d'ancrage de la zonule sont proches de l'équateur, mais ils se déplacent progressivement sur la face antérieure du cristallin : ce déplacement apparaît nettement sur la photographie de cristallins de sujets âgés de 46 ans *(au milieu)* et de 85 ans *(à droite)*. Lorsque les points de fixation se déplacent, l'angle formé par la surface du cristallin et les filaments change. Selon les auteurs, le cristallin n'accommode plus lorsque les fibres de la zonule sont presque parallèles à la surface du cristallin : même si la tension sur de telles fibres se relâchait le cristallin se déformerait peu. Ces photographies ont été réalisées par M. Fansworth, qui fut le premier à proposer que les modifications de la géométrie de l'implantation de la zonule sur le cristallin contribuent à diminuer la puissance d'accommodation chez les personnes âgées.

Les photographies étaient des « coupes » verticales (sur toute l'épaisseur du cristallin) réalisées avec une « lampe à fente », qui envoie un faisceau lumineux étroit dans l'œil.

L'analyse de ces photographies à confirmé que la taille du cristallin augmente avec l'âge : chez les enfants âgés de 10 ans, l'épaisseur du cristallin, au repos, est environ égale à 3,3 millimètres ; lorsque l'on vieillit, les cellules qui constituent la couche extérieure du corps du cristallin (les cellules épithéliales situées juste audessous de la capsule) se transforment en fibres comparables aux fibres rubanées de l'intérieur du cristallin. De nouvelles cellules épithéliales apparaissent sur les fibres plus anciennes, vieillissent et se transforment à leur tour, si bien que le cristallin épaissit : à l'âge de 70 ans, l'épaisseur du cristallin au repos atteint 5 millimètres.

Sur les photographies, on a également observé une série de bandes à l'intérieur du cristallin : ce sont des zones de discontinuité. Le rayon de courbure des zones de discontinuité situées à l'avant du cristallin est approximativement égal à celui de la face avant du cristallin, et le rayon de courbure des bandes situées à l'arrière est voisin de celui de la face arrière ; il diminue progressivement en se rapprochant du noyau (du centre) du cristallin. Rares et peu visibles dans le cristallin des sujets jeunes, les bandes apparaissent progressivement, puis fusionnent, vers l'âge de 40 ans.

La perte d'élasticité du cristallin

Ces photographies, notamment, nous ont servi à former un nouveau modèle du cristallin : nous avons décrit en termes mathématiques la surface et les rayons de courbure intérieurs de chaque cristallin (il s'agissait de paraboles, aux équations très simples). Puis nous avons fait des extrapolations et déduit la forme de tout le cristallin en fonction de l'âge, pour toutes les accommodations possibles ; nous avons comparé et suivi le mouvement de points précis du cristallin, au cours de la mise au point.

D'après cette étude, le cristallin au repos est de plus en plus bombé à mesure qu'il s'épaissit, lorsque l'œil vieillit. En outre, chez les sujets de moins de 45 ans, plus le cristallin est vieux, plus il est courbe, pour une même accommodation : quand un sujet âgé de 33 ans et un sujet âgé de 19 ans observent un objet situé à une même distance, le cristallin du premier se courbe plus que celui du second. N. Brown avait été surpris de ce phénomène, qu'il avait appelé « paradoxe du cristallin », car il pensait qu'un cristallin réfracte d'autant mieux la lumière qu'il est plus bombé ; pourquoi, alors, l'œil jeune accommode-t-il mieux que l'œil âgé ?

Lorsque nous avons examiné les mouvements de points de la surface et de l'intérieur du cristallin, durant l'accommodation, nous avons fait une observation analogue : lorsque l'œil accommode, un même mouvement modifie d'autant moins l'accommodation que l'œil est âgé ; autrement dit, les points d'un cristallin âgé bougent davantage que ceux d'un cristallin plus jeune, lors d'une augmentation de convergence d'une dioptrie, par exemple.

Nous avons ensuite découvert que l'amplitude des mouvements possibles diminue progressivement avec l'âge : à partir de l'âge de 45 ans, la face avant du cristallin ne se déforme plus, et l'œil n'accommode donc plus : le cristallin est figé dans un état de repos. Nous avons alors imaginé trois hypothèses : soit la zonule avant se relâche de moins en moins bien, quand le muscle ciliaire se contracte pour accommoder ; soit la zonule se détend toujours, mais elle agit moins sur le cristallin ; soit les deux phénomènes ont lieu simultanément. Ces hypothèses sont notamment fondées sur le paradoxe du cristallin : comme celui-ci se bombe, en vieillissant, sa face avant s'éloigne du muscle ciliaire, et le cristallin tire tant sur la zonule qu'elle ne se relâche plus jamais. En outre, de même que l'angle entre la zonule et le cristallin change selon l'accommodation, cet angle varie avec l'âge — et l'épaisseur — du cristallin. A la limite, la zonule exerce même une force quasi tangentielle à la surface du cristallin : le relâchement de la zonule ne déforme alors plus le cristallin.

On devient presbyte en vieillissant (c'est-à-dire qu'on ne voit plus les objets rapprochés) parce que les dimensions du cristallin, d'une part, et l'angle entre le cristallin et les fibres de la zonule, d'autre part, changent.

La diminution de l'indice de réfraction

Les déformations du cristallin et ses relations avec la zonule sont responsables de la presbytie des personnes âgés de plus de 45 ans, mais quelle est la solution du paradoxe de N. Brown ? Pourquoi un cristallin âgé doit-il se bomber davantage qu'un cristallin jeune pour effectuer la même accommodation ? Nous nous sommes demandé si ce phénomène résultait de modifications de la nature du cytoplasme dans les fibres du cristallin : si l'indice de réfraction de ces fibres diminuait, le cristallin dévierait moins les rayons lumineux et le paradoxe de N. Brown serait résolu : une courbure croissante du cristallin n'en augmenterait pas la puissance, mais compenserait simplement la perte du pouvoir de réfraction.

Pour tester cette hypothèse, nous avons simulé sur ordinateur le passage de la lumière dans les modèles élaborés à partir des photographies évoquées précédemment. Nous avons tenu compte de tous les paramètres dont dépend la propagation de la lumière : la courbure du cristallin en fonction de l'accommodation, la courbure de la cornée, l'espace séparant la cornée et le cristallin et l'épaisseur du cristallin (la déviation de la lumière par une lentille optique dépend de la distance entre les deux surfaces réfringentes limitant la lentille, et du rayon de courbure des deux surfaces : deux surfaces rapprochées dévient davantage la lumière que deux surfaces très espacées). Nous avons considéré, pour chaque partie de l'œil, l'indice de réfraction généralement admis ; à chaque interface entre deux milieux d'indices différents, l'ordinateur calculait la déviation de la lumière. Si l'indice de réfraction global du cristallin était resté constant tout au long de la vie, la lumière traversant les différents modèles d'œil aurait dû être déviée afin que l'image soit nette sur la rétine.

Lors de notre simulation la plus simple, nous avons fait dévier la lumière à l'avant et à l'arrière de la cornée et du cristallin ; dans une autre simulation, nous avons considéré que les limites entre le centre et les couches externes du cristallin étaient des surfaces réfringentes supplémentaires et nous avons attribué aux deux régions des indices de réfraction différents.

Les deux simulations ont produit le même résultat : quelle que soit l'accommodation et l'âge, le point de focalisation était situé derrière la rétine, comme si la puissance du cristallin était insuffisante. Notre modèle était-il incorrect ? Devait-on considérer chaque zone de discontinuité comme une surface de réfraction supplémentaire ?

Nous avons effectué une nouvelle série de simulations au cours desquelles nous avons maintenu constant l'indice de réfraction global du cristallin et fait varier les indices des différentes zones. Avec cette modification, l'œil d'un sujet âgé de 45 ans accommodait correctement, mais les modèles d'yeux, pour les sujets plus jeunes, restaient incorrects : plus le sujet était jeune, moins l'accommodation de l'œil simulé était bonne ! Nous avons conclu que l'indice global de réfraction d'un œil jeune est légèrement supérieur aux valeurs publiées dans la littérature scientifique ; plus le sujet est jeune, plus l'écart est important.

Ces simulations indiquent également que l'indice de réfraction du cristallin diminue avec l'âge, ce que les déformations observées laissaient prévoir. La diminution de l'indice de réfraction du cristallin ne peut être compensée que de deux façons : soit par l'augmentation du rayon de courbure des surfaces du cristallin et des zones de discontinuité, soit par l'augmentation du nombre de surfaces réfringentes. Visiblement les deux phénomènes ont simultanément lieu : dans un œil qui vieillit, le rayon de courbure des surfaces du cristallin augmente, et le nombre et la courbure des zones de discontinuité augmentent. La contribution des zones améliorant la puissance de l'œil augmente avec l'âge.

Un mystère subsiste : que sont ces zones de discontinuité, très nettes sur les images de la lampe à fente, mais indécelables à un examen ultrastructural ? On a supposé que ces bandes étaient des zones où la concentration en protéines augmentait et diminuait alternativement, mais on a mesuré, au contraire, que cette concentration varie peu (elle augmente régulièrement en fonction de la distance à la surface du cristallin). Pourquoi ces régions sont-elle si nettes sur les photograhies ?

Comme nous ne trouvions pas d'explications satisfaisantes, nous avons pensé que les bandes étaient des structures dues seulement à la technique photographique utilisée. Dans cette technique, un faisceau lumineux traverse l'œil et l'image de la source lumineuse est réfléchie et enregistrée par un appareil photographique, situé juste à côté de la source lumineuse (on incline légèrement le film, dans l'appareil photographique, afin de compenser la distorsion angulaire). Nous nous sommes demandé si les zones de discontinuité apparaissaient sur les photographies parce que la lumière interagissait différemment avec le matériau constituant les différentes zones ; une zone aurait pu apparaître en noir sur

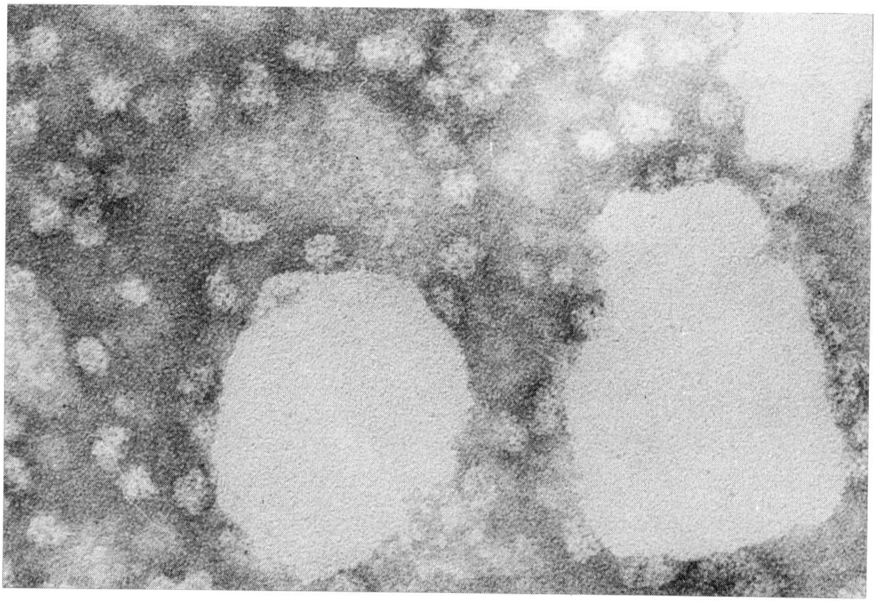

8. LA CRISTALLINE ALPHA est la principale protéine du cristallin ; elle forme généralement des plaquettes *(les grandes formes blanches)*, mais peut aussi former de petites sphères insolubles *(les taches plus petites)*. Les sphères s'unissent parfois pour former de petites baguettes qui s'agglutinent les unes aux autres. Si des agrégats étaient volumineux — on pense aujourd'hui que cela est possible — ils diffuseraient la lumière et une telle diffusion expliquerait la présence des zones de discontinuité *(de la figure 6)*. Ces particules insolubles participeraieut aussi à la diminution du pouvoir de réfraction de l'œil vieillissant (le diamètre des petites sphères est environ égal à 11 nanomètres).

les photographies si les protéines de cette région avaient diffusé la lumière. Cette diffusion était-elle envisageable ?

Un changement de structure microscopique

A priori, non, car on admet généralement que la cristalline alpha, la principale protéine du cristallin, forme des particules trop petites pour diffuser la lumière. Pourtant on sait que la taille de ces particules augmente lorsque la température augmente et varie en fonction des conditions expérimentales comme l'acidité du milieu ou la concentration en ions calcium. De nombreux spécialistes de la vision ont aussi montré que la proportion de protéines insolubles — celles qui forment les particules — augmente au cours du temps, tandis que la concentration en protéines reste constante.

Il se pourrait donc que la cristalline alpha forme, quand l'œil vieillit, des particules plus grosses que prévu. S'il existe vraiment beaucoup de grosses particules insolubles de cristalline alpha, le mystère des zones de discontinuité présentes sur les photographies disparaît, et l'on comprendrait en outre l'origine de l'éblouissement que provoquent les lumières intenses, éblouissement qui s'étend à la totalité du champ visuel. Ce phénomène est fréquent chez les personnes âgées de plus de 40 ans, qui sont gênées par le soleil ou, la nuit, par les phares des voitures. L'étude des particules de cristalline alpha indique que la diffusion est faible au cours des 20 ou 30 premières années de la vie, mais qu'elle augmente lentement ensuite.

L'augmentation du nombre et de la taille des particules insolubles de protéines est, peut-être aussi, responsable de la diminution de l'indice de réfraction du cristallin, avec l'âge. L'indice de réfraction d'une solution (comme le cytoplasme, dans les fibres du cristallin) dépend en effet de la nature et de la concentration en substances dissoutes ; de ce fait, plus une solution contient de protéines dissoutes et plus l'indice de réfraction du milieu est élevé ; inversement, quand la protéine précipite en grosses particules, l'indice de réfraction diminue. Tel peut être le cas du cristallin.

L'ensemble des études montre que des modifications microscopiques et macroscopiques font reculer le *punctum proximum*, c'est-à-dire le point le plus proche que l'on voit nettement : la quantité de protéines insolubles augmente dans le cristallin, le cristallin s'épaissit et son indice de réfraction diminue. Comme le cristallin accommode de moins en moins bien, parce que la géométrie de l'ensemble cristallin-zonule-muscle ciliaire se modifie, la vision proche se détériore avec les années. Cette évolution est temporairement ralentie par l'apparition de nouvelles surfaces de réfraction (les zones de discontinuité), par l'augmentation de la courbure du cristallin, au repos et lors de l'accommodation, mais lorsque le corps vitré se liquéfie, ces mécanismes compensateurs sont insuffisants et le cristallin n'accommode plus du tout.

Saura-t-on un jour empêcher ou corriger la détérioration naturelle de la vision proche ? Pour le moment, le port des lunettes est — comme la mort ou les impôts — inéluctable.

Les cellules photoréceptrices de l'œil

2

Ces cellules sont des capteurs très perfectionnés et extrêmement sensibles. De récentes découvertes indiquent comment les cellules photoréceptrices de l'œil enregistrent l'absorption des photons, ou « grains de lumière », et comment l'énergie lumineuse déclenche les signaux nerveux.

Julie Schnapf et Denis Baylor

Quand nous regardons quelque chose, le premier événement de la chaîne complexe de phénomènes qui constitue la vision, est la transformation des paquets d'énergie électromagnétique, ou photons, en signaux nerveux que le cerveau peut analyser. Cette transduction est effectuée par les cellules photoréceptrices de l'œil, disposées en mosaïque à la face externe de la rétine, dont les neurones occupent la face interne, tapissant ainsi le fond du globe oculaire. La cornée et le cristallin forment une image du monde extérieur sur la couche de cellules photoréceptrices : chacune de ces cellules absorbe la lumière correspondant à un point de l'image et produit un signal électrique dont l'intensité augmente avec la quantité de lumière absorbée ; puis ces signaux circulent dans la rétine et le cerveau à travers un réseau de jonctions nerveuses ou synapses où ils sont rassemblés et comparés. C'est par ce mécanisme que notre système visuel recueille des informations sur les formes, les mouvements et les couleurs des objets que nous regardons.

Les photorécepteurs étant des éléments fondamentaux pour la vision, il est surprenant qu'on ait attendu aussi longtemps avant de comprendre leur fonctionnement, mais la situation a changé de façon spectaculaire durant les 25 dernières années. Grâce au perfectionnement des techniques d'enregistrement électrique à partir de photorécepteurs individuels, on connaît mieux aujourd'hui les mécanismes de transduction de l'énergie lumineuse en signaux nerveux : on détecte même, directement, le signal déclenché par l'absorption d'un seul photon par une cellule photoréceptrice. De surcroît, nous savons maintenant pourquoi l'on perçoit les stimuli brillants plus vite que les stimuli sombres, pourquoi l'on voit parfois de la lumière en pleine obscurité et pourquoi certains mélanges de diverses longueurs d'onde provoquent une perception colorée identique à celle provoquée par une longueur d'onde unique.

Les cônes et les bâtonnets

La plupart des Vertébrés possèdent deux types de cellules photoréceptrices : les cônes et les bâtonnets. Les cônes sont les récepteurs de la vision diurne, ils ont besoin pour fonctionner d'une forte luminosité et permettent une perception fine des détails spatiaux et temporels ainsi que la détection des couleurs. Les bâtonnets sont les récepteurs de la vision aux faibles luminosités ; ils sont si sensibles qu'exposés à la lumière du jour, ils sont saturés et inutiles.

Les cônes et les bâtonnets sont pourvus d'organites spécialisés dans la transduction et la transmission des signaux. A leur extrémité la plus éloignée du centre du globe oculaire se trouve le « segment externe », qui absorbe la lumière et produit le signal électrique. A l'autre

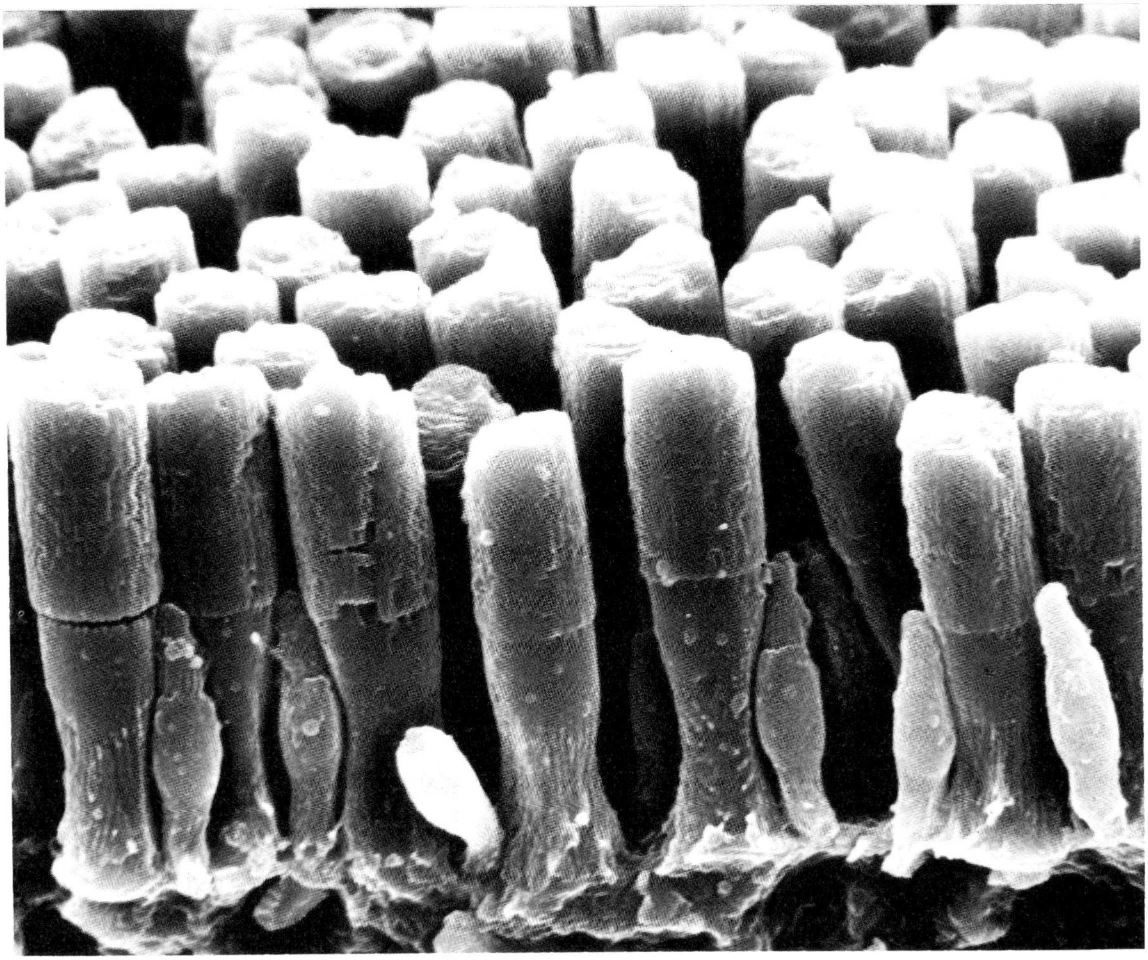

1. LES CÔNES ET LES BÂTONNETS de la rétine d'une Salamandre tigrée sont grossis 2000 fois sur cette micrographie électronique réalisée par Scott Mittman et Maria Maglio, de l'Université de San Francisco. Les petites cellules coniques sont les cônes, les grosses cellules cylindriques sont les bâtonnets. Chez l'Homme, les cellules photoréceptrices sont environ quatre fois plus fines.

extrémité de la cellule photoréceptrice, la terminaison synaptique transmet les signaux à des neurones de la rétine (les cellules bipolaires et les cellules horizontales) en libérant un neuromédiateur. Le « segment interne » est la région de la cellule comprise entre ces deux extrémités.

Le segment externe des bâtonnets est cylindrique, alors que celui des cônes est en général effilé, d'où leur nom. Ces segments externes contiennent tous les deux une membrane photosensible garnie de pigments, qui sont les molécules capables d'absorber la lumière. Les bâtonnets contiennent un pigment rouge, la rhodopsine, et la rétine humaine possède trois types de cônes, contenant chacun un pigment dont le maximum d'absorption se situe dans les faibles, les moyennes ou les grandes longueurs d'ondes du spectre visible. La vision des couleurs est fondée sur les différentes bandes d'absorption de ces trois types de cônes. A la lumière d'un ciel nocturne, la vision est assurée par les bâtonnets et on ne distingue pas les couleurs (la nuit, tous les chats sont gris).

La membrane photosensible des bâtonnets forme une pile de disques enveloppés par une membrane superficielle, comme des comprimés empilés dans un tube. Au contraire, la membrane photosensible des cônes forme une grande nappe repliée un grand nombre de fois sur elle-même et qui constitue également la membrane superficielle. La

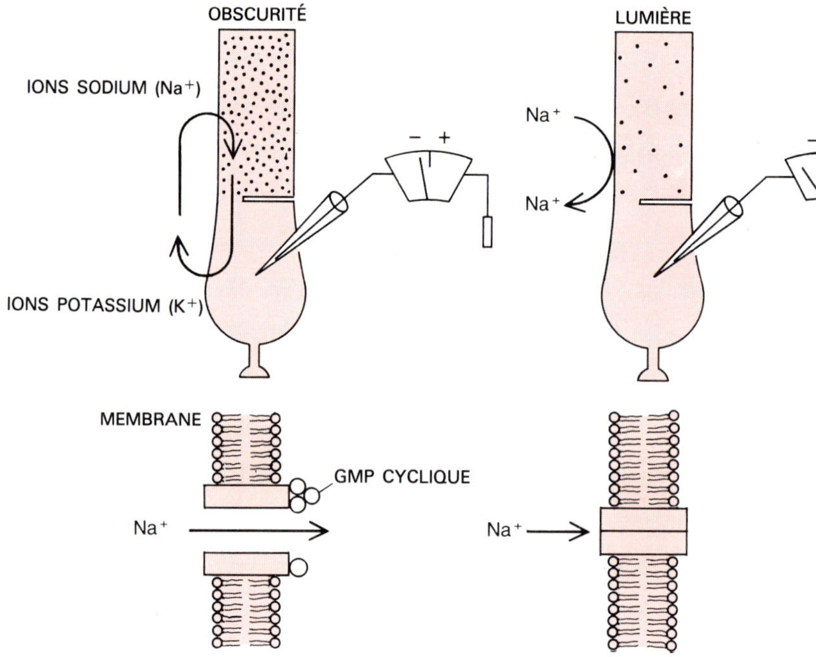

2. LA RÉPONSE ÉLECTRIQUE A LA LUMIÈRE D'UN CÔNE OU D'UN BÂTONNET résulte d'une modification de la membrane plasmique du segment externe, qui devient moins perméable aux ions sodium. Dans l'obscurité, les ions sodium (chargés positivement) pénètrent dans la cellule et réduisent la densité de charges négatives présentes à l'intérieur de la membrane cellulaire *(en haut à gauche)*. Un flux sortant d'ions potassium à travers la membrane du segment interne et de la terminaison synaptique, ferme la boucle du « courant d'obscurité ». La perméabilité aux ions sodium est commandée par un nucléotide, la guanosine monophosphate cyclique (GMPc), dont la concentration intracellulaire est élevée dans l'obscurité *(points noirs)*. Dans ce dernier cas, des molécules de GMP cyclique se fixent à un canal sodium et l'ouvrent *(en bas à gauche)*. A la lumière, la concentration en GMP cyclique diminue considérablement, les molécules de GMP cyclique quittent leurs sites de fixation et les pores de la membrane se ferment *(en bas à droite)*. En conséquence l'afflux d'ions sodium est bloqué et le milieu intracellulaire s'hyperpolarise : il devient encore plus négatif *(en haut à droite)*.

structure du segment externe des bâtonnets avait fait penser qu'une substance diffusible, un « médiateur interne », transmettait l'information des disques, où la lumière est absorbée, jusqu'à la membrane cellulaire où le signal électrique est produit. On sait aujourd'hui que cette substance est un nucléotide, la guanosine monophosphate cyclique (GMPc), qui intervient également dans la transduction dans les cônes.

Comment l'absorption de la lumière par un cône ou un bâtonnet produit-elle un signal électrique ? Pour le savoir, il faut d'abord connaître le fonctionnement des photorécepteurs dans l'obscurité. On pourrait penser naïvement que la cellule est alors « en sommeil ». En fait, elle est active même en l'absence de lumière. Comme dans toutes les cellules, la membrane des cellules photoréceptrices sépare deux solutions dont les concentrations en ions (les ions sont les atomes ou molécules ayant perdu ou gagné des électrons) sont différentes ; ces deux solutions contiennent des ions positifs sodium et potassium. A l'extérieur de la cellule, la concentration en ions sodium est importante et celle en ions potassium est faible ; à l'intérieur, c'est l'inverse. Ces différences de concentration sont entretenues par une sorte de pompe qui utilise l'énergie du métabolisme pour rejeter les ions sodium et introduire les ions potassium.

Au repos, les membranes de la plupart des neurones sont plus perméables aux ions potassium qu'aux autres ions. Or, comme les ions potassium sont plus concentrés dans la cellule qu'au dehors, ils ont tendance à traverser la membrane et à quitter la cellule : de ce fait, les charges électriques se déplacent de la face interne à la face externe de la membrane, de sorte que la différence de potentiel entre l'intérieur et l'extérieur devient négative, de l'ordre de –0,1 volt. La perméabilité aux ions potassium est maximale au niveau du segment interne et de la terminaison synaptique.

Dans l'obscurité, les photorécepteurs sont également assez perméables aux ions sodium qui passent de la solution extracellulaire, où ils sont plus concentrés, vers l'intérieur du segment externe. A ce courant électrique, dirigé vers l'intérieur de la cellule, correspond un courant d'ions potassium qui sort des autres parties de la cellule. Cette boucle de courant constitue le courant d'obscurité.

Quand un cône ou un bâtonnet absorbe de la lumière, le flux entrant d'ions sodium est bloqué, le courant d'obscurité diminue et la polarisation négative du milieu intracellulaire s'accentue. Cette variation négative de voltage transmembranaire constitue une hyperpolarisation, et la différence entre le courant observé et le courant d'obscurité porte le nom de photocourant. Ces deux phénomènes ont été décrits pour la première fois, en 1970, par William Hagins, Richard Penn et Shuko Yoshikami, à l'Institut américain de Rhumatologie et des maladies métaboliques. Ils mesuraient alors ces courants pour une grande quantité de bâtonnets et non sur un bâtonnet unique.

L'hyperpolarisation qui apparaît dans le segment externe se propage vers la terminaison synaptique, où elle est transmise à d'autres cellules rétiniennes. On enregistre cette hyperpolarisation à l'aide d'une micro-électrode qu'on place dans les cellules photoréceptrices de Poissons, d'Amphibiens ou de Reptiles, pourvus de gros cônes et bâtonnets. A l'Université Keio, au Japon, Tsuneo Tomita et ses collaborateurs ont réalisé pour la première fois ce type d'expérience au début des années 1960 : ils ont mesuré un voltage transmembranaire d'environ –40 millivolts à l'obscurité, et constaté que des flashes lumineux produisent une hyperpolarisation qui augmente avec l'intensité lumineuse. Pour un éclair très intense, la réponse atteint un maximum d'environ 30 millivolts, ce qui porte le voltage transmembranaire à –70 millivolts.

En 1975, Robert Fettiplace et l'un de nous (D. Baylor) ont montré que l'hyperpolarisation est bien l'agent nécessaire et suffisant de la régulation du flux d'information qui transite, par les synapses, vers d'autres neurones visuels. Afin de reproduire des hyperpolarisations analogues à celles dues à la lumière ou de neutraliser des hyperpolarisations naturelles, nous avons produit un courant électrique dans un photorécepteur unique, à l'aide d'une électrode intracellulaire ; simultanément nous avons enregistré les réponses d'une autre cellule, la cellule ganglionnaire, située loin en aval dans la chaîne des neurones rétiniens. Pour ce montage, nous avons

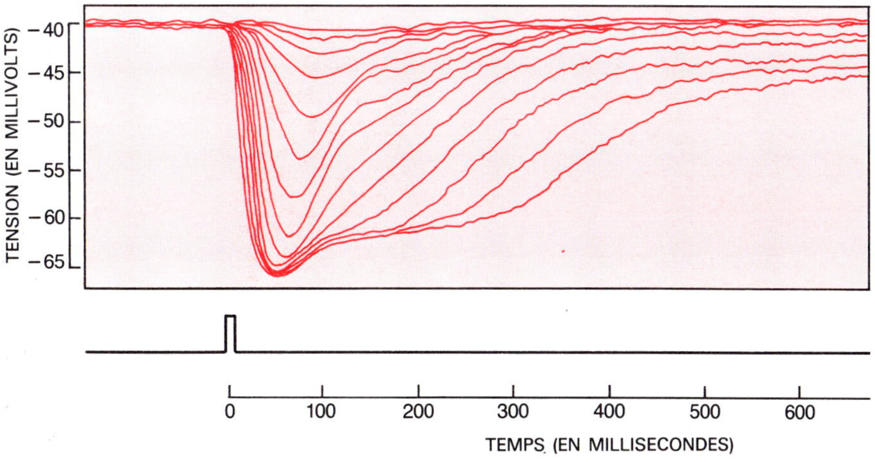

3. L'HYPERPOLARISATION d'un cône rouge de Tortue a été enregistrée ici avec une électrode intracellulaire. On a reproduit sur cette figure plusieurs courbes de réponses à une série d'éclairs brefs d'intensité croissante. Le voltage transmembranaire est porté en ordonnées en fonction du temps écoulé après l'éclair et porté sur l'échelle d'abscisses *(en bas)*. Chaque éclair de la série est deux fois plus intense que le précédent. L'éclair le plus faible active dans le cône environ 50 molécules de pigment. Pour des éclairs très intenses la réponse" sature" à environ - 65 millivolts.

réussi à reproduire la réaction de cette cellule ganglionnaire à l'action d'un point lumineux appliqué sur une cellule photoréceptrice. Nous avons constaté qu'inversement, la cellule ganglionnaire ne réagit plus aux stimulations lumineuses quand on contrarie l'hyperpolarisation en injectant un courant dépolarisant.

La guanosine monophosphate cyclique

Comment l'absorption de lumière bloque-t-elle l'entrée d'ions sodium dans le segment externe? A l'obscurité, les cônes et les bâtonnets contiennent beaucoup de guanosine monophosphate cyclique, qui se fixe aux pores de la membrane cellulaire et les ouvre, permettant ainsi le passage des ions sodium. En présence de lumière, la concentration en GMP cyclique chute, la GMP cyclique quitte ses sites de fixation et les pores se ferment. Par suite, la perméabilité de la membrane aux ions sodium diminue et la membrane s'hyperpolarise. La succession des événements moléculaires conduisant à la diminution de la concentration en GMP cyclique comprend trois étapes. Il y a quelques années, George Wald et ses collaborateurs de l'Université Harvard, ont montré que les pigments des cônes et des bâtonnets contiennent une substance qui absorbe la lumière, le groupe 11-cis rétinal, couplée à une protéine qui « accorde » cette absorption sur une région particulière du spectre visible. Les protéines de la rhodopsine et des trois pigments des cônes sont donc différentes. Après avoir absorbé un photon, le groupe rétinal de la rhodopsine se déforme et la partie protéique du pigment acquiert une activité enzymatique.

A l'Université Stanford, Lubert Stryer et son équipe (voir *Les molécules de la vision,* p. 43) ont montré que la forme ainsi activée de la rhodopsine active à son tour catalytiquement une autre protéine, qu'ils ont appelée transducine ; la transducine activée excite à son tour une enzyme qui dissocie la GMP cyclique. Ce système se comporte comme un photomultiplicateur chimique : l'absorption d'un unique photon par la rhodopsine provoque la dissociation rapide de plusieurs centaines de molécules de GMP cyclique et bloque ainsi l'entrée de la cellule à des millions d'ions sodium !

Récemment Evgeniy Fesenko et ses collaborateurs de l'Académie des sciences d'U.R.S.S. ont confirmé que la GMP cyclique commande le passage des ions sodium à travers la membrane : ils ont appliqué un tube capillaire de verre, dont une extrémité mesure un micromètre de diamètre,

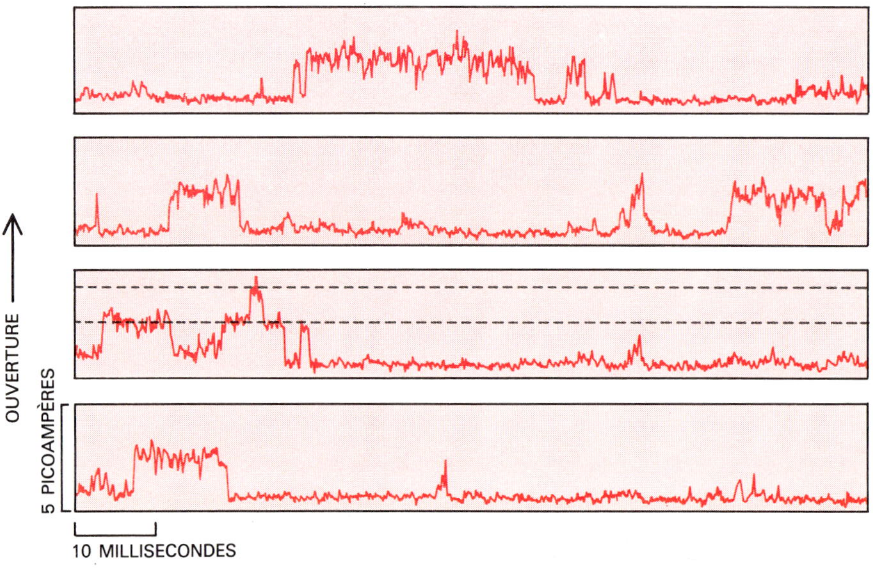

4. UN COURANT ÉLECTRIQUE MESURABLE apparaît lorsque un seul pore du segment externe d'un bâtonnet s'ouvre. On a plongé un fragment de membrane de bâtonnet de Salamandre dans une solution contenant de la GMP cyclique, en maintenant la tension électrique transmembranaire à +75 millivolts. Les variations des tracés correspondent à l'ouverture d'un pore. La troisième courbe à partir du haut correspond à l'ouverture simultanée de deux pores. Lors de ces expériences, on a fortement réduit les concentrations en ions calcium et magnésium du milieu afin d'augmenter l'amplitude des réponses.

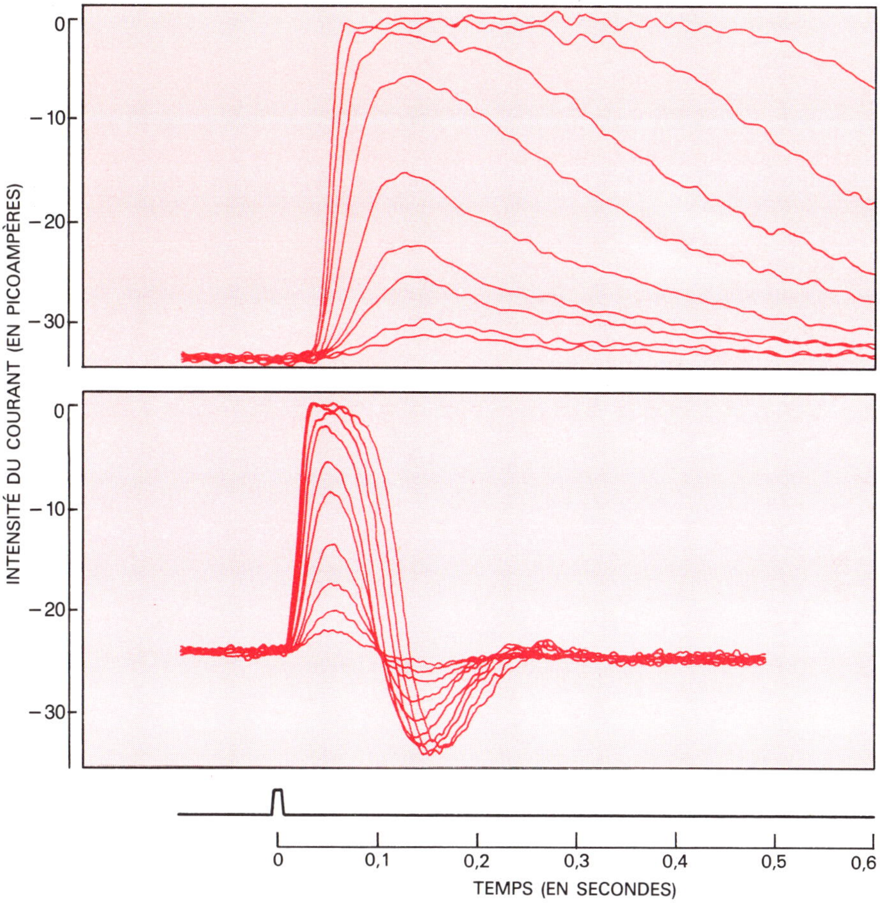

5. LES COURANTS TRANSMEMBRANAIRES d'un bâtonnet *(en haut)* et d'un cône *(en bas)* de Singe sont enregistrés après aspiration du segment externe dans une micro-pipette. Les flashes éclairent en totalité le segment externe de ces cellules photoréceptrices. Les courbes indiquent l'intensité du courant du segment externe en fonction du temps écoulé à partir de l'éclair. L'intensité des éclairs a été successivement doublée, jusqu'à atteindre une réponse maximale pour laquelle le courant transmembranaire est complètement bloqué. Dans le bâtonnet, l'activation de 30 molécules de rhodopsine correspond à la moitié de la réponse maximale ; dans le cône, il faut activer 1200 molécules de pigment pour obtenir un résultat identique à la réponse du bâtonnet.

sur la membrane du segment externe d'un bâtonnet de grenouille ; ils ont détaché le fragment de membrane qui adhérait au tube capillaire, en aspirant légèrement et en retirant rapidement la pipette. Puis ils ont constaté in vitro que ce morceau de membrane isolé devenait perméable aux ions sodium en présence de GMP cyclique.

Comment la GMP cyclique commande-t-elle les variations de perméabilité ? Anita Zimmerman de notre laboratoire, avec Lawrence Haynes et King-Wai Yau, de la branche médicale de l'Université du Texas, ont réussi à montrer que le courant traversant chaque canal est parfois supérieur à celui créé par un million d'ions sodium par seconde. Ce flux est plusieurs centaines de fois plus rapide que celui qui met en jeu des molécules membranaires devant changer de structure pour transporter seulement quelques ions à la fois. Pour que le flux d'ions sodium soit aussi intense, il faut que les ions traversent la membrane par diffusion à travers des pores hydrophiles. L'ouverture d'un pore est déclenchée par liaison avec au moins trois molécules de GMP cyclique, et chaque pore est donc un commutateur moléculaire capable de détecter des variations infimes de la concentration en GMP cyclique.

Dans des conditions favorables, un bâtonnet humain peut signaler l'absorption d'un photon

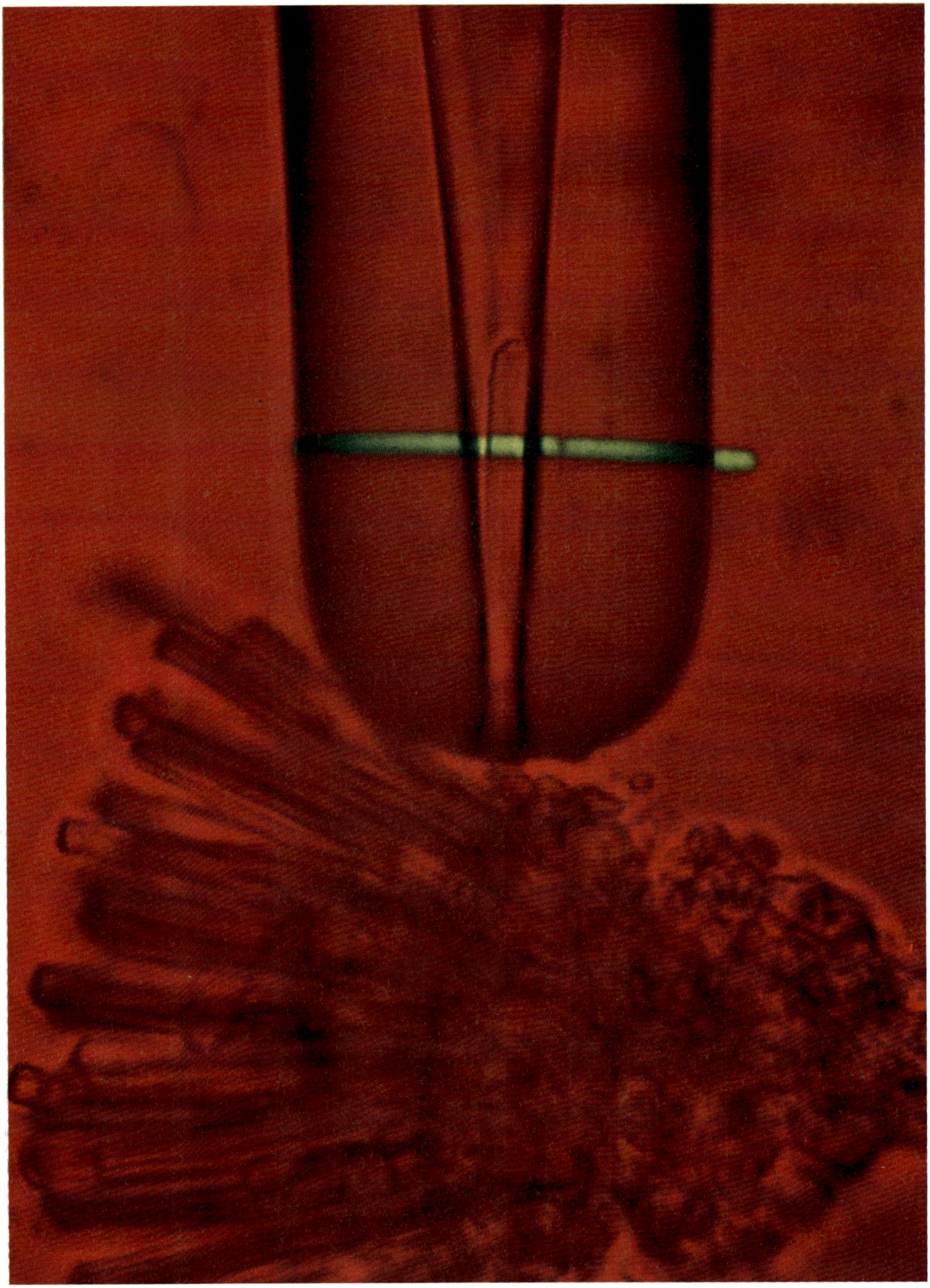

6. EN ASPIRANT LE SEGMENT EXTERNE d'un bâtonnet de Crapaud dans une pipette, on peut enregistrer les courants électriques produits par la lumière. Le segment externe de Crapaud mesure 50 micromètres de long et 6 micromètres de diamètre. On envoie un rayon lumineux transversal sur le bâtonnet, puis on amplifie et enregistre le signal électrique produit. La cellule doit rester adaptée à l'obscurité et pour cela on a réalisé l'expérience en lumière infrarouge, en observant la préparation sur un système vidéo. Le fragment de rétine a été prélevé sur un crapaud *Bufo marinus*.

unique, qui active une seule des 100 millions de molécules de rhodopsine présentes dans la cellule. Cette remarquable performance fut découverte, de façon indirecte, au début des années 1940 par Selig Hecht, Simon Shlaer et Maurice Pirenne, à l'Université Columbia : ils avaient exposé à de très faibles éclairs lumineux l'œil d'un sujet mis dans l'obscurité totale et, en faisant varier l'intensité des éclairs, ils avaient constaté qu'il suffisait que sept photons, en moyenne, soient absorbés pour que le sujet perçoive le flash. Comme le champ rétinien éclairé contenait environ 500 bâtonnets, il n'y avait pratiquement aucune chance pour qu'une cellule détecte plus d'un photon à la fois. Ils en ont conclu qu'un bâtonnet produit un signal détectable dès qu'il absorbe un seul photon.

La détection des photons

Quelles sont l'amplitude et la forme du signal électrique produit par l'absorption d'un photon ? L'absorption d'un photon produit-elle systématiquement un signal électrique ? Enfin ces signaux apparaissent-ils aussi dans l'obscurité ? Au début des années 1970, plusieurs équipes essayèrent d'évaluer le rapport du voltage au nombre de quanta absorbés par les bâtonnets, mais leurs efforts n'ont pas abouti, car les bâtonnets échangent leurs signaux : les courants électriques circulent librement d'un bâtonnet à l'autre grâce à des connexions particulières. L'hyperpolarisation résultant de l'absorption d'un photon se répartit ainsi entre plus de dix bâtonnets et devient trop faible pour qu'on la détecte.

Pour résoudre ce problème, K.-W. Yau, Trevor Lamb et l'un d'entre nous (D. Baylor) ont utilisé, au lieu du voltage, un autre indicateur de la réponse des bâtonnets : le photocourant. Ce choix était le bon, car le photocourant s'est avéré

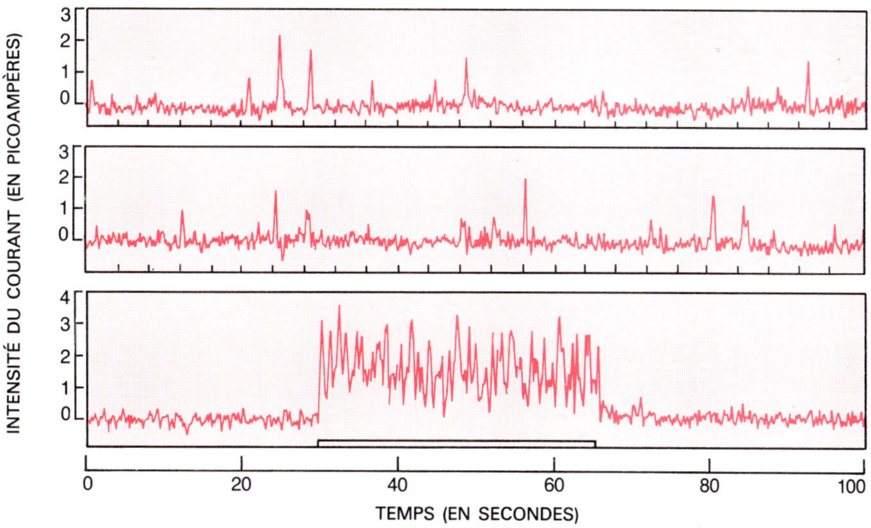

7. LA RÉPONSE d'un bâtonnet de Singe à un photon unique est enregistrée, le segment externe du bâtonnet étant aspiré dans une pipette. Les deux courbes supérieures correspondent à des éclairs de faible intensité (petits traits verticaux sur le cadre), envoyés sur le segment externe, qui n'activent en moyenne qu'une molécule de pigment. L'amplitude du courant produit par le bâtonnet est comprise entre zéro et deux picoampères (millièmes de milliardième d'ampère). Une molécule de pigment activée produit un courant électrique d'un picoampère environ ; les fluctuations observées sont dues au caractère aléatoire de l'émission des photons par la source lumineuse. La courbe inférieure concerne la réponse du même bâtonnet à une stimulation lumineuse faible durant 35 secondes (surligné à la base du cadre), qui active en moyenne dix molécules de pigment par seconde.

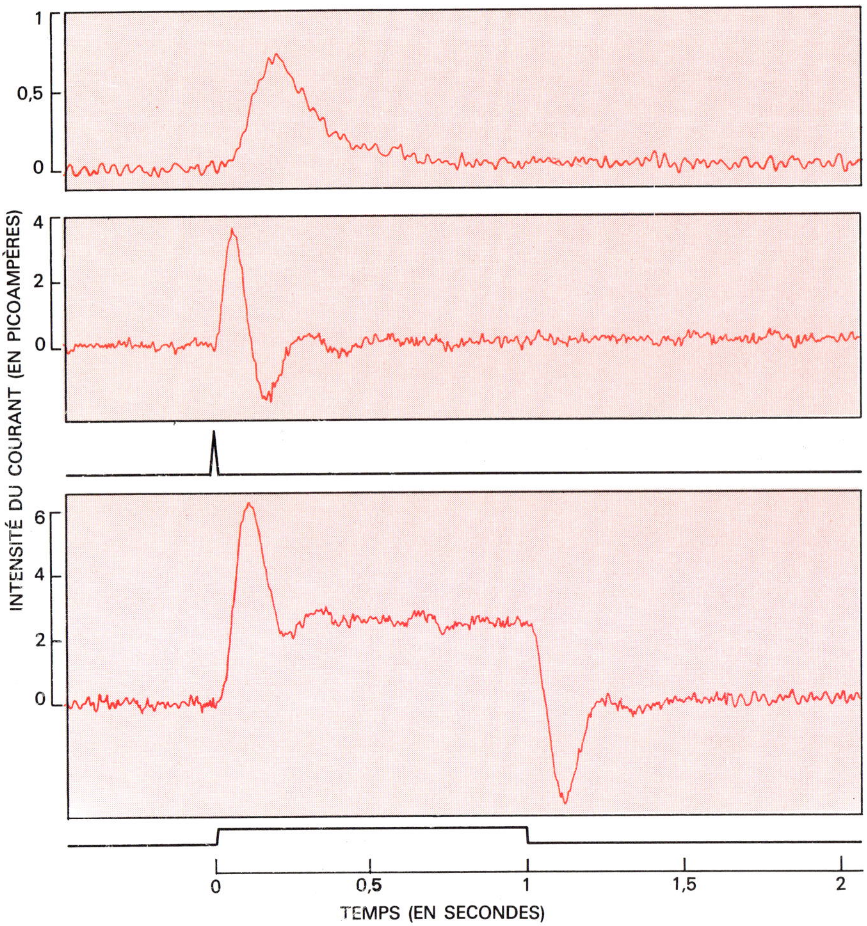

8. LES COURBES MONTRENT LES RÉPONSES DES CELLULES VISUELLES : on détermine la réponse à un photon unique d'un cône et d'un bâtonnet de Macaque en faisant la moyenne des réponses à des éclairs de faible intensité. On a indiqué ici les variations du courant transmembranaire en fonction du temps écoulé après l'éclair. La réponse du bâtonnet *(en haut)* correspond à un éclair qui active en moyenne une molécule de pigment. La réponse du cône *(au centre)* est déclenchée par un éclair activant environ 200 molécules (cette réponse est la version amplifiée de celle qui serait obtenue avec un photon unique). La courbe inférieure est la réponse du cône à une stimulation lumineuse d'une seconde.

indépendant de la tension électrique transmembranaire et donc du couplage des bâtonnets.

Pour obtenir la réponse d'un bâtonnet à un photon unique, nous avons utilisé des stimulations lumineuses de très faible intensité. Nous avons d'abord choisi des bâtonnets de Crapaud et, plus récemment, nous avons étudié des cônes et des bâtonnets de Macaque (*Macaca fascicularis*), avec Brian Nunn, de Stanford. Pour nos mesures, nous aspirons un segment externe à l'extrémité d'un tube capillaire adapté à son diamètre. On peut ainsi, avec un amplificateur très sensible relié au capillaire, enregistrer le courant qui transite dans le segment externe.

Nous avons éclairé le bâtonnet isolé à intervalles réguliers, avec une lumière si faible, qu'une seule molécule de rhodopsine pouvait être activée en moyenne. Dans ces conditions, le photocourant résultant est égal à 0, 1, 2 ou 3 picoampères (millièmes de milliardième d'ampère). Cette variation discrète est due au fait que l'émission de photons est aléatoire : selon les cas, aucune molécule de rhodopsine n'est activée ou bien une, deux ou trois. L'analyse statistique des réponses et l'évaluation précise de l'intensité des éclairs indique alors qu'une réponse d'un picoampère correspond à l'activation d'une seule molécule de rhodopsine. De plus, comme l'intensité et la forme de la réaction sont remarquablement constantes, on déduit que la cascade enzymatique sous-jacente possède un gain précis. On constate aussi que le rendement des cellules photoréceptrices est très bon : la probabilité qu'un photon absorbé déclenche une réponse est égale à 50 pour cent environ (à titre de comparaison, le rendement des systèmes photovoltaïques atteint rarement 20 pour cent).

Le bruit thermique

Aussi extraordinaire que soit la détection des photons par les bâtonnets, elle n'est cependant pas parfaite : même dans l'obscurité complète, certains bâtonnets réagissent comme s'ils recevaient de la lumière. Chez le Singe, par exemple, les bâtonnets produisent aléatoirement un signal, toutes les deux minutes et demie en moyenne. Pourquoi ? Sans doute parce que la chaleur active les molécules de rhodopsine exactement comme le fait la lumière. Ce phénomène réduit naturellement la sensibilité des bâtonnets aux très faibles intensités, mais heureusement l'activation thermique est lente : quand on tient compte de la fréquence de ces signaux et du nombre de molécules de rhodopsine présentes dans chaque bâtonnet, on calcule que la demi-vie de ce processus est de 420 ans, à la température ambiante (ces signaux erronés ne sont détectables que parce que les bâtonnets sont bourrés de molécules de rhodopsine) ; autrement dit, comme pour le nombre de désintégrations de noyaux atomiques radioactifs, le nombre d'excitations erronées des bâtonnets double tous les 420 ans. Néanmoins ces signaux sont perçus par le système visuel et donnent la sensation d'une très faible luminosité dans le noir complet : les psychophysiciens ont mesuré que cette « lumière obscure » avait une fréquence d'apparition similaire à celle que nous avons calculée à partir de nos expériences.

La réaction d'un cône à un photon unique n'est pas mesurable, car elle est trop faible et se trouve donc masquée par le bruit de fond. On peut cependant l'estimer en fonction de la réaction des cônes à des éclairs activant de nombreuses molécules de pigment. Dans les cônes, l'absorption d'un photon produit ainsi un photocourant d'environ dix femtoampères (10×10^{-15} ampère), soit 100 fois moins que la réponse élémentaire d'un bâtonnet. Cette différence explique en partie pourquoi, chez l'Homme, la vision diurne (due aux cônes) est moins sensible que la vision nocturne (due aux bâtonnets).

En revanche, la réponse élémentaire d'un cône est à peu près quatre fois plus rapide que celle d'un bâtonnet. Les bâtonnets de rétine de Primate, par exemple, signalent l'absorption d'un photon en 300 millisecondes (dans cet intervalle de temps, un tir de penalty est déjà parvenu au but), et les cônes, plus rapides, permettent de mieux détecter les variations rapides.

Au total, le système de détection de la lumière, dans l'œil, associe donc une bonne sensibilité et une grande résolution temporelle. D'une part, les cônes réagissent faiblement mais rapidement, ce qui permet au système visuel de détecter des changements rapides d'intensité lumineuse ou des mouvements rapides d'objets, quand la luminosité est importante et quand les bâtonnets sont saturés. D'autre part, les bâtonnets, avec leurs signaux lents mais amples, conviennent fort bien pour compter les photons lorsque la luminosité est faible.

Quand la luminosité diminue, la sensibilité visuelle augmente considérablement, car les bâtonnets suppléent les cônes : quand on entre dans une pièce sombre, on est d'abord dans le noir complet en raison du manque de sensibilité des cônes ; puis les bâtonnets deviennent sensibles et assurent progressivement la fonction principale : on perçoit alors les objets. Ce qui est étrange, c'est que même lorsque seuls les bâtonnets sont actifs, la sensibilité visuelle augmente à mesure que la lumière ambiante diminue. Ce changement de sensibilité est-il dû aux bâtonnets ou aux neurones qui traitent les signaux émis ?

On mesure l'effet de la lumière ambiante sur la sensibilité d'un bâtonnet de Primate en enregistrant ses réponses à des éclairs de faible intensité, après l'avoir adapté à l'obscurité. On calcule la « sensibilité à l'éclair » en divisant l'amplitude maximale de la réponse par l'intensité de l'éclair. On passe ensuite à une ambiance lumineuse et on détermine la nouvelle sensibilité à l'éclair : elle diminue lorsqu'augmente l'intensité de la lumière d'ambiance. Cette perte de sensibilité résulte d'un simple phénomène de saturation : à mesure que l'intensité lumineuse d'ambiance augmente, les canaux à sodium se ferment, ils sont donc moins nombreux à pouvoir se fermer quand survient un éclair.

Dans des expériences de psychophysique, on a mesuré la sensibilité de la vision par les bâtonnets chez l'Homme en déterminant pour quelle intensité minimale les éclairs sont détectables en présence d'un fond lumineux diffus. La sensibilité à l'éclair diminue lorsque l'intensité du fond

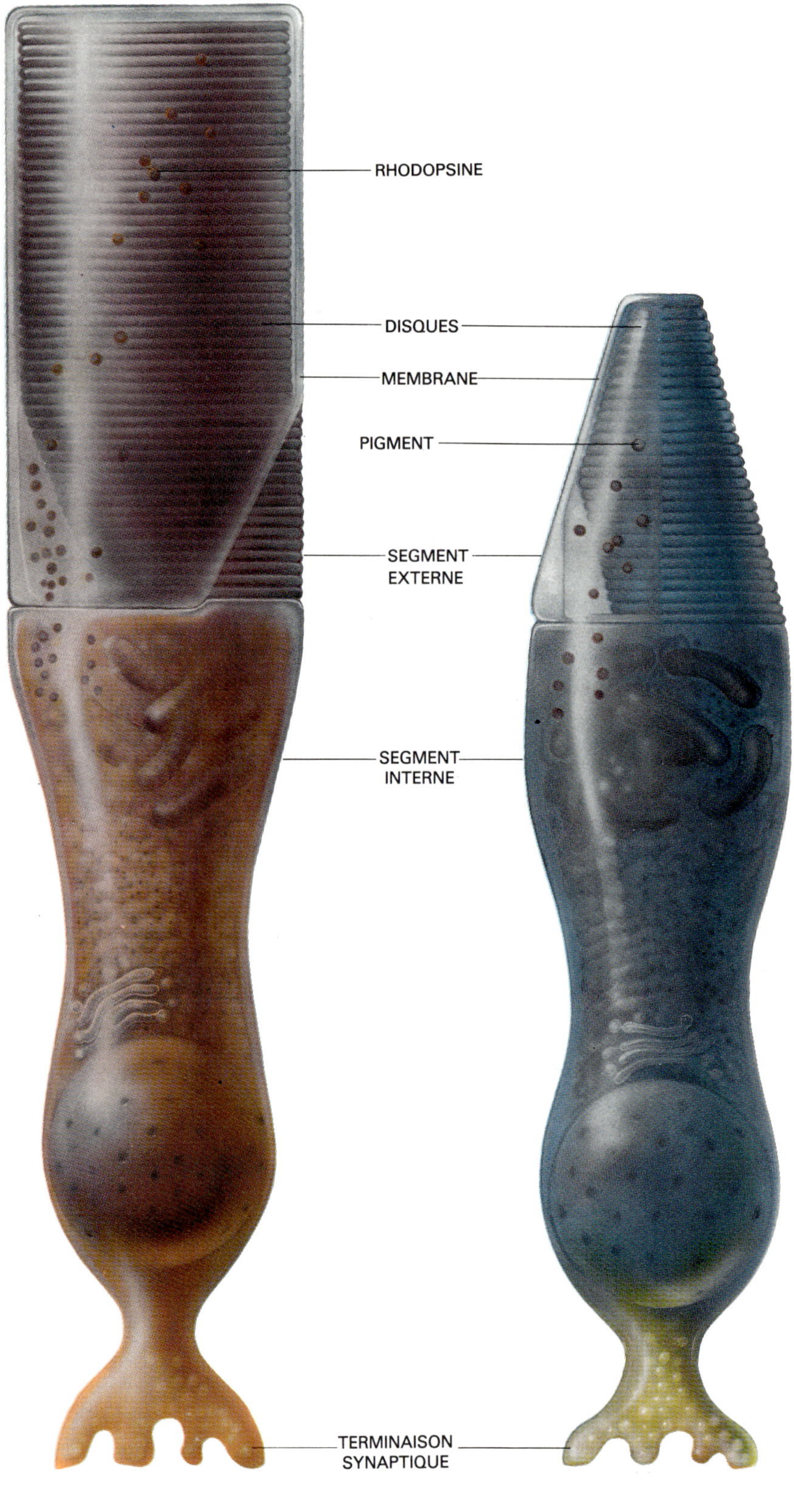
RHODOPSINE
DISQUES
MEMBRANE
PIGMENT
SEGMENT
EXTERNE
SEGMENT
INTERNE
TERMINAISON
SYNAPTIQUE
BÂTONNET
CÔNE

lumineux augmente, mais les fonds lumineux qui désensibilisent fortement la vision par les bâtonnets peuvent avoir peu d'effet sur la sensibilité des bâtonnets individuels. Ainsi une lumière continue activant 40 molécules de rhodopsine par seconde et par bâtonnet diminue d'un facteur 10 000 la sensibilité de la vision par les bâtonnets, mais ne réduit que de 20 pour cent la sensibilité du segment externe des bâtonnets. Ces résultats confirment les conclusions de William Rushton, de l'Université de Cambridge, selon lequel chez l'Homme, la désensibilisation de la vision nocturne par une lumière de fond est due à un traitement neuronal qui s'effectue en aval des segments externes des bâtonnets. Le mécanisme de ce phénomène reste à découvrir.

Lorsque l'intensité de la lumière est supérieure à celle d'un ciel bleu à midi la sensibilité aux éclairs des bâtonnets diminue brusquement chez l'Homme : les bâtonnets sont saturés. Avec une lumière aussi intense, le système visuel ne perçoit pas les variations de la fréquence d'absorption des photons par les bâtonnets. Les mesures électriques montrent que des bâtonnets isolés deviennent insensibles aux éclairs lorsque l'intensité du fond lumineux est approximativement égale au seuil de saturation de la vision nocturne. Cette limite de la vision correspond donc à une propriété de la transduction par les bâtonnets.

La sensibilité spectrale

La sensibilité d'une cellule photoréceptrice donnée à des rayonnements de différentes longueurs d'onde dépend de la probabilité que le pigment visuel absorbe les photons ayant ces longueurs d'onde. La sensibilité spectrale des cellules photoréceptrices du Macaque (qu'on suppose semblables à celles de l'Homme) est une donnée physiologique utile pour déterminer les caractéristiques spectrales de la vision humaine. Les longueurs d'onde de lumière visible sont comprises entre 400 et 750 nanomètres (milliardièmes de mètre). La lumière de longueur d'onde supérieure à 750 nanomètres (infrarouge proche) est peu absorbée par les pigments visuels, et la lumière de longueur d'onde inférieure à 400 nanomètres (ultraviolet proche) pourrait être absorbée par ces pigments, mais elle est en fait absorbée par la cornée et le cristallin et elle n'atteint donc pas la rétine.

Chez le Macaque, les bâtonnets présentent un pic de sensibilité dans la région bleu-vert du spectre visible c'est-à-dire à des longueurs d'onde voisines de 490 nanomètres. Cette mesure concorde avec celles de la sensibilité spectrale en vision nocturne déterminées chez l'Homme par des tests psychophysiques.

Le Singe possède trois types de cônes, dont les sensibilités sont respectivement maximales pour les rayonnements de longueurs d'onde égales à 430, 530 et 560 nanomètres. Analogues à ceux de l'Homme, ces cônes sont appelés respectivement cônes bleus, cônes verts et cônes rouges, par référence à la couleur d'absorption maximale. En fait, chaque type de cône est sensible à une large bande de longueurs d'onde, et les trois bandes se chevauchent considérablement. Néanmoins, entre les différents types de cônes, les pigments sont strictement répartis. Les courbes de sensibilité montrent que les cônes bleus, par exemple, contiennent moins d'une molécule de pigment vert ou rouge pour 100 000 molécules de pigment bleu.

La réponse des cônes ne dépend pas de la longueur d'onde des photons qu'ils absorbent : pour un même nombre de photons absorbés, quelle que soit la longueur d'onde, la réponse est la même. Cependant, le système visuel détermine la couleur correspondant à la longueur d'onde reçue, parce qu'il considère la proportion de chaque type de cônes excités.

Des expériences de psychophysique ont montré, il y a déjà longtemps, que deux stimuli lumineux de composition spectrale différente apparaissent identiques quand ils produisent le même nombre d'absorptions dans chaque type de cône. Bien que ce type d'observations ait permis d'établir le caractère trichromatique de la vision, on ne connaissait pas son origine exacte, car on manquait d'information sur la sensibilité spectrale de chaque cône. Nous connaissons désormais ces sensibilités chez le Singe, et nous constatons qu'elles permettent d'expliquer les

9. LES CÔNES ET LES BÂTONNETS présentent certaines similitudes malgré des différences de forme et de fonction. La partie supérieure de la cellule (le segment externe) contient les molécules de pigment qui absorbent la lumière, la partie inférieure (le segment interne) contient le noyau et des mitochondries. La terminaison synaptique assure la communication entre les cellules photoréceptrices et d'autres cellules rétiniennes. Les cônes interviennent essentiellement dans la vision diurne et les bâtonnets dans la vision en lumière faible. La rétine de l'Homme possède trois types de cônes. Chacun d'eux contient un pigment qui absorbe fortement dans la région du bleu, du vert ou du rouge du spectre visible. C'est là la base de la vision des couleurs.

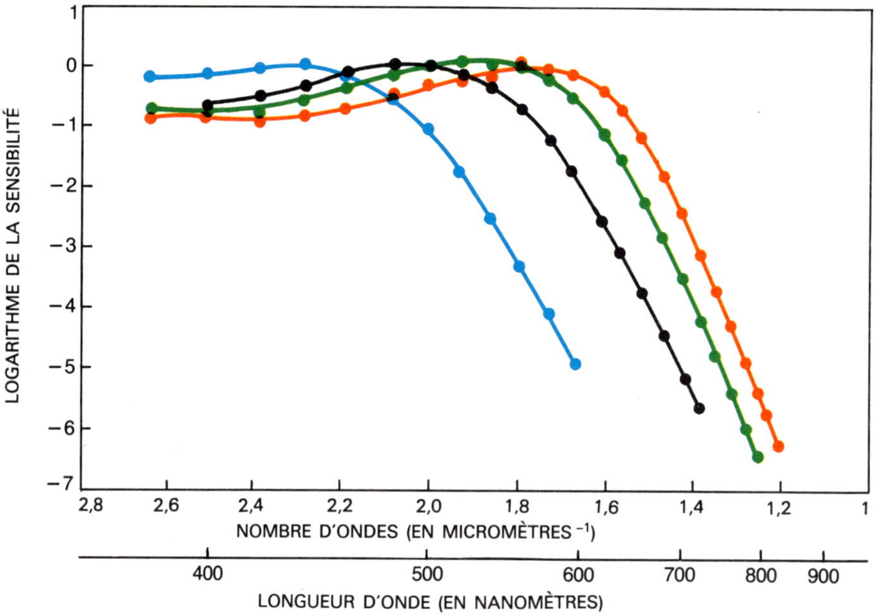

10. LA SENSIBILITÉ RELATIVE à un photon des cônes et des bâtonnets de Macaque est indiquée en fonction de la longueur d'onde du photon. Les sensibilités spectrales des photorécepteurs sont semblables chez l'Homme et chez le Singe. La courbe noire indique le spectre des bâtonnets, les courbes rouge, verte et bleue celui des cônes rouges, verts et bleus respectivement.

règles gouvernant les mélanges et l'appariement des couleurs chez l'Homme.

Aux grandes longueurs d'onde, la perception des tonalités chromatiques dépend uniquement de l'absorption relative des cônes rouges et verts. Quand la longueur d'onde est supérieure à 600 nanomètres, la tonalité perçue passe de l'orange à un rouge de plus en plus profond et, pour les longueurs d'onde supérieures à 700 nanomètres, un phénomène étrange apparaît : la tonalité vire à nouveau à l'orange. Ce « décalage paradoxal des couleurs » fut découvert pour la première fois en 1955 par Giles Brindley, de Cambridge. On l'explique par la forme des courbes de sensibilité spectrale des cônes rouges et des cônes verts : le rapport entre la sensibilité des cônes rouges et des cônes verts présente un maximum à 700 nanomètres, et c'est donc cette longueur d'onde qui apparaît la plus rouge.

On est encore loin de comprendre parfaitement le mécanisme moléculaire de la transduction visuelle et du traitement des signaux émis par les cellules photoréceptrices. Certes on a identifié le médiateur interne de l'excitation visuelle, mais on commence seulement à analyser la cascade des nucléotides et la commande de la perméabilité membranaire aux ions sodium. Il reste également à savoir comment des signaux produits par quelques photons sont transmis par les synapses, distingués du bruit de fond et traités par le système visuel. Les années à venir promettent d'être fructueuses dans ce domaine.

Les molécules de la vision

3

L 'absorption de la lumière par un bâtonnet rétinien déclenche une "cascade" de réactions chimiques, produisant finalement une impulsion nerveuse. La transducine est une protéine fondamentale de ce mécanisme.

Lubert Stryer

William Rushton, de l'Université de Cambridge (G.-B.), écrivait il y a déjà de nombreuses années : « Les molécules sur lesquelles on envoie de la lumière réagissent comme nous quand nous écoutons de la musique : certains sont absolument indifférents ; d'autres marquent le rythme du pied ou du doigt : mais d'autres encore se lèvent, dansent ... et changent de partenaire ». Cette description valait surtout par son ton poétique, car, à l'époque, on ne connaissait avec précision, ni les molécules impliquées dans la réponse des photorécepteurs ni, *a fortiori*, les interactions entre ces molécules.

Aujourd'hui plusieurs équipes de biologistes étudient ces problèmes et ont mis en évidence les bases moléculaires de la détection de la lumière par l'œil. On connaît aujourd'hui les molécules photosensibles des cellules de la rétine et l'on a déterminé les réactions entre ces molécules et celles qui produisent un signal nerveux, transmis au cerveau. Or les expériences biochimiques ont confirmé la description intuitive de W. Rushton ! Comme il le pensait, ces molécules « se lèvent, dansent et changent de partenaire » d'une façon très spécifique, et cette spécificité est à l'origine d'un merveilleux phénomène biologique : la perception visuelle.

Les bâtonnets

La « cascade » de réactions biochimiques dont l'analyse a été faite ces dernières années a son siège dans les cellules photoréceptrices de la rétine. Il existe deux types de telles cellules, les bâtonnets et les cônes, qui doivent leur nom à leurs formes caractéristiques. Les bâtonnets assurent une vision en noir et blanc quand l'intensité lumineuse est faible, et les cônes permettent de voir les couleurs quand la lumière est plus vive ; la rétine humaine contient environ trois millions de cônes et cent millions de bâtonnets. Les signaux électriques produits par ces cellules photoréceptrices sont ensuite traités par d'autres cellules rétiniennes, avant d'être transmis au cerveau par le nerf optique.

Ce sont les propriétés étonnantes des bâtonnets qui m'ont initialement fasciné : leur sensibilité est inégalable puisqu'un seul photon (la plus petite quantité de lumière) suffit pour exciter un bâtonnet ! Dans le bâtonnet excité, une cascade de réactions chimiques amplifie cette information microscopique et produit un signal macroscopique détecté par le système nerveux. Mieux encore : l'amplification réalisée dépend de l'éclairage, et, comme les bâtonnets sont beaucoup moins sensibles en lumière vive qu'aux faibles luminosités, ce sont des photorécepteurs fonctionnant efficacement dans des conditions très variées.

Les bâtonnets ont d'autres particularités remarquables : leur système de détection très sensible forme une structure subcellulaire distincte, facile à isoler (il suffit de secouer les cellules) et donc à étudier. Les bâtonnets sont en effet des cellules longues et fines, formées de deux parties : le segment « externe » renferme l'essentiel du système de photodétection et de production des impulsions nerveuses (c'est la partie qui tombe quand on secoue les cellules) ; le segment interne, spécialisé dans la production d'énergie et le renouvellement des molécules du segment externe, comporte une terminaison synaptique par laquelle le bâtonnet communique avec d'autres cellules.

Le segment externe des bâtonnets est un tube étroit contenant environ 2 000 minuscules disques empilés. Le tube et les disques sont limités par le même type de membrane, avec deux couches de molécules de lipides, mais la membrane cellulaire externe (ou plasmique) et la membrane des disques ont des fonctions différentes : la membrane des disques contient des protéines qui absorbent la lumière et réagissent aux stimuli lumineux, tandis que la membrane externe sert à transformer les signaux chimiques en signaux électriques. Les découvertes récentes portent essentiellement sur les couplages entre les molécules des membranes des disques et celles de la membrane externe.

L'une des principales molécules présentes dans la membrane des disques est la rhodopsine : c'est la protéine photoréceptrice des bâtonnets et c'est elle qui, lorsqu'elle absorbe un photon, déclenche la série de réactions à la base de la vision. La rhodopsine est composée de deux parties : l'opsine et le rétinal 11-cis. Le rétinal 11-cis est une molécule organique dérivée de la vitamine A ; l'opsine est une protéine possédant des propriétés enzymatiques, c'est-à-dire qu'elle favorise certaines réactions chimiques. L'absorption d'un photon par le rétinal 11-cis active l'opsine, qui déclenche alors la cascade de réactions biochimiques que nous avons déjà évoquée.

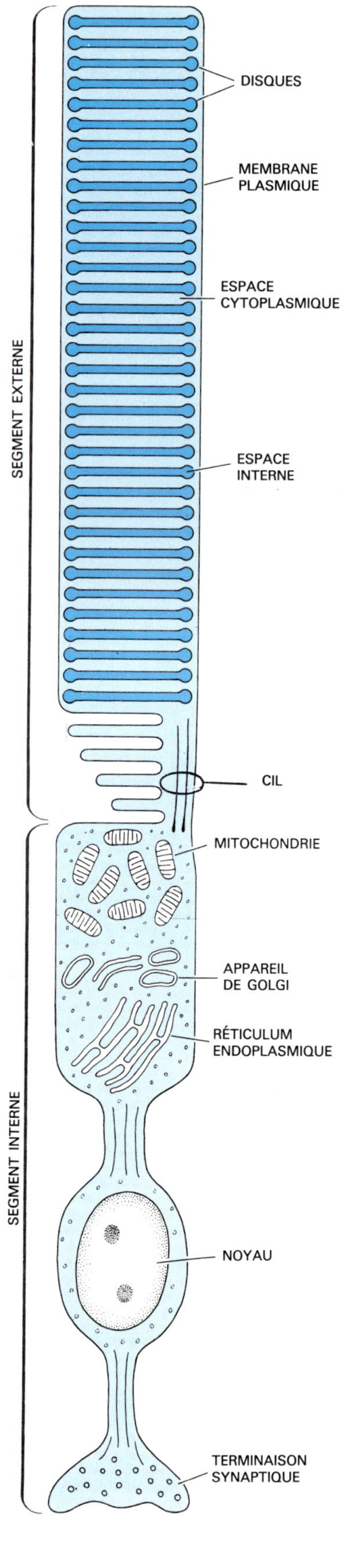

1. UN BÂTONNET est divisé en deux parties ayant des fonctions spécifiques. Le système de détection de la lumière se trouve dans le segment externe, constitué par une pile de 2000 disques formés d'une membrane dérivée de la membrane plasmique. Le segment interne contient des organites spécialisés dans la production des molécules nécessaires au mécanisme de photoréception. Quand la lumière atteint certaines molécules des disques, celles-ci sont modifiées, et le signal chimique que constitue cette modification est transmis à la membrane plasmique par une chaîne de réactions ; il se propage ensuite le long de la membrane plasmique jusqu'à la terminaison synaptique, puis il est transmis à d'autres cellules rétiniennes.

La rhodopsine

L'opsine est une chaîne de 348 acides aminés dont on a récemment déterminé la séquence : les chercheurs du laboratoire de Yuri Ovchinnikov, à l'Institut Chemiakine de Biochimie à Moscou, et l'équipe de Paul Hargrave, à l'Université de l'Illinois, ont ainsi découvert la structure tridimensionnelle de cette protéine « vissée » dans la membrane des disques. La chaîne de l'opsine est repliée et enroulée sur elle-même, en sept hélices « alpha », perpendiculaires au plan de la membrane et reliées les unes aux autres par de courts segments recourbés. Le rétinal 11-cis, fixé à l'une des hélices alpha, se trouve vers le centre de la double couche membranaire, aligné dans le plan de la membrane.

L'environnement protéique complexe du rétinal joue un rôle important dans la vision, car il « accorde » la sensibilité à la lumière : alors que le rétinal 11-cis a son maximum d'absorption pour les rayonnements de longueur d'onde égale à 380 nanomètres (dans la région ultraviolette du spectre) quand il est libre, en solution, celui de la

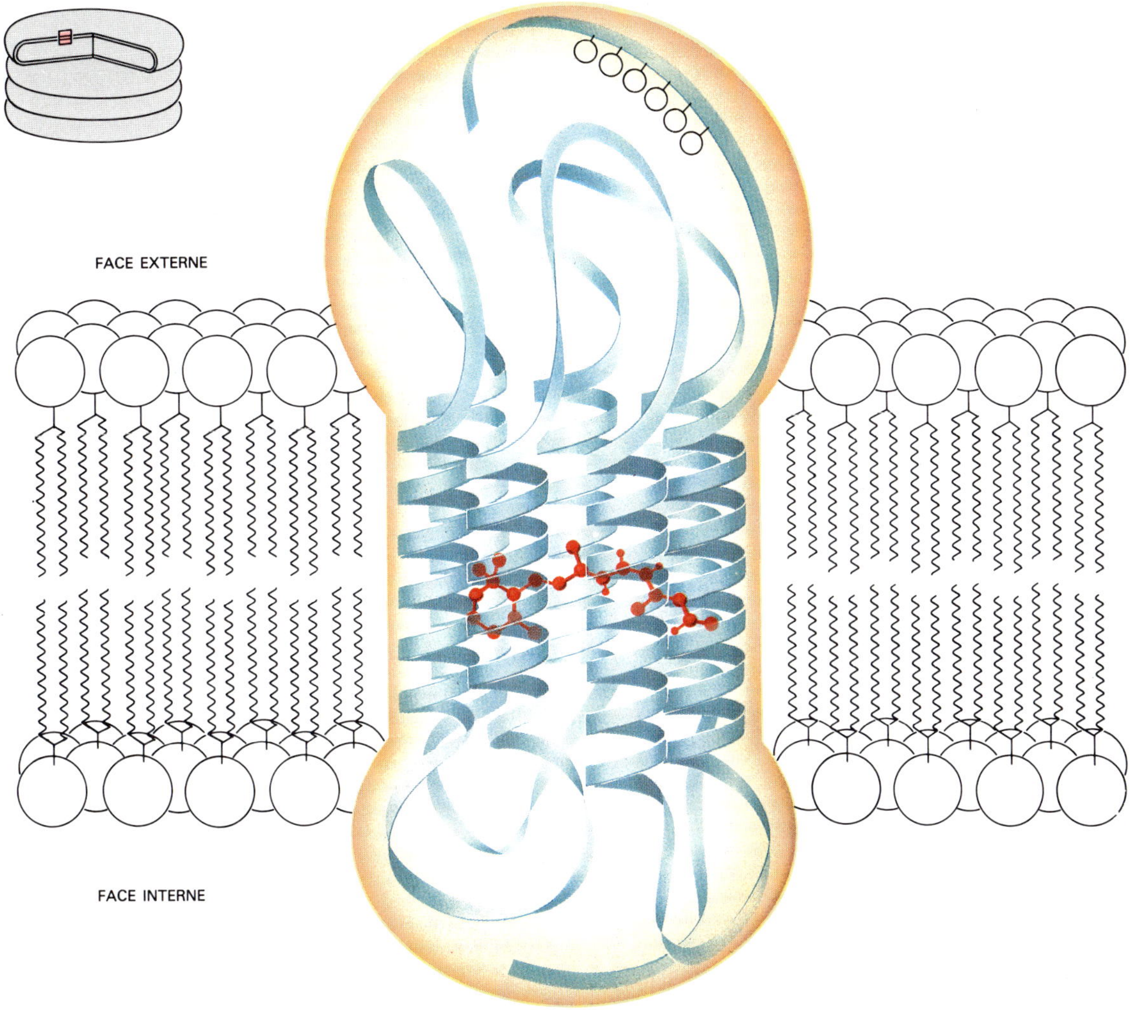

2. LA MOLÉCULE DE RHODOPSINE, dans la membrane des disques, capte la lumière et déclenche les cascades d'excitation. Comme la membrane plasmique dont elle dérive, la membrane des disques est une double couche de molécules lipidiques ; la rhodopsine, qui dépasse des faces externe et interne, est formée de deux composants : le rétinal 11-cis et l'opsine. Cette dernière *(en bleu pâle)* est une protéine formée de sept hélices « vissées » dans la membrane et reliées entre elles par de courtes parties recourbées. Le rétinal 11-cis *(en rouge)* se trouve près du centre de la membrane, fixé à l'une des hélices. L'absorption d'un photon (c'est-à-dire un quantum de lumière) par le rétinal modifie la forme de ce dernier et active la molécule de rhodopsine.

rhodopsine se trouve vers 500 nanomètres (bleu-vert). Ce décalage de l'absorption est fondamental, car il ajuste la sensibilité du photorécepteur, la rhodopsine, avec la lumière captée par l'œil.

Que se passe-t-il quand le rétinal 11-cis absorbe un photon ? La molécule s'isomérise, c'est-à-dire que sa structure change, par suite d'une réorganisation interne de ses atomes. L'indication « 11-cis » désigne en effet un isomère particulier du rétinal, c'est-à-dire un type de configuration spécifique des atomes de carbone. Dans l'isomère 11-cis, les atomes d'hydrogène fixés aux atomes de carbone 11 et 12 (voir la figure 5) se trouvent du même côté de la chaîne, qui forme un coude à ce niveau. Dans l'isomère rétinal-trans, les atomes d'hydrogène liés aux carbones 11 et 12 sont situés de part et d'autre de la chaîne carbonée, qui reste droite.

Dès 1957, George Wald et Ruth Hubbard, de l'Université Harvard, avaient identifié le premier événement de la vision en montrant que l'absorption d'un photon par le rétinal 11-cis fait adopter à ce dernier la configuration trans : l'énergie lumineuse sert à redresser la chaîne carbonée.

Absorption et perméabilité membranaire

Or la rhodopsine est très sensible : l'absorption d'un photon produit l'isomérisation une fois sur deux environ ; à l'opposé, l'isomérisation spontanée, dans l'obscurité, ne se produit qu'une fois tous les 1000 ans (voir p. 39). Cette spécificité a des conséquences importantes : quand un photon frappe la rétine, l'unique molécule de rhodopsine absorbant le photon réagit avec une très grande efficacité, tandis que les millions d'autres molécules de rhodopsine présentes dans la même cellule restent « muettes ».

Vingt-deux ans après la découverte de G. Wald et R. Hubbard, on a compris ce qui se passe à la fin de la cascade d'excitation, dans la membrane externe. Cette membrane plasmique ne laisse passer les ions (les molécules ou atomes porteurs d'une charge électrique) que de façon très sélective, et elle maintient une différence de potentiel électrique entre l'intérieur et l'extérieur du bâtonnet ; à l'obscurité, cette différence de potentiel est d'environ –40 millivolts (elle est négative, par convention, parce que l'on considère la différence entre le potentiel électrique extracellulaire et le potentiel électrique intracellulaire). En 1970, Tsuneo Tomita, de l'Université Keio, au Japon, et William Hagins et Shuko Yoshikami, de l'Institut américain de la Santé, ont montré par de délicates expériences d'électrophysiologie que cette différence de potentiel augmente quand on éclaire les bâtonnets ; l'intensité de la réaction dépend de l'intensité du stimulus lumineux et de la luminosité ambiante, et la différence de potentiel maximale est égale à –80 millivolts.

Cette modification de la différence de potentiel (hyperpolarisation) est due à une diminution de la perméabilité de la membrane aux ions sodium : comme ces ions portent une charge positive, leur redistribution entre l'intérieur et l'extérieur du bâtonnet modifie la différence de potentiel. Après cette découverte de l'hyperpolarisation des bâtonnets, mon collègue Denis Baylor a montré que l'absorption d'un seul photon bloque l'entrée dans la cellule de plusieurs millions d'ions sodium en fermant les « canaux sodium » (les pores par lesquels passent les ions sodium) de la membrane plasmique (voir *Les cellules photoréceptrices de l'œil,* p. 30) : quand les canaux sodium se ferment, l'hyperpolarisation résultante se propage le long de la membrane externe jusqu'à la terminaison synaptique, à l'autre extrémité de la cellule, où une impulsion nerveuse est émise vers d'autres cellules de la chaîne visuelle.

Ces résultats fondamentaux concernaient le début et la fin de la cascade biochimique, mais que se passe-t-il entre les deux ? Comment l'isomérisation du rétinal, dans la membrane des disques, provoque-t-elle la fermeture des canaux sodium dans la membrane externe ? Comme la membrane plasmique des bâtonnets est séparée de celle des disques, on a pensé qu'il existait un « médiateur » transmettant le signal des disques à la membrane externe et, comme l'absorption d'un unique photon ferme des centaines de canaux sodium, on a supposé que chaque photon faisait libérer un très grand nombre de molécules de médiateur.

Quel est ce médiateur qui transmet le signal visuel ? En 1973, W. Hagins et S. Yoshikami ont supposé que des ions calcium, retenus dans les disques à l'obscurité, sont libérés par l'absorption de lumière et diffusent vers la membrane plasmique pour y fermer les canaux sodium. Cette hypothèse intéressante fut l'objet de nombreuses expériences, mais les travaux récents indiquent que les ions calcium, quoique jouant un rôle important dans le processus de la vision, n'en sont pas pour autant les médiateurs recherchés. Le médiateur est une autre molécule : la 3',5' guanosine monophosphate cyclique, ou GMP cyclique.

La fonction de transmission de la GMP cyclique résulte de sa structure chimique. La GMP est un nucléotide, c'est-à-dire une molécule analogue à celle qui forme les sous-unités de l'ARN et, comme tous les nucléotides, il est constitué de trois groupes chimiques : une base (en l'occurrence la guanine), un sucre à cinq atomes de carbone et un groupe phosphate. Dans le cas de la GMP cyclique, l'adjectif « cyclique » indique que les atomes de carbone numérotés 3' et 5' de la molécule de sucre sont reliés par un groupe phosphate, avec un atome de phosphore et quatre atomes d'oxygène : la « liaison phosphodiester » entre les deux carbones 3' et 5' ferme le cycle. Lorsque celui-ci est intact, les molécules de GMP cyclique peuvent maintenir ouverts les canaux sodium de la membrane, mais lorsqu'une enzyme appelée phosphodiestérase rompt cette liaison, transformant la GMP cyclique en 5'GMP, les canaux sodium se ferment spontanément.

La GMP cyclique

Plusieurs réactions ont lieu entre l'excitation de la rhodopsine par un photon et l'ouverture

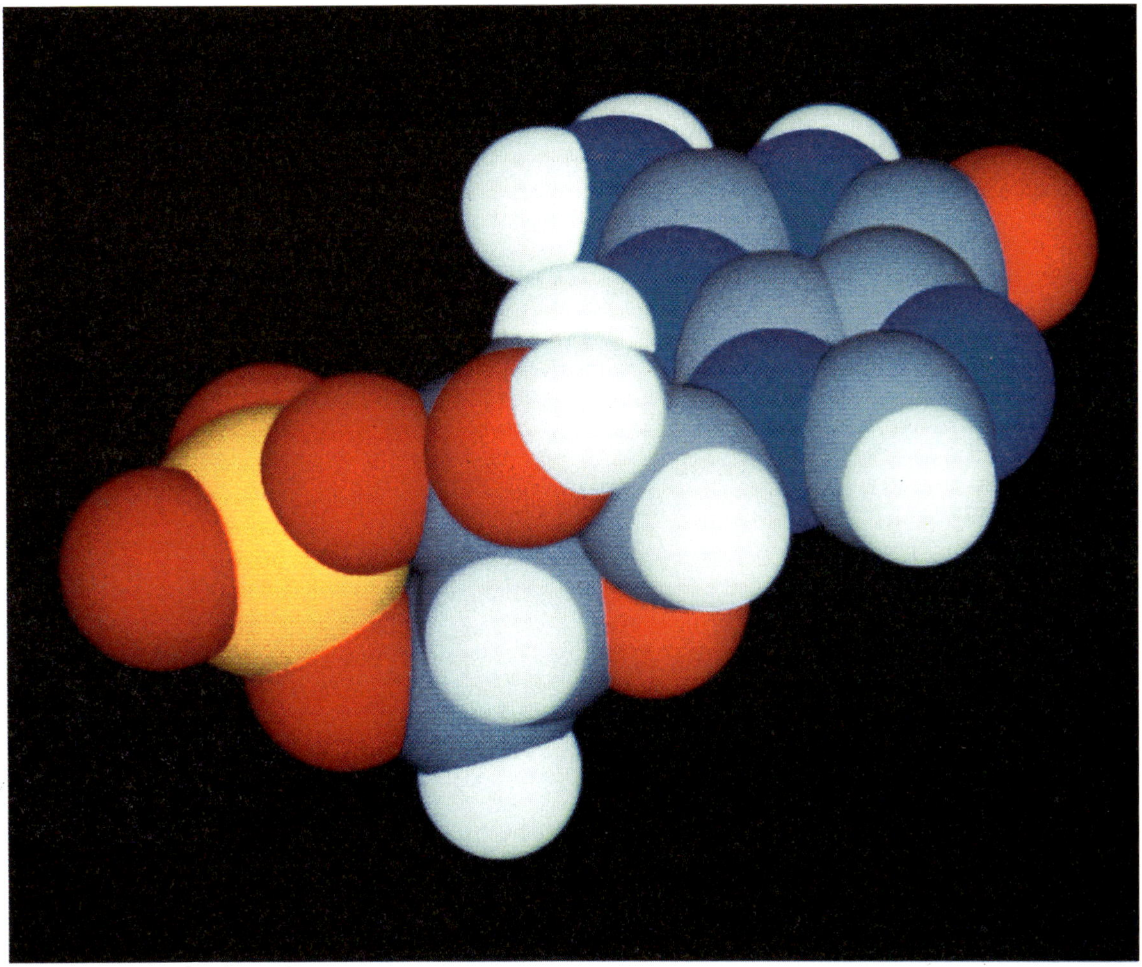

3. LA GMP CYCLIQUE (3',5' guanosine monophosphate cyclique) est le « médiateur » des bâtonnets rétiniens, directement responsable du déclenchement d'une impulsion nerveuse. La GMP cyclique est constituée d'atomes d'azote (*en bleu foncé*), de carbone (*en bleu clair*), d'hydrogène (*en blanc*), d'oxygène (*en rouge*) et d'un atome de phosphore (*en jaune*). Tant que la structure est intacte, la GMP cyclique ouvre les canaux par lesquels les ions sodium traversent la membrane externe du batonnet. Lorsqu'une enzyme ouvre le cycle, les canaux sodium se ferment et les propriétés électriques de la membrane se modifient ; le bâtonnet émet une impulsion nerveuse.

enzymatique de la GMP cyclique. Après que le rétinal a absorbé un photon et que l'opsine a été activée, la rhodopsine active à son tour une enzyme appelée transducine. Celle-ci est un intermédiaire fondamental dans la cascade d'excitation : elle active une phosphodiestérase spécifique qui ouvre le cycle de la GMP cyclique en y plaçant une molécule d'eau (la réaction constitue ce que l'on appelle une hydrolyse). Bien que ce processus soit facile à décrire schématiquement, il a fallu effectuer de nombreuses expériences pour le mettre en évidence et en comprendre la signification physiologique.

En 1971, à l'Université de Yale, Mark Bitensky et William Miller avaient observé que la lumière réduisait fortement la concentration en un nucléotide cyclique dans les segments externes des bâtonnets. On a ensuite montré que cette diminution était due à l'hydrolyse de la GMP cyclique par une phosphodiestérase spécifique de ce nucléotide, mais, à cette époque, on croyait encore à l'hypothèse des ions calcium et l'on n'imaginait aucune relation entre la GMP cyclique et la cascade visuelle. C'est vers la fin des années 1970, grâce à deux découvertes fondamentales, que j'ai pensé que la GMP cyclique pouvait être le médiateur cherché.

La première de ces découvertes fut annoncée lors d'un séminaire d'été, en 1978 : Paul Liebman, de l'Université de Pennsylvanie, avait observé qu'un unique photon pouvait activer plusieurs centaines de molécules de phosphodiestérase par seconde dans des préparations de segments externes de bâtonnets. Dans les expériences antérieures, réalisées en présence d'adénosine triphosphate (ATP), l'amplification était faible, mais avec la guanosine triphosphate (GTP), elle était considérable.

La GTP ressemble beaucoup à la forme non cyclique de la GMP, mais, au lieu de porter un seul groupe phosphate sur le carbone 5', elle comporte une chaîne de trois groupes phosphate liés les uns aux autres par des liaisons phosphodiester. L'énergie de ces liaisons sert pour plusieurs fonctions cellulaires : l'élimination d'un groupe phosphate, par exemple, transforme la GTP en guanosine diphosphate (GDP) et libère une énergie considérable grâce à laquelle s'effectuent des réactions chimiques qui n'auraient pas lieu spontanément. La découverte de P. Liebman était importante parce qu'apparemment, la transformation de GTP en GDP avait lieu lors de l'activation de la phosphodiestérase, pour laquelle la GTP est un cofacteur essentiel.

Au retour du séminaire où j'avais eu connaissance des travaux de P. Liebman, je passai par Yale et j'eus la chance d'être l'hôte de W. Miller qui, après un excellent dîner, me présenta quelques résultats expérimentaux curieux : avec son collègue Grant Nicol, ils avaient injecté de la GMP cyclique dans le segment externe de bâtonnets intacts et observé que la GMP cyclique réduisait rapidement la différence de potentiel entre les deux faces de la membrane plasmique ; de surcroît, l'injection du nucléotide augmentait beaucoup le décalage entre la réception d'une impulsion lumineuse et l'hyperpolarisation (réduite) de la membrane.

Comment interpréter ces observations ? Le plus simple était de supposer que la GMP cyclique ouvrait les canaux sodium, qui ne se refermaient qu'après la transformation de la GMP cyclique en 5' GMP par la phosphodiestérase photoactivée.

L'identification du matériau

Cette hypothèse était intéressante, mais nous n'avions aucune preuve de sa validité. De retour à mon laboratoire, j'en parlai avec Bernard Fung, un jeune chercheur qui partagea immédiatement mon enthousiasme ; nous décidâmes d'étudier ensemble le mécanisme moléculaire d'activation de la phosphodiestérase responsable de la coupure de la GMP cyclique. Notre hypothèse était largement fondée sur l'observation de P. Liebman, à savoir que la GTP était indispensable à l'activation : nous supposions qu'une protéine pouvant se lier à la GTP servait d'intermédiaire dans ce processus, et nous avons commencé par étudier les réactions auxquelles participe la GTP dans les bâtonnets.

Supposant l'existence d'une protéine se liant à la GTP, nous avons d'abord recherché les sites de fixation de la GTP et de ses dérivés dans les segments externes des bâtonnets : nous faisions réagir de la GTP radioactive avec des fragments de segments externes de bâtonnets et, après plusieurs heures d'incubation, nous filtrions la préparation afin de séparer, d'une part,

5. LE CYCLE DE LA GMP CYCLIQUE *(ci-contre)* est ouvert par une enzyme appelée phosphodiestérase. Le cycle *(en couleur)* comporte un atome de phosphore établissant une liaison dite phosphodiester entre les atomes de carbone 3' et 5'. Quand l'enzyme supprime cette liaison en ajoutant une molécule d'eau, la GMP cyclique se transforme en 5' GMP.

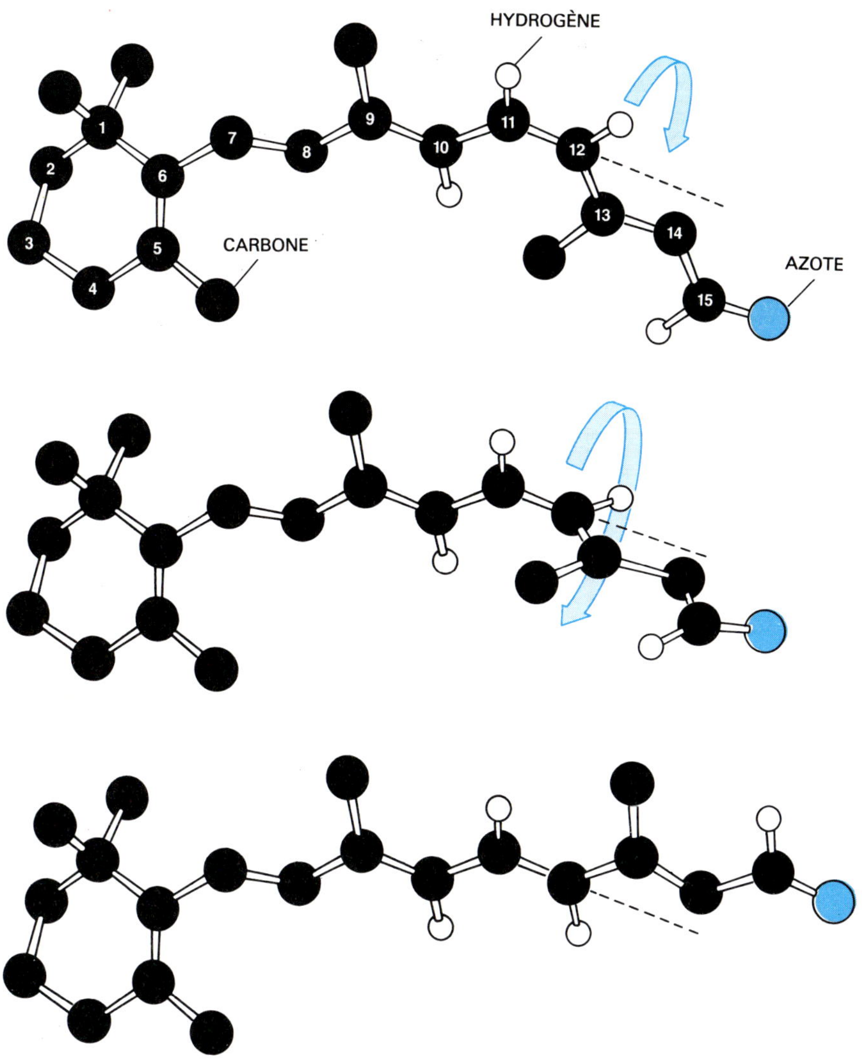

4. LE RÉTINAL change de forme lorsqu'il absorbe un photon. Dans l'obscurité, il se trouve sous la forme 11-cis, c'est-à-dire que les atomes d'hydrogène liés aux carbones 11 et 12 se trouvent du même côté de la chaîne carbonée ; celle-ci est recourbée. L'absorption d'un photon provoque la rotation de la chaîne, entre les carbones 11 et 12 : la chaîne se redresse et le groupe adopte la configuration trans.

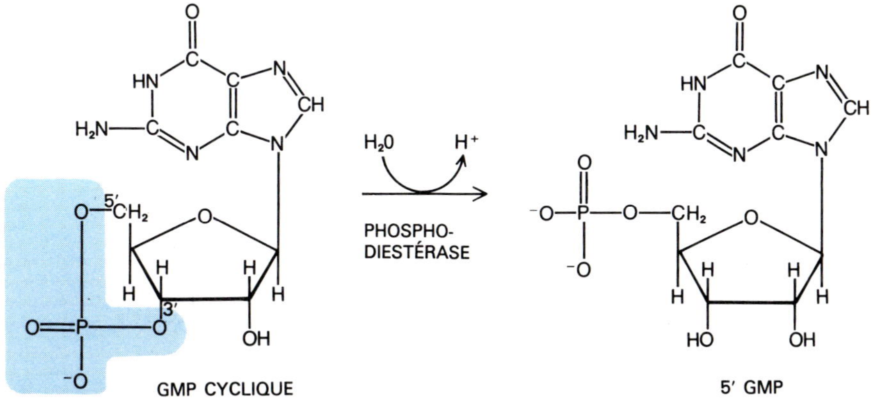

les fragments de membrane et les grandes molécules comme les protéines et, d'autre part, les petites molécules comme la GTP et ses dérivées. La partie retenue par le filtre était fortement radioactive et ultérieurement, nous avons montré que la molécule radioactive liée à la membrane n'était pas la GTP, mais la GDP.

Autrement dit, la protéine capable de se lier à la GTP devait également la réduire en GDP, en éliminant un des groupes phosphate. Une telle protéine semblait constituer un intermédiaire encore plus important qu'on ne l'imaginait, puisque la transformation de la GTP en GDP libère de l'énergie ; or, simultanément, Walter Godchaux et William Zimmerman, du Collège Amherst, avaient justement découvert une protéine transformant la GTP en GDP dans les membranes de bâtonnets. Il restait à assembler les diverses pièces du puzzle.

Le rôle de la transducine

Nos expériences continuaient de nous mettre sur la piste : non seulement une protéine présente dans la membrane fixait la GTP et la GDP, mais la GDP était en outre libérée quand on éclairait les membranes ; de surcroît, la présence de GTP dans la solution baignant les membranes augmentait la libération de GDP fixée. Le mécanisme apparaissait progressivement : apparemment l'activation semblait résulter notamment d'un remplacement de la GDP par la GTP dans la membrane. Voilà pourquoi la libération de la GDP était tant accrue par la présence de GTP : les

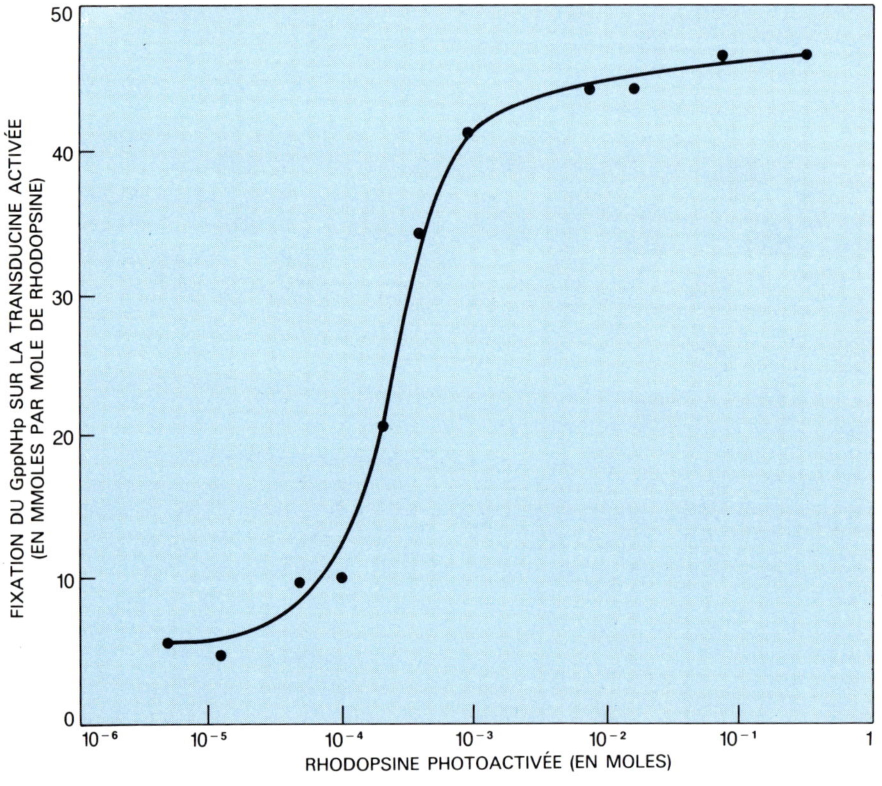

6. L'ACTIVATION DE LA TRANSDUCINE s'accompagne de la fixation de guanosine triphosphate (GTP). L'axe horizontal des abscisses indique la concentration en rhodopsine photoexcitée (croissante vers la droite) et l'axe vertical des ordonnées indique la fixation de GppNHp (un analogue de la GTP) dans des fragments de membrane artificielle ne contenant que de la rhodopsine et de la transducine. La pente de la courbe est telle que, dans ce système, chaque molécule de rhodopsine active 71 molécules de transducine (dans des bâtonnets intacts, chaque molécule de rhodopsine active 500 molécules de transducine). La transducine activée active à son tour la phosphodiestérase, qui ouvre la GMPc.

molécules de GDP étaient libérées quand elles étaient remplacées par les molécules de GTP ; c'était sans doute seulement après que la GTP était transformée en GDP.

Comme le remplacement de la GDP par la GTP semblait un événement crucial du processus d'activation, nous voulions l'étudier plus précisément et, à cette fin, nous avons mesuré l'effet de la lumière sur la fixation de la GTP sur la membrane : la photoexcitation d'une seule molécule de rhodopsine provoque la fixation d'environ 500 molécules d'un analogue de la GTP (choisi parce qu'elle ne se réduit pas en GDP, ce qui nous permettait de nous limiter à l'étape d'échange). La découverte de cette amplification était particulièrement intéressante, car elle nous faisait entrevoir une explication de l'amplification caractéristique de la cascade d'excitation.

En effet, notre résultat nous conduisait à envisager l'existence, dans la cascade d'excitation, d'un intermédiaire protéique, présent dans deux états distincts ; dans l'un, cette protéine se serait liée à la GDP ; dans l'autre, elle se serait fixée à la GTP. Le remplacement de la GDP par la GTP aurait constitué le signal de l'activation de la protéine et cet échange, déclenché par la rhodopsine, aurait ensuite activé une phosphodiestérase spécifique ; enfin cette phosphodiestérase aurait fermé les canaux sodium de la membrane plasmique en dissociant la GMP cyclique. Grâce aux travaux de Hermann Kühn, de l'Institut de Neurobiologie de Jülich, nous avons bientôt isolé la protéine dont nous soupçonnions le rôle et l'avons appelée transducine, par référence à son rôle d'intermédiaire dans le processus de transduction, c'est-à-dire de transformation de la lumière en signal électrique. Ultérieurement la transducine s'est avérée constituée de trois sous-unités protéiques, notées alpha, bêta et gamma.

Après avoir purifié la transducine, nous avons cherché à tester directement notre hypothèse sur le transfert d'information dans la cascade d'activation. Nous pensions que le signal passait de la rhodopsine activée à la transducine (liée à la GTP), puis à la phosphodiestérase. Selon cette hypothèse, d'une part, l'activation de la transducine par fixation de la GTP devait pouvoir s'effectuer en l'absence de phosphodiestérase et, d'autre part, la phosphodiestérase devait pouvoir être activée en l'absence de rhodopsine photoexcitée.

Avec mes collègues, nous avons testé ces deux prévisions avec des membranes synthétiques, sans phosphodiestérase. Nous avons introduit de la transducine purifiée, liée à la GDP, dans ces membranes artificielles et constaté que l'addition de chaque molécule de rhodopsine activée catalysait la fixation sur la membrane de 71 molécules d'un analogue de la GTP. Nous en avons conclu que chaque molécule de rhodopsine, quand elle active la transducine, catalyse le remplacement de la GDP par la GTP dans de nombreuses molécules de transducine. Ce résultat était important, car c'était la première fois que l'on observait une amplification par la rhodopsine en présence d'une seule autre protéine, la transducine.

Il nous restait à tester la seconde prévision, selon laquelle la transducine liée à la GTP active la phosphodiestérase en l'absence de rhodopsine photoexcitée. A cette fin, il nous fallait d'abord purifier la forme active de l'enzyme, c'est-à-dire le complexe transducine-GTP. Cette purification nous réserva une surprise : dans la forme inactive de la transducine (quand elle est liée à la GDP), les trois sous-unités de la molécule sont réunies, mais dans la forme active (la protéine liée à la GTP), la transducine est dissociée, la GTP est liée à la sous-unité alpha, et le complexe formé est séparé de l'ensemble des deux autres sous-unités.

Cette découverte nous permettait alors de nous poser une nouvelle question, plus précise que la précédente : était-ce la sous-unité alpha (fixée à la GTP) ou l'ensemble des sous-unités bêta et gamma qui activait la phosphodiestérase ? En fait, nous avons constaté que la sous-unité alpha (liée à la GTP) active la phosphodiestérase, tandis que le groupe des deux autres sous-unités est inactif ; en outre, la sous-unité alpha agit même en l'absence de rhodopsine, ce qui prouve que la transducine peut activer la phosphodiestérase en l'absence de rhodopsine et confirme notre seconde prévision. L'hypothèse globale se trouvait validée.

Comment la transducine active-t-elle la phosphodiestérase ? M. Bitensky et ses collègues ont constaté que la phosphodiestérase est peu active dans l'obscurité, car la molécule est inhibée ; l'addition d'une petite quantité de trypsine (une enzyme qui dégrade les protéines) supprime cette inhibition et active l'enzyme. On savait que la phosphodiestérase était constituée de trois chaînes polypeptidiques désignées par alpha, bêta et gamma (mais différentes des chaînes de la transducine) et James Hurley, dans mon laboratoire, a constaté que la trypsine dégrade la sous-unité gamma de la phosphodiestérase ; elle n'agit pas sur les sous-unités alpha et bêta. Ces deux observations réunies indiquaient que l'inhibiteur de la phosphodiestérase était sans doute la sous-unité gamma de cette molécule.

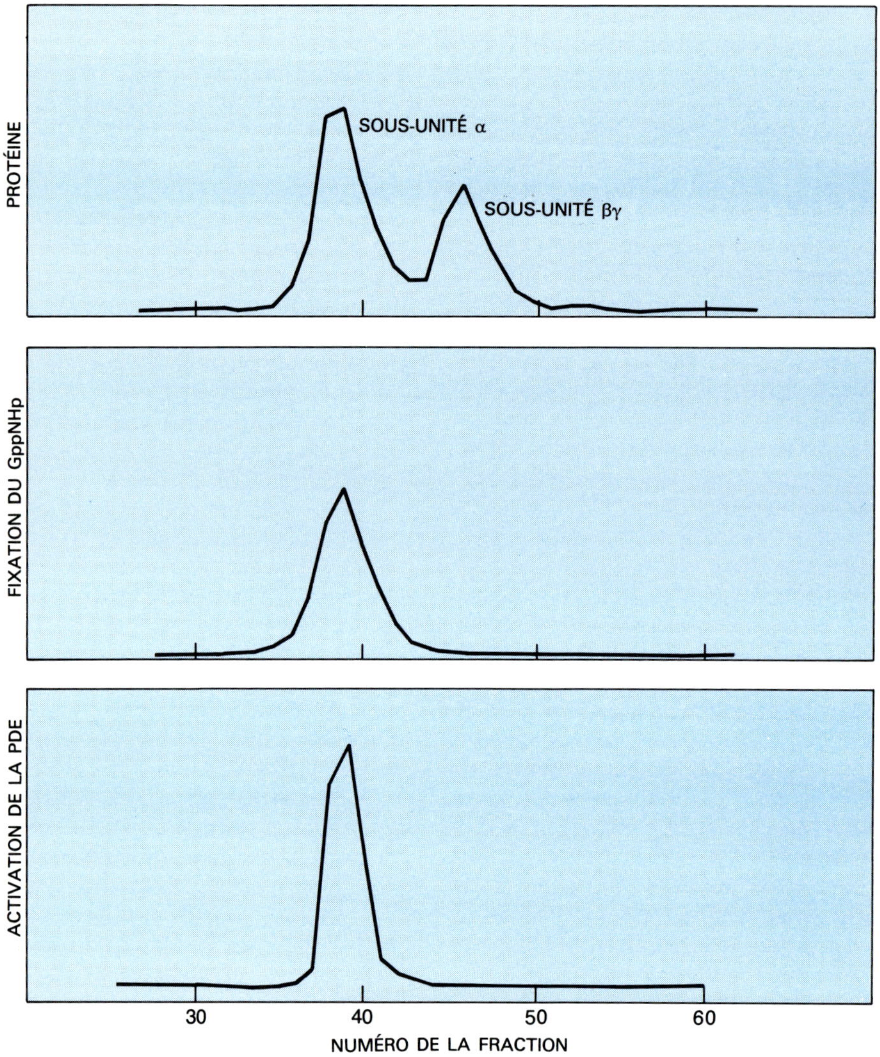

7. LA SOUS-UNITÉ ALPHA DE LA TRANSDUCINE porte l'information dans le mécanisme d'activation de la phosphodiestérase (PDE). La transducine est composée de trois sous-unités appelées alpha, bêta et gamma, et les trois graphiques présentent le résultat du passage d'une solution de transducine à travers une colonne de filtration. On a indiqué en abscisse le numéro des fractions liquides recueillies au bas de la colonne. Le schéma supérieur montre que la protéine en solution est constituée de deux composants de tailles différentes ; le plus petit est la sous-unité alpha. Le schéma inférieur montre que l'activation de la phosphodiestérase est également associée à cette sous-unité alpha.

Plusieurs équipes ont alors confirmé cette hypothèse. Avec mes collègues, notamment, nous avons purifié la sous-unité gamma et l'avons ajoutée au complexe actif alpha-bêta : l'activité catalytique a diminué de plus de 99 pour cent. Par ailleurs, on a observé que le taux de dégradation de l'unité gamma par la trypsine et le taux d'activation de la phosphodiestérase, dans la cascade d'excitation, sont extrêmement voisins, et Marc Chabre et ses collègues du Centre d'études nucléaires de Grenoble ont montré que la forme active de la transducine (quand la protéine est liée à la GTP) peut former un complexe avec la sous-unité gamma de la phosphodiestérase.

Nous pouvons maintenant répondre à la question posée au début de ce paragraphe, à propos de l'activation de la phosphodiestérase par la transducine : en présence de lumière, la sous-unité alpha de la transducine, associée à la GTP, se lie à la phosphodiestérase et entraîne avec elle la sous-unité inhibitrice gamma de l'enzyme. Ce départ active la phosphodiestérase, qui hydrolyse alors 4200 molécules de GMP cyclique par seconde.

A ce stade, on connaissait le déroulement général de l'excitation visuelle. Elle débute avec l'activation de la transducine par la rhodopsine photoexcitée, réaction au cours de laquelle la rhodopsine détache la GDP de la transducine ; une molécule de GTP remplace une molécule de GDP, et la sous-unité alpha se dissocie alors du reste de la protéine, entraînant avec elle la GTP. Cette réaction ne dure qu'une milliseconde environ, comme l'ont montré M. Chabre et un étudiant de mon laboratoire Minh Vuong. La production, par une unique molécule de rhodopsine, de centaines de complexes actifs formés de transducine alpha et de GTP constitue la première étape d'amplification du processus de la vision.

Le complexe transducine alpha-GTP active ensuite la phosphodiestérase, sans amplification : chaque complexe de transducine alpha-GTP se fixe sur une molécule de phosphodiestérase et l'active en retirant la sous-unité gamma. Le complexe transducine alpha-GTP-phosphodiestérase agit comme une seule unité pour la deuxième étape d'amplification : la transducine alpha et la GTP restent associés à la sous-unité gamma de la phosphodiestérase pendant que les sous-unités alpha et bêta transforment la GMP cyclique en 5' GMP. Comme nous l'avons vu, chaque molécule de phosphodiestérase activée dissocie plusieurs milliers de molécules de GMP cyclique ; comme en outre chaque molécule de rhodopsine active un grand nombre de molécules de transducine, cette propriété explique la remarquable amplification qui, à partir d'un unique photon, produit une impulsion nerveuse détectable.

Le mystère des ions sodium

Comme nous pouvons voir plus d'un photon, le cycle est nécessairement bouclé. En fait, la transducine joue un rôle clef dans le processus de désactivation comme dans celui de l'activation, car la sous-unité alpha possède une sorte « d'horloge » chimique interne, qui met fin à l'état activé en transformant en GDP la GTP qui lui est associée. Le mécanisme de cette horloge est mal connu, mais on sait que l'hydrolyse de la GTP en GDP, dans la phase de désactivation, joue un rôle énergétique important pour l'ensemble du cycle. En effet, les réactions d'activation sont énergétiquement favorables, alors que certaines des réactions de désactivation ne le sont pas. Sans la transformation de la GTP en GDP, le système ne pourrait servir qu'une seule fois.

Quand la GTP s'hydrolyse en GDP et en phosphate libre, l'unité alpha de la transducine libère l'unité inhibitrice gamma de la phosphodiestérase, qui se recombine aux deux autres sous-unités et remet la phosphodiestérase dans l'état de repos. De même, la recombinaison de la sous-unité alpha et du complexe bêta-gamma de la transducine redonne à cette dernière sa forme inactive. La rhodopsine est ensuite désactivée par une enzyme qui reconnaît sa structure spécifique, une kinase qui greffe des groupes phosphate sur les acides aminés de l'une des extrémités de l'opsine. H. Kühn a montré que la rhodopsine forme alors un complexe avec une protéine, l'arrestine, qui bloque la fixation de la transducine sur la rhodopsine et replace le système dans sa configuration « d'obscurité ».

Vers la fin des années 1970, on supposait que la GMP cyclique ouvrait les canaux sodium de la membrane externe et que l'hydrolyse de la GMP cyclique provoquait leur fermeture, mais on ignorait le mécanisme précis de ces ouvertures et fermetures. La GMP cyclique agit-elle directement ou indirectement sur les canaux ioniques ? Evgeniy Fesenko et ses collaborateurs de l'Institut de Biophysique de Moscou ont résolu ces problèmes en 1985.

E. Fesenko a détaché un fragment de membrane plasmique d'un bâtonnet en l'aspirant à l'aide d'une micropipette, de sorte que la face interne de la membrane soit tournée vers l'extérieur (méthode du *patch-clamp*). Puis il a placé ce fragment dans diverses solutions afin d'étudier sa perméabilité aux ions sodium, et il a observé que la GMP cyclique commande directement l'ouverture des canaux, sans l'aide d'aucune autre substance.

La conclusion est claire : les ions calcium ne sont pas les médiateurs de l'excitation visuelle. En outre l'expérience de E. Fesenko nous procure le dernier maillon de la cascade d'excitation, que nous pouvons maintenant décrire en totalité : l'information visuelle passe de la rhodopsine à la transducine, puis à la phosphodiestérase et enfin à la GMP cyclique.

La vision et la communication cellulaire

Ces résultats sont très satisfaisants, mais il reste plusieurs inconnues, notamment à propos de la modulation de la vision. Comme les bâtonnets sont beaucoup moins sensibles en lumière vive qu'à l'obscurité, le fond lumineux doit certainement modifier le « gain » du système, c'est-à-dire l'amplification apportée à deux des étapes de la cascade (de la rhodopsine à la transducine et de la phosphodiestérase à la GMP cyclique). Il semble que les ions calcium interviennent dans ce processus, mais les détails du mécanisme restent obscurs.

On s'interroge également sur la structure des canaux sodium et sur le mécanisme qui limite la disparition de la GMP cyclique dans la cellule. En ce qui concerne la première question, l'équipe de P. Liebman et celle de Benjamin Kaupp, de l'Institut de Neurobiologie d'Osnabrück, ont beaucoup progressé en purifiant des canaux ioniques commandés par la GMP cyclique et en reconstituant leur fonction dans des membranes artificielles. A propos de la seconde question, on pense que la guanylate cyclase (une enzyme qui synthétise la GMP cyclique) joue un rôle clef. Il existe certainement un ensemble de réactions rétablissant la concentration initiale en GMP cyclique, car, sans cette deuxième moitié de cycle, la cellule fonctionnerait très peu, avant de perdre définitivement son activité. Cependant la fin de la boucle reste à découvrir.

A côté de ces études consacrées aux seuls bâtonnets, on cherche également à généraliser les découvertes récentes à d'autres cellules. Avec

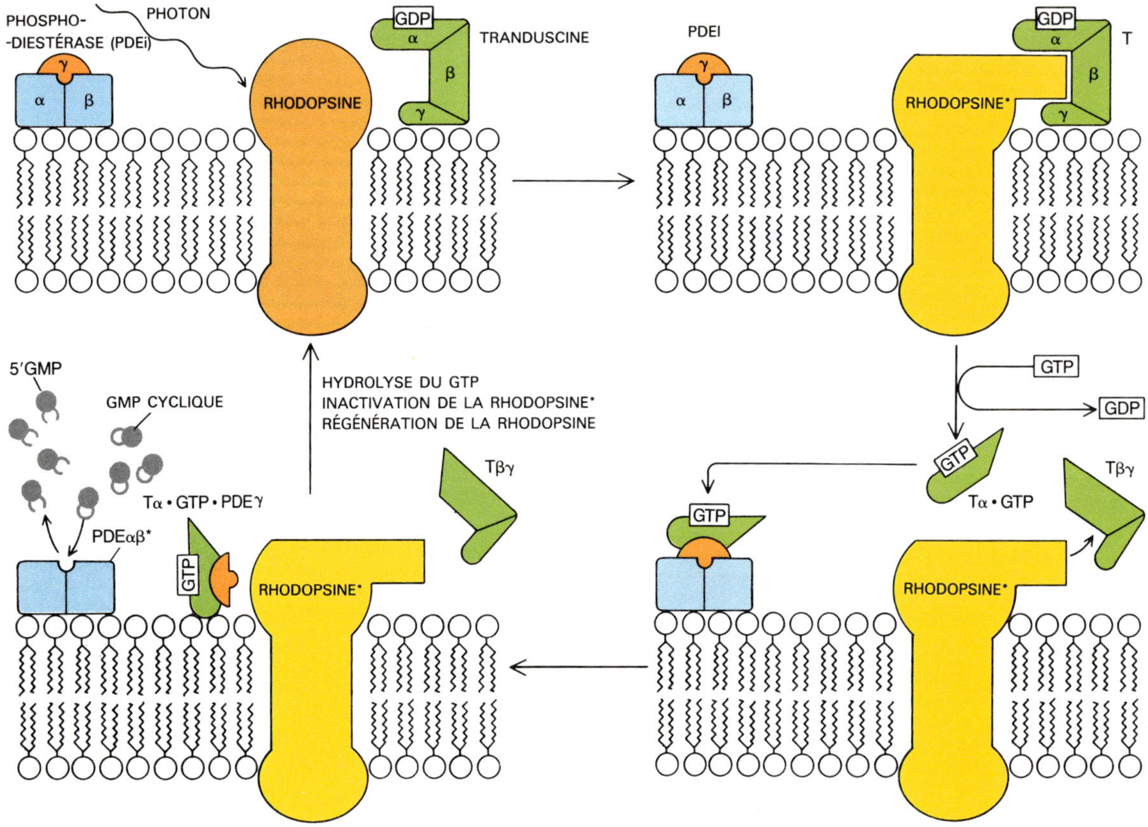

8. LA CASCADE D'EXCITATION est une partie du cycle dont la transducine est un intermédiaire. Le cycle débute par l'absorption d'un photon par la rhodopsine *(en haut à gauche)*. La rhodopsine activée *(rhodopsine*)* interagit ensuite avec la transducine *(T, en haut à droite)*. Cette interaction provoque le remplacement de la GDP par la GTP dans la sous-unité alpha de la transducine et la coupure de cette sous-unité. La transducine supprime l'inhibition de la phosphodiestérase inactive (*PDE_i*), peut-être en libérant sa sous-unité gamma. Une fois activée, la phosphodiestérase ouvre de nombreuses molécules de la GMP cyclique *(en bas à gauche)*, jusqu'à ce qu'un « commutateur », dans la sous-unité alpha de la transducine, dissocie la GTP en GDP. La sous-unité alpha se réunit alors au groupe bêta-gamma et la phosphodiestérase se recombine. La rhodopsine, désactivée, retrouve sa forme initiale.

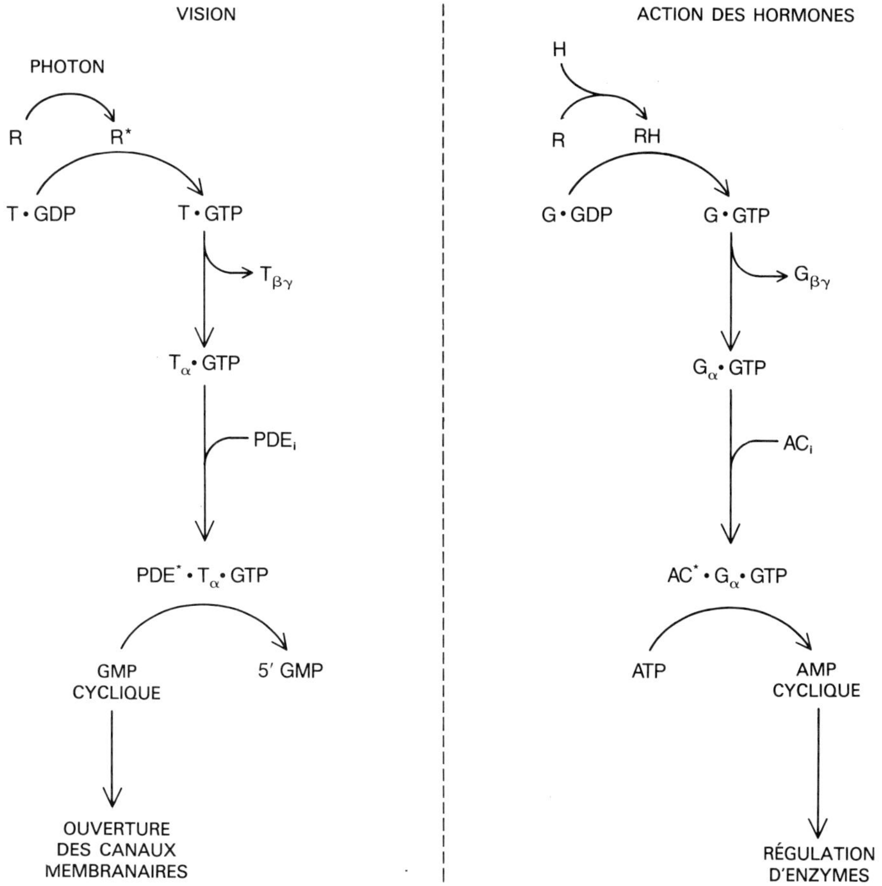

9. LA VISION ET L'ACTION DES HORMONES se ressemblent beaucoup. On a représenté à gauche la cascade d'excitation visuelle, et à droite les réactions que produisent les hormones après qu'elles se sont fixées à leur récepteur. La fixation d'une hormone *(H)* sur son récepteur *(R)* ressemble à l'excitation de la rhodopsine par un photon. La rhodopsine active alors la transducine, tandis que le complexe hormone-récepteur active une protéine *G* de stimulation. Comme l'activation de la transducine, celle de la protéine *G* résulte de la fixation de la guanosine triphosphate (GTP) sur la sous-unité alpha. La protéine *G* active une enzyme, l'adénylate cyclase *(AC)*, analogue à la phosphodiestérase. Enfin l'adénylate cyclase catalyse la transformation d'adénosine triphosphate (ATP) en adénosine monophosphate cyclique (AMP cyclique), qui régule de nombreuses enzymes.

King-Wai Yau, de l'Université Johns Hopkins, D. Baylor a montré que les cônes possèdent un système de transduction analogue à celui des bâtonnets. Or on sait depuis longtemps que la rétine humaine comporte trois types de cônes, renfermant chacun un pigment visuel différent (analogue à la rhodopsine) ; certains cônes absorbent surtout la lumière rouge, d'autres la lumière verte et d'autres encore la lumière bleue. Les trois pigments contiennent le 11-cis rétinal, et mes collègues Jeremy Nathans et David Hogness ont montré, par des méthodes de génétique moléculaire, que ces trois pigments ont la même structure globale que la rhodopsine (voir *Les gènes de la vision des couleurs* p. 57). Dans les cônes comme dans les bâtonnets, on retrouve la transducine, la phosphodiestérase et les canaux commandés par la GMP cyclique, et il est probable qu'on connaîtra bientôt le cycle de la transduction dans les cônes.

L'intérêt de ces découvertes n'est pas limité à l'étude de la vision, car la cascade d'excitation dans les bâtonnets ressemble beaucoup au mécanisme d'action de certaines hormones. L'adrénaline, par exemple, provoque l'activation d'une enzyme, l'adénylate cyclase, qui catalyse la formation d'adénosine monophosphate cyclique (AMP cyclique). Or l'AMP cyclique est un « messager » intracellulaire, c'est-à-dire un intermédiaire dans l'action de nombreuses hormones (voir *Les molécules de la vie,* in Bibliothèque *Pour la Science*, 1987).

A l'Université de Dallas, Alfred Gilman a beaucoup étudié la régulation de l'adénylate cyclase, qui ressemble de façon étonnante à la cascade de l'excitation visuelle : la cascade de l'excitation visuelle débute par l'absorption d'un photon par la rhodopsine, et la cascade de l'adénylate cyclase commence par la fixation d'une hormone spécifique sur un récepteur à la surface de la cellule ; le complexe hormone-récepteur active ensuite une protéine *G*, analogue à la transducine, par le même échange de molécules liées — GTP contre GDP — qui active la transducine.

La ressemblance entre ces deux cascades ne s'arrête pas là : comme la transducine, la protéine *G* est composée de trois sous-unités, et c'est la sous-unité alpha qui stimule l'activité de l'adénylate cyclase, en libérant un groupe inhibiteur. De surcroît, toujours comme dans le cas de la transducine, une « horloge interne » de la protéine *G* met fin à son action activatrice en transformant la GTP en GDP.

La transducine et les protéines *G* (on en a identifié plusieurs types) ont des structures et des activités analogues ; elles font partie d'une même famille de protéines de couplage et possèdent toutes la même sous-unité bêta (à quelques détails près) ; de plus, du point de vue moléculaire, leur sous-unité alpha a la même fonction. Plusieurs équipes ont récemment déterminé la séquence des segments d'ADN codant la sous-unité alpha de la transducine et de trois protéines *G* ; ils ont déduit que, pour ces quatre protéines, 50 pour cent des acides aminés sont identiques.

Quand on étudie l'information génétique de ces séquences, on constate que certaines régions ont été très strictement conservées au cours de l'évolution, alors que d'autres parties se sont modifiées. Chaque protéine comporte trois sites de fixation : un pour les nucléotides guanylés, un pour le récepteur activé (la rhodopsine ou le complexe hormone-récepteur) et un pour la protéine effectrice (la phosphodiestérase ou l'adénylate cyclase). Comme on peut s'y attendre en raison de son rôle crucial dans la cascade d'activation, le site de fixation le plus conservé est celui de la GTP ou de la GDP.

En fait, la région de fixation de la GTP, sur ces protéines, ressemble à une région d'une protéine de fonction très différente : le facteur d'élongation *Tu*. Ce facteur *Tu* joue un rôle très important dans la synthèse des protéines, chez certaines bactéries ; il transmet les ARN de transfert au ribosome, l'organite cellulaire qui effectue la synthèse des protéines (les ARN de transfert sont des molécules en forme d'hameçon qui se lient aux acides aminés en formation). Or le facteur *Tu* intervient dans un cycle analogue à celui auquel participe la transducine, dans l'activation visuelle : là encore, la dissociation d'une molécule de GTP fournit l'énergie du cycle, et il existe sur le facteur *Tu* un site auquel se fixe la GTP. La séquence en acides aminés de ce site est très proche de celle des sites de fixation des nucléotides guanylés sur la transducine et les diverses protéines *G*.

Comme la synthèse des protéines est l'une des activités métaboliques les plus fondamentales pour les cellules, il est probable que l'apparition, au cours de l'évolution, du facteur d'élongation *Tu*, qui participe à cette synthèse, est antérieure à celle des protéines *G* et de leur cousine, la transducine. De ce fait, le facteur *Tu* pourrait donc être « l'ancêtre » de la transducine et des protéines *G*. Le mécanisme de fixation et de libération de protéines couplé à un échange GTP-GDP (avec la dissociation qui s'ensuit) est certainement apparu assez tôt au cours de l'évolution, et le cycle du facteur d'élongation *Tu* constitue peut-être une première version du cycle de l'excitation visuelle.

L'un des aspects les plus fascinants de l'évolution est que certains mécanismes apparus pour une fonction particulière se trouvent parfois modifiés et réutilisés dans d'autres fonctions. C'est peut-être ce qui s'est produit pour le cycle du facteur *Tu* : après avoir été « conçu » pour la synthèse des protéines, il a été conservé pendant des milliards d'années avant de servir dans la transduction des stimuli sensoriels et hormonaux. Ces dernières années, on a étudié en détail et élucidé l'une de ces fonctions : le cycle de la transducine. Pour la première fois, nous comprenons à l'échelle moléculaire l'un des phénomènes sensoriels les plus précis : celui de l'excitation visuelle.

Les gènes de la vision des couleurs

4

On a découvert les gènes humains codant les protéines constitutives des pigments responsables de la détection des couleurs. A l'aide de sondes génétiques formées avec ces gènes, on étudie l'origine des anomalies de la perception des couleurs.

Jeremy Nathans

Les couleurs sont les sourires de la Nature, disait au XIXe siècle le poète anglais Leigh Hunt. Mais comment distingue-t-on un sourire d'un autre ? On a vu (p. 41) que c'est grâce à l'existence de trois types de cônes dont les photopigments sont respectivement sensibles aux courtes (bleu), moyennes (vert) et grandes longueurs d'onde (rouge) du spectre visible.

Si l'on connaît le rôle des pigments dans la distinction des couleurs depuis plusieurs dizaines d'années, on n'a déterminé la structure de ces molécules que depuis peu de temps. A la Faculté de médecine de Stanford, nous avons récemment identifié les gènes qui codent les pigments, étudié les séquences en nucléotides de ces gènes et déduit les séquences en acides aminés des protéines qu'ils codent. On devrait bientôt isoler les pigments eux-mêmes et examiner leur fonctionnement. Déjà nous comprenons mieux comment l'Évolution a produit la perception normale des couleurs et pourquoi certaines personnes ont une vision chromatique défectueuse.

Les découvertes récentes précisent une description de la vision des couleurs que l'on élabore depuis plusieurs siècles. On doit la première contribution importante à Isaac Newton qui, il y a quelque 300 ans, découvrit le spectre des couleurs ; il observa que la lumière du Soleil (la lumière blanche), réfractée par un prisme de verre, se décompose en une suite continue de couleurs ; à chaque angle de réfraction correspond une couleur caractéristique, qui va du rouge pour l'angle de réfraction minimal, au violet pour l'angle de réfraction maximal, en passant successivement par l'orangé, le jaune, le vert, et le bleu. On sait aujourd'hui que chaque angle de réfraction, et donc chaque couleur pure, correspond à un rayonnement d'une longueur d'onde spécifique, qui diminue du rouge au violet.

Newton observa également que l'œil humain ne pouvait pas détecter qu'une couleur a été obtenue par addition de plusieurs rayonnements : quand on mélange deux faisceaux lumineux caractérisés par des angles de réfraction différents, par exemple le rouge et le vert, on obtient une perception colorée identique à celle d'une troisième lumière pure — en l'occurrence le jaune — dont l'angle de réfraction est situé entre ceux des deux lumières constitutives.

A la fin du XVIIIe siècle, on découvrit que la vision des couleurs est trichromatique : on obtient la plupart des couleurs en mélangeant trois couleurs primaires (synthèse additive). De nombreuses lumières pures (monochromatiques) peuvent servir de lumière primaire, mais tous les jeux de trois couleurs primaires comportent une lumière de grande longueur d'onde, une lumière de longueur d'onde intermédiaire et une lumière de courte longueur d'onde ; lorsque les trois couleurs primaires sont mélangées en proportions égales, on perçoit du blanc. Par convention, le rouge, le vert et le bleu sont appelées les couleurs primaires.

1. UN ARC-EN-CIEL apparaît lorsque les rayons du Soleil traversent des gouttelettes de pluie ; la réfraction de la lumière sépare les diverses couleurs, associées chacune à une longueur d'onde. Lorsqu'Isaac Newton analysa ce phénomène et la décomposition de la lumière solaire par un prisme de verre, il ouvrit la voie à des siècles de recherche sur la perception des couleurs. On sait aujourd'hui que nous percevons les couleurs grâce à trois classes de cellules photoréceptrices de la rétine ; toutes les cellules d'une même classe contiennent un même pigment, c'est-à-dire une protéine absorbant la lumière. En raison de leur forme, les cellules assurant la vision des couleurs sont appelées des cônes ; lorsque la lumière modifie chimiquement leurs pigments, elles émettent des signaux électriques vers le cerveau.

En 1802, le médecin et physicien anglais Thomas Young a imaginé que la trichromie était due à la façon dont nous percevons les couleurs : la vision des couleurs aurait résulté de l'excitation de trois types de détecteurs. « Comme il est quasi impossible d'imaginer que chaque point photosensible de la rétine contienne une infinité de particules susceptibles de vibrer à l'unisson avec tous les rayonnements, écrivit-il, il faut postuler l'existence de seulement trois types de particules, sensibles aux trois couleurs primaires ». Young avait raison, mais la communauté scientifique mit du temps à l'admettre. On sait aujourd'hui que les trois classes de cellules photosensibles, les cônes, ont des sensibilités différentes à la lumière, même si leurs domaines de sensibilité se recouvrent. Par exemple, les récepteurs surtout sensibles au vert absorbent également la lumière orangée, mais moins que les récepteurs surtout sensibles au rouge.

Trois types de récepteurs

Peu avant que Young formule sa théorie, son contemporain John Dalton (un pionnier de la chimie moderne) étudia les anomalies de la vision des couleurs ; ses travaux parallèles firent notablement progresser la compréhension de la vision normale des couleurs. Dans sa première communication à la Société de littérature et de philosophie de Manchester, publiée en 1794, Dalton rapporta qu'il ne voyait pas les couleurs comme les autres : « Les parties d'image que les autres appellent rouges m'apparaissent comme des ombres ou des absences de lumière ; l'orangé, le jaune et le vert sont pour moi comme plusieurs intensités de jaune ».

On appelle quelquefois daltonisme la déficience de l'aptitude à distinguer les couleurs de la partie du spectre qui s'étend du rouge au vert : huit pour cent environ des hommes et un pour cent environ des femmes en sont atteints. Certains individus distinguent mal les couleurs de la partie bleue du spectre : ils sont rares et nous ne considérerons pas leur cas ici.

Au milieu du XIXe siècle, le physicien écossais James Clerk Maxwell identifia deux types de daltonisme en présentant plusieurs couleurs à des sujets et en examinant systématiquement les couleurs qu'ils ne distinguaient pas. En appliquant la théorie des trois récepteurs de Young, Maxwell estima la sensibilité à la lumière des trois récepteurs et répartit en deux groupes les sujets dont la vision des couleurs était anormale : les personnes qui confondaient les couleurs excitant autant les récepteurs sensibles au rouge et ceux sensibles au bleu, et les personnes qui confondaient les couleurs excitant autant les récepteurs sensibles au vert et ceux sensibles au bleu ; il supposa que les sujets normaux distinguaient ces couleurs grâce à des différences d'excitation des récepteurs sensibles au vert dans le premier cas, au rouge dans le second.

Maxwell en déduisit – correctement – que les sujets du premier groupe étaient dépourvus de récepteurs sensibles au vert, et ceux du second, de récepteurs sensibles au rouge. Nous appellerons les sujets du premier groupe, dichromates "vert moins", ceux du second groupe, dichromates "rouge moins".

A la fin du XIXe siècle, le mathématicien et physicien anglais John William Strutt, plus connu sous le nom de Lord Rayleigh, inventa un instrument à l'aide duquel on teste encore la vision des couleurs : « l'anomaloscope », qui projette trois couleurs monochromatiques sur un écran ; pour étudier la discrimination des couleurs dans la partie rouge-vert du spectre, par exemple, on projette simultanément sur une moitié de l'écran une lumière rouge et une lumière verte, et sur l'autre moitié une lumière jaune ; les sujets ajustent la proportion de lumière rouge et de lumière verte ainsi que l'intensité de la lumière jaune pour que les deux moitiés de l'écran leur semblent identiques.

Le principe de l'anomaloscope tient compte du fait que les personnes dont la vision des couleurs est normale ont deux classes de détecteurs des couleurs — les uns sensibles au vert, les autres au rouge — qui sont activés dans le domaine rouge-vert du spectre des couleurs ; les récepteurs sensibles au bleu ne sont pas activés par les rayonnements utilisés. Les sujets normaux perçoivent la même couleur sur tout l'écran lorsque chaque moitié envoie la même quantité de lumière (le même nombre de photons par seconde) vers les récepteurs sensibles au rouge et vers ceux sensibles au vert ; ils équilibrent le jaune avec une proportion très précise de lumière rouge et de lumière verte (voir la figure 2). Au contraire, les dichromates "rouge moins" et "vert moins" équilibrent respectivement la lumière jaune uniquement avec la lumière rouge ou avec la lumière verte ; en outre, ils confondent la lumière jaune avec n'importe quel mélange de vert et de rouge. Ils font cette confusion parce que les trois lumières sont détectées par un seul type de récepteur ; en ajustant l'intensité d'une seule des sources lumineuses, les dichromates peuvent équilibrer le nombre de photons issus des deux moitiés de l'écran.

Avec son anomaloscope, Rayleigh détecta d'abord les anomalies de la vision "rouge moins" et "vert moins". Puis en testant ses amis et ses proches, il identifia deux autres groupes de personnes ayant une vision anormale des couleurs : comme les sujets normaux, mais contrairement aux dichromates, ces individus équilibrent le jaune avec un mélange de rouge et de vert, mais en proportions anormales ; l'un des groupes sélectionne davantage de vert et moins de rouge, et l'autre fait l'inverse. Rayleigh en conclut que les spectres d'absorption des récepteurs sensibles au rouge ou au vert, pour ces « trichromates » vert anormaux et rouge anormaux, étaient des spectres des récepteurs atypiques.

Au milieu du XXe siècle, les études psychophysiques de ce type, qui reposaient sur le jugement des sujets, semblaient confirmer la théorie des trois récepteurs de Young ; les cônes de la rétine semblaient être ces récepteurs. Cependant la démonstration définitive de la théorie de Young manquait, car, perdus dans la population beaucoup plus nombreuse des bâtonnets, les cônes étaient difficiles à isoler.

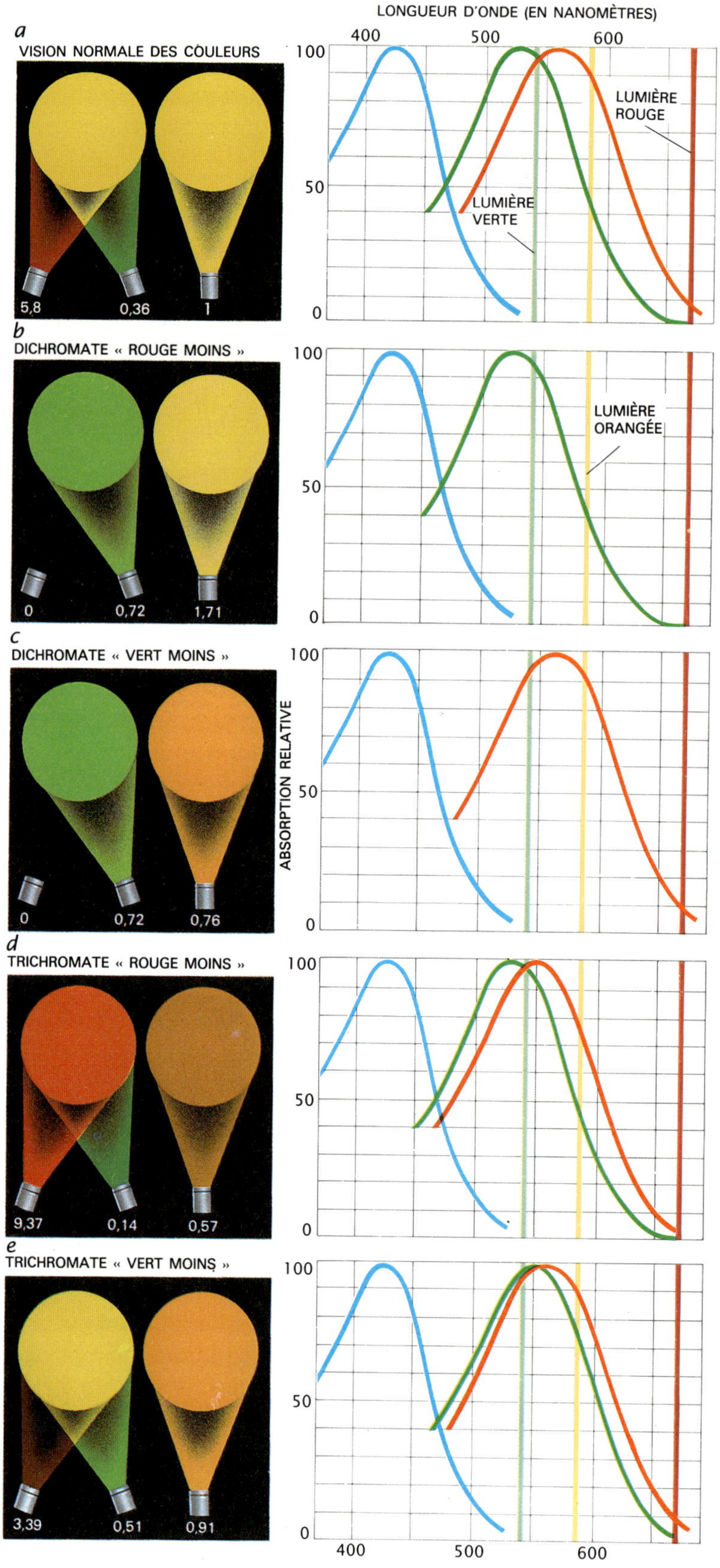
LONGUEUR D'ONDE (EN NANOMÈTRES)
a
VISION NORMALE DES COULEURS
5,8
0,36
1
LUMIÈRE ROUGE
LUMIÈRE VERTE
b
DICHROMATE « ROUGE MOINS »
0
0,72
1,71
LUMIÈRE ORANGÉE
c
DICHROMATE « VERT MOINS »
0
0,72
0,76
ABSORPTION RELATIVE
d
TRICHROMATE « ROUGE MOINS »
9,37
0,14
0,57
e
TRICHROMATE « VERT MOINS »
3,39
0,51
0,91
400
500
600
100
50
0

2. ON TESTE LA VISION DES COULEURS en demandant aux personnes examinées d'équilibrer deux moitiés d'un écran éclairé, à gauche par un mélange de rouge et de vert dont elles peuvent faire varier les proportions, et à droite par une lumière jaune-orangé. L'appareil utilisé est un anomaloscope, inventé par le physicien anglais Rayleigh. Les sujets ajustent le rapport de lumière rouge et de lumière verte, ainsi que l'intensité de la lumière jaune, afin que les couleurs des deux moitiés de l'écran leur semblent identiques, c'est-à-dire que la lumière absorbée par chaque type de pigment soit la même pour les deux côtés de l'écran (les nombres affichés sous les lampes indiquent les intensités relatives). Les sujets normaux *(a)* ont besoin à la fois de lumière rouge et de lumière verte pour équilibrer le jaune ; ils choisissent automatiquement une lumière rouge plus intense que la lumière verte, car le pigment rouge et le pigment vert absorbent moins la lumière rouge que la lumière jaune ; ils absorbent plus le vert que le jaune. Les individus dépourvus de pigment rouge *(b)* ou de pigment vert *(c)* n'équilibrent la lumière jaune qu'avec de la lumière rouge ou de la lumière verte (on n'a représenté que l'équilibre obtenu avec du vert ; on remarque que l'équilibre s'effectue avec du jaune plus intense que pour les sujets normaux). Les sujets dont le pigment rouge *(d)* ou vert *(e)* ont des sensibilités spectrales anormales utilisent à la fois la lumière rouge et la lumière verte pour équilibrer le jaune, mais ils choisissent respectivement davantage de rouge ou davantage de vert que les sujets normaux.

Les spectres d'absorption

L'acharnement des chercheurs fut finalement récompensé : dans les années 1960, Paul Brown et George Wald, de l'Université Harvard, et Edward MacNichol, William Dobelle et William Marks, de l'Université Johns Hopkins, construisirent des microspectrophotomètres capables de déterminer l'absorption d'une seule cellule photoréceptrice : ils comparaient l'intensité de deux faisceaux lumineux de longueur d'onde connue traversant un cône dans le segment externe et dans une autre région ; en répétant cette comparaison pour toutes les longueurs d'onde du spectre, ils déterminèrent l'absorption dans le segment externe, en fonction de la longueur d'onde incidente. En utilisant des cônes humains prélevés sur des yeux qu'une tumeur cancéreuse avait obligé à enlever, on découvrit trois spectres d'absorption distincts ; ces spectres confirmaient les prévisions des études psychophysiques.

Pour chaque classe de cônes, lorsque l'on trace la proportion de photons absorbés par seconde en fonction de la longueur d'onde de ces photons, on obtient une courbe en cloche. Les cônes sensibles au bleu absorbent les longueurs d'onde comprises entre 370 et 530 nanomètres (milliardième de mètre), et leur sensibilité est maximale à 420 nanomètres. Les cônes sensibles au vert et ceux sensibles au rouge absorbent des rayonnements de la majeure partie du spectre, mais leur absorption est prépondérante entre 450 et 620 nanomètres environ ; l'absorption maximale des cônes verts se situe à 535 nanomètres, celle des cônes rouges à 565 nanomètres.

Au début des années 1970, William Rushton, de l'Université de Cambridge, confirma par une nouvelle méthode que les dichromates sont dépourvus d'un des trois types de récepteurs : il éclaira les yeux de sujets dichromates à l'aide d'un faisceau lumineux de longueur d'onde déterminée et il mesura la lumière réfléchie par la rétine, et qui n'avait donc pas été absorbée ; il démontra que certaines longueurs d'onde ne sont pas absorbées normalement par les cônes des personnes dichromates. Plus récemment, James Bowmaker, de l'Université de Londres, John Mollon, de Cambridge, et Herbert Dartnall, de l'Université du Sussex, confirmèrent, en utilisant un microspectrophotomètre, que la rétine d'un individu dichromate "vert moins" était dépourvue de cônes sensibles au vert.

On a également déterminé les causes de la trichromatie anormale ; à l'aide de tests psychophysiques, W. Rushton, Thomas Piantanida et Harry Sperling, de l'Université du Texas, ont démontré que les courbes d'absorption des récepteurs anormaux sensibles au vert et au rouge sont décalées.

Au début des années 1980, lorsque l'existence de trois classes de cônes fut établie, David Hogness et moi-même avons recherché les bases génétiques de la vision — normale et anormale — des couleurs. Nous espérions ainsi faciliter l'isolement des pigments protéiques et compléter les études sur la transmission héréditaire de la vision anormale des couleurs.

On sait depuis longtemps que les déficiences de discrimination rouge-vert sont plus fréquentes chez les hommes que chez les femmes, et l'on a déterminé que les gènes anormaux sont sur le chromosome X (le chromosome sexuel). La discrimination vert-rouge est anormale chez les hommes dont l'unique chromosome X (hérité de

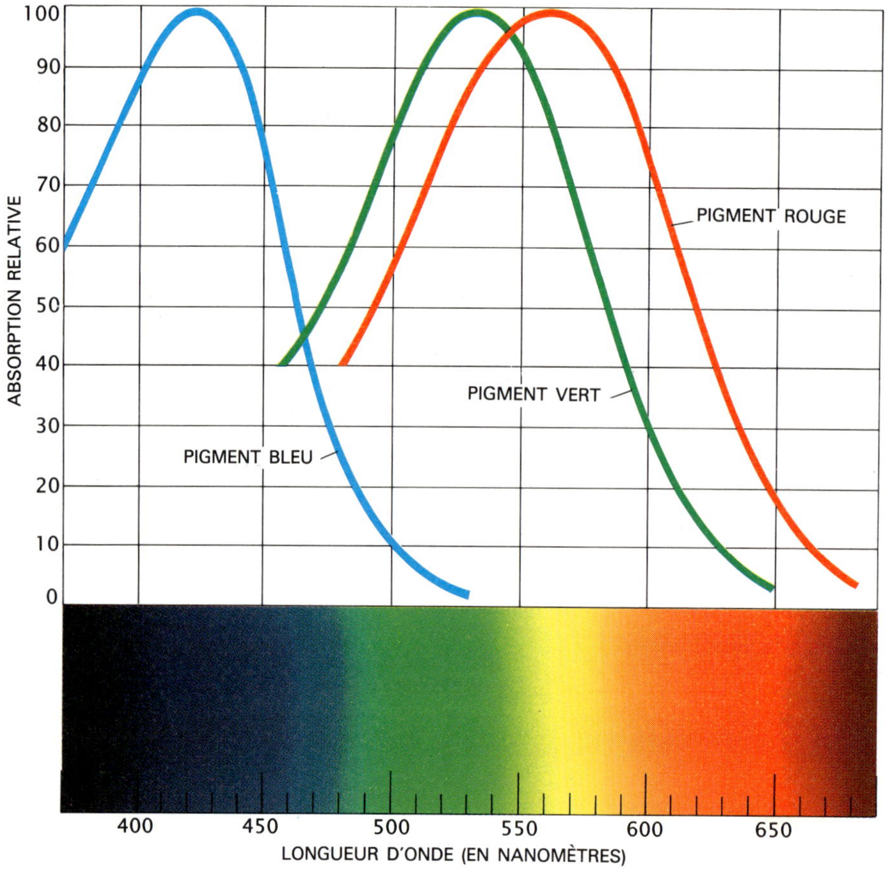

3. LES COURBES D'ABSORPTION SPECTRALE montrent la sensibilité relative des trois pigments dans le visible. Le pigment bleu absorbe surtout les rayonnements visibles de courte longueur d'onde ; les pigments vert et rouge sont plus sensibles aux moyennes et grandes longueurs d'onde. Comme on n'a pas encore isolé les pigments eux-mêmes, on a déterminé ces courbes par microspectrophotométrie sur des cônes frais isolés lors d'ablations oculaires inévitables.

leur mère) porte l'anomalie ; les femmes ne sont touchées que lorsque le chromosome X hérité de la mère et celui hérité du père sont simultanément anormaux. Par ailleurs, les anomalies de la sensibilité au bleu ne proviennent pas du chromosome sexuel. Nous avons voulu vérifier ces analyses génétiques, et avons commencé par étudier l'hypothèse la plus simple justifiant cette transmission héréditaire : les anomalies de la vision des couleurs résulteraient d'altérations héréditaires des gènes qui codent les pigments des cônes ; les gènes mutés ne produiraient plus l'un des trois types de pigments ou produiraient un pigment avec un spectre d'absorption anormal.

Le gène de la rhodopsine bovine

Nous avons d'abord isolé des gènes normaux et pathologiques codant les pigments des cônes et nous avons comparé leurs structures. On isole souvent les gènes en déterminant les séquences d'acides aminés des protéines qu'ils codent, puis en déduisant de ces séquences des informations sur la structure des gènes. Comme nous ignorions presque tout de la structure des pigments, nous avons utilisé une méthode moins directe.

Au départ, nous avons supposé que les pigments des cônes et le pigment des bâtonnets, la rhodopsine, sont issus d'un même pigment visuel de nos très lointains ancêtres : aujourd'hui les gènes des différents pigments devaient conserver quelques séquences en nucléotides identiques

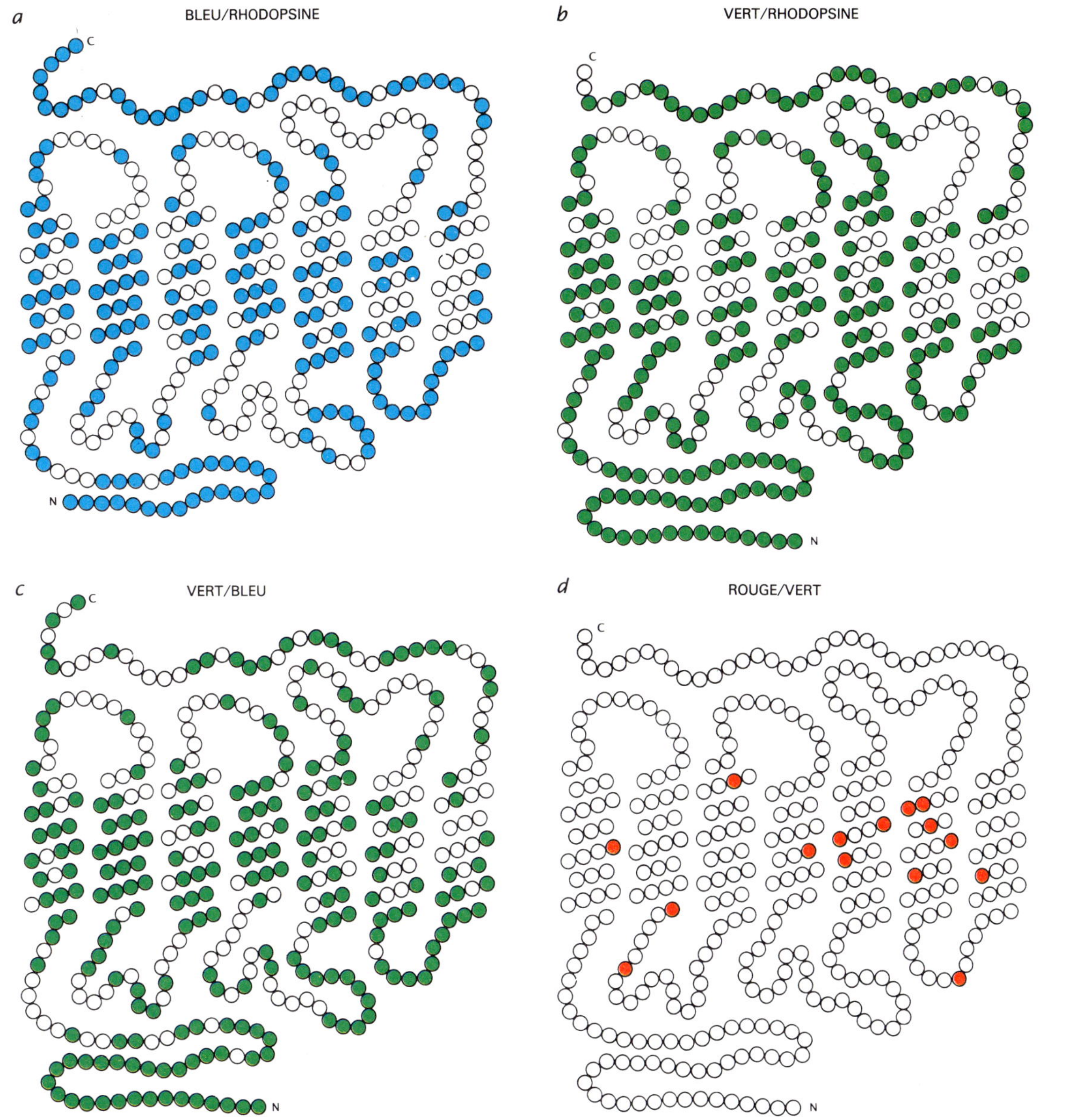

4. LA RHODOPSINE ET LES AUTRES PIGMENTS VISUELS ont des séquences d'acides aminés identiques (chaque point de couleur symbolise un acide aminé non commun). Sur cette figure, on a comparé les séquences des pigments pris deux à deux. Les pigments rouge et vert se ressemblent beaucoup ; leurs séquences sont quasi identiques *(d)*. Lorsque l'on a comparé des molécules de longueurs différentes, c'est la molécule la plus longue qui a été représentée et son « extension » est en couleur. *(c)* désigne la fonction carboxylique terminale en situation extra-discale et N la fonction amine terminale intra-discale (voir la figure 2 de L. Stryer, *Les molécules de la vision* p. 45)

(les nucléotides sont les motifs chimiques, de quatre types, dont l'enchaînement code l'information génétique, dans la double hélice d'ADN). Nous pensions déduire de la structure de la rhodopsine, diverses informations sur la structure des gènes codant les pigments des cônes. Quand nous avons commencé ces travaux, ni la rhodopsine humaine ni son gène n'avaient encore été isolés, mais des chercheurs avaient isolé la rhodopsine de la rétine de bovins ; Yuri Ovchinnikov et ses collègues de l'Institut de Chimie bio-organique Chemiakine de Moscou, ainsi que Paul Hargrave et ses collègues de l'Université de l'Illinois du Sud avaient décrypté la séquence des acides aminés de la protéine. Cette séquence fut le tremplin à partir duquel nous avons identifié les gènes codant les pigments des cônes.

Nous voulions isoler le gène de la rhodopsine bovine et l'utiliser ensuite comme une sonde afin d'identifier le gène de la rhodopsine humaine et les gènes des pigments des cônes. A partir du gène bovin, nous avons utilisé la technique d'hybridation de l'ADN, au cours de laquelle deux brins d'ADN complémentaires s'assemblent pour former une double hélice stable : l'adénine s'apparie toujours avec la thymine, et la guanine avec la cytosine. La technique d'hybridation comporte plusieurs étapes : on coupe chimiquement la double hélice d'ADN étudiée, et l'on « clone » les différents fragments afin d'en obtenir de nombreuses copies. On sépare ensuite les deux brins d'ADN pour chaque clone, et l'on ajoute une sonde radioactive d'ADN simple brin dont on espère que la séquence nucléotidique sera complémentaire d'une séquence du gène que l'on cherche à identifier. Lorsque l'on a de la chance, la sonde se lie étroitement avec la séquence complémentaire et révèle le gène cherché (voir la figure 5).

Normalement nous aurions dû mettre au point une sonde nous permettant d'atteindre notre premier objectif : identifier le gène de la rhodopsine bovine. Nous aurions dû établir une liste de toutes les séquences d'ADN susceptibles de se trouver dans la rhodopsine, et tester les multiples sondes construites à partir de cette liste. Heureusement nous avons gagné beaucoup de temps parce que nous avons disposé d'une sonde reconnaissant le gène de la rhodopsine bovine : Gobind Khorana, Daniel Oprian et Arnold Satterthwait, de l'Institut de Technologie du Massachusetts, et Meredithe Applebury et Wolfgang Baehr, de l'Université Purdue, avaient identifié une séquence d'ADN se liant aux molécules d'ARN messager codant la rhodopsine bovine (l'ARN messager est une molécule simple brin qui véhicule l'information contenue dans l'ADN nucléaire vers le cytoplasme, où est produite la protéine codée ; il est le complémentaire du brin d'ADN codant à partir duquel il a été transcrit). A partir de la séquence d'ADN de G. Khorana, de M. Applebury et de leurs collègues, nous avons synthétisé une sonde avec laquelle nous avons identifié le gène de la rhodopsine bovine.

L'identification des gènes

Ensuite nous avons utilisé l'un des brins du gène de la rhodopsine bovine comme sonde d'hybridation pour rechercher les gènes de la rhodopsine humaine et des pigments des cônes. Cette sonde se lia fortement à un seul segment d'ADN humain : le gène de la rhodopsine humaine. En outre, la sonde se fixa également – mais faiblement – à trois autres fragments d'ADN ; nous avons déterminé leurs séquences nucléotidiques et avons trouvé des régions codantes homologues à celles des gènes de la rhodopsine humaine et de la rhodopsine bovine. L'analyse des séquences en acides aminés des protéines codées par ces segments a révélé que ces molécules se ressemblaient beaucoup : quarante pour cent des acides aminés de ces trois protéines étaient présents dans la rhodopsine.

Nous pensions naturellement que les segments d'ADN auxquels se fixait notre sonde étaient les gènes des trois pigments, mais nous devions le confirmer. Nous avons alors cherché

5. PAR HYBRIDATION DE L'ADN, on a identifié le gène de la rhodopsine humaine – le pigment responsable de la vision en noir et blanc dans la pénombre – et les gènes analogues des pigments des cônes. On a découpé chimiquement les doubles brins d'ADN *(1)*, séparé les fragments obtenus en fonction de leur taille et on a cloné ces fragments dans des virus cultivés sur un tapis de bactéries : chaque virus s'est multiplié et a formé une plaque ou zone de multiplication virale contenant de nombreux exemplaires d'un même fragment d'ADN *(2)*. On a ensuite placé une feuille en nitrocellulose sur la boîte de Pétri, afin qu'une partie de chaque plaque de croissance y adhère *(3)*. On a séparé, par un traitement chimique approprié, les doubles brins d'ADN qui se trouvent sur le filtre, afin d'obtenir des ADN simples brins *(4)* ; enfin on a exposé ces molécules à une « sonde » radioactive *(en rouge)*, c'est-à-dire une molécule d'ADN simple brin obtenue à partir du gène de la rhodopsine bovine *(5)*. Les chercheurs espéraient que la structure de la sonde ressemblerait à celle des gènes codant les pigments humains et que cette sonde formerait une double hélice en se liant aux gènes des pigments. Afin de savoir si la sonde s'est fixée, on a recouvert la feuille de nitrocellulose d'un film photographique *(6)*. La radioactivité de la sonde liée à certains gènes a impressionné le film *(7)*. On a ensuite identifié les clones contenant les gènes des pigments en repérant les taches noires du film par rapport aux taches des plaques correspondantes dans la boîte de Pétri.

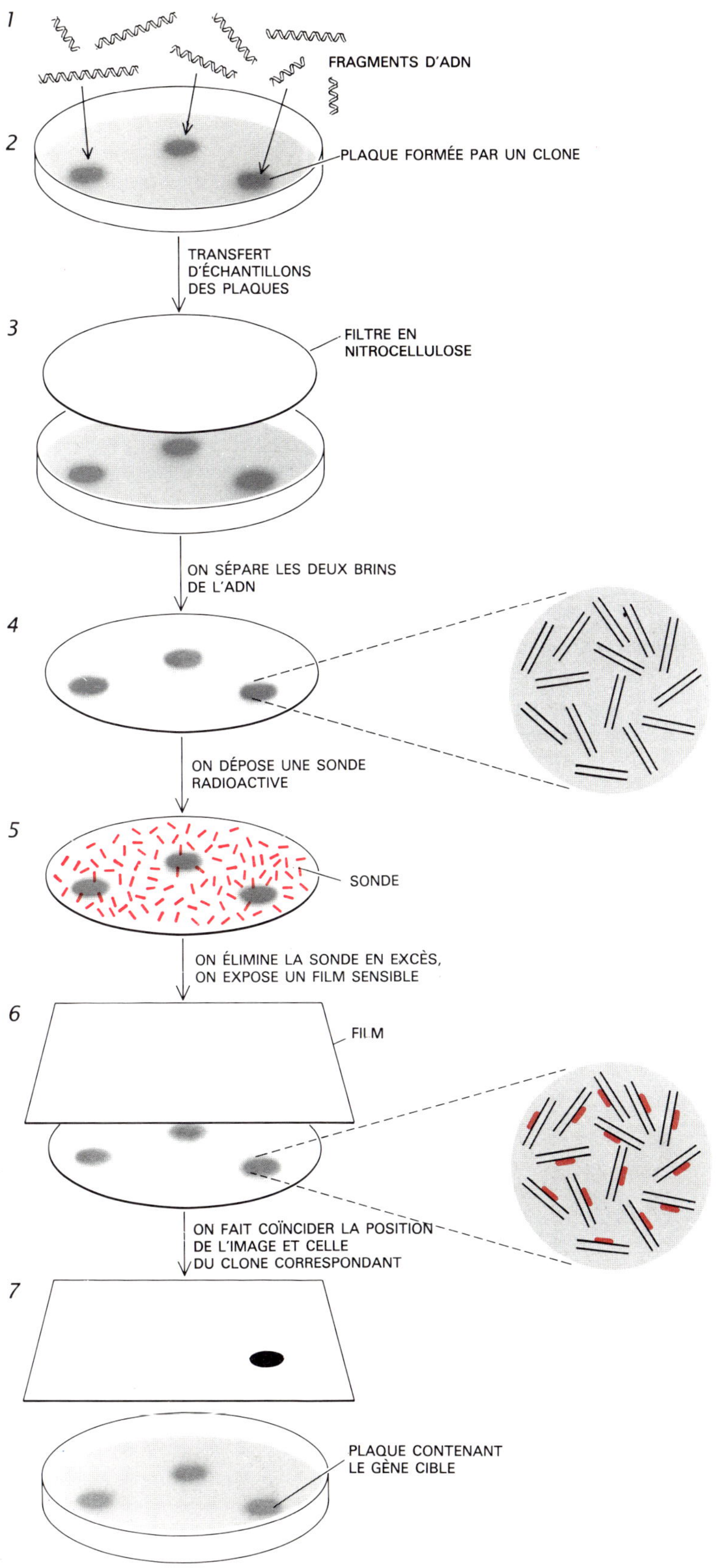
1
FRAGMENTS D'ADN
2
PLAQUE FORMÉE PAR UN CLONE
TRANSFERT D'ÉCHANTILLONS DES PLAQUES
3
FILTRE EN NITROCELLULOSE
ON SÉPARE LES DEUX BRINS DE L'ADN
4
ON DÉPOSE UNE SONDE RADIOACTIVE
5
SONDE
ON ÉLIMINE LA SONDE EN EXCÈS, ON EXPOSE UN FILM SENSIBLE
6
FILM
ON FAIT COÏNCIDER LA POSITION DE L'IMAGE ET CELLE DU CLONE CORRESPONDANT
7
PLAQUE CONTENANT LE GÈNE CIBLE

dans la rétine l'ARN messager correspondant aux séquences liées à la sonde, car l'œil est le seul endroit où sont produits les pigments visuels, et donc leurs ARN messagers. Effectivement la rétine contenait l'ARN correspondant à l'ADN lié à la sonde.

Afin de poursuivre la confirmation, nous avons comparé nos résultats avec ceux de la génétique classique et cherché où, dans le chromosome, les segments d'ADN sélectionnés par la sonde étaient localisés. Avec Thomas Shows et Roger Eddy, de l'Institut *Rosewell Park Memorial*, nous avons trouvé que deux des trois gènes s'hybridant faiblement sont présents sur le chromosome X, à l'endroit précis où les analyses de génétique classique avaient localisé la source des anomalies de discrimination entre le vert et le rouge. Nous en avons conclu que ces gènes codent les pigments rouges et les pigments verts, ce qui fut confirmé par les études réalisées ultérieurement avec T. Piantanida. Le troisième gène, dont nous savons aujourd'hui qu'il code le pigment bleu, est localisé sur le chromosome 7 ; comme prévu, il n'est pas sur le chromosome sexuel.

La ressemblance entre le gène de la rhodopsine et les trois gènes des pigments des cônes indique que ces quatre gènes ont évolué à partir d'un gène ancestral commun ; dans un premier temps, le gène ancestral a sans doute engendré trois nouveaux gènes, celui de la rhodopsine, celui du pigment bleu et un gène codant un pigment sensible à la lumière de la partie du spectre visible qui s'étend du rouge au vert, puis ce dernier gène s'est récemment différencié en un gène du pigment rouge et un gène du pigment vert.

La différenciation du troisième gène est probablement récente, car le gène du pigment rouge et le gène du pigment vert se ressemblent beaucoup : leurs ADN sont identiques à quatre vingt dix-huit pour cent, et ces deux gènes n'ont pas eu le temps de se modifier notablement. Gerald Jacobs, de l'Université Santa Barbara, J. Bowmaker et J. Mollon ont récemment montré qu'à l'échelle de l'Évolution, la différenciation est récente : les Singes du Nouveau Monde n'ont, sur leur chromosome X, qu'un seul gène de pigment visuel, tandis que ceux de l'Ancien Monde, plus proches de l'Homme, en possèdent deux. De ce fait, l'apparition du second gène porté par le chromosome X s'est vraisemblablement produite après la séparation des continents africain et Sud-américain, il y a quelque 40 millions d'années.

Des remaniements chromosomiques

Si les découvertes décrites jusqu'ici n'étaient pas totalement inattendues, il en est une qui le fut. En étudiant les gènes des pigments visuels localisés sur le chromosome X de 17 de nos collègues de sexe masculin dont la vision des couleurs est normale, nous avons constaté que le gène du pigment rouge est toujours présent en un seul exemplaire, tandis que celui qui code le pigment vert est présent en un, deux ou trois exemplaires. Pourquoi plusieurs exemplaires sont-ils présents quand un seul gène du pigment vert semble conférer une vision normale des couleurs ?

On a récemment découvert que les gènes des pigments visuels se succèdent directement sur le chromosome X ; cet arrangement « en tandem » expliquerait que le nombre de ces gènes n'est pas constant. En effet, le nombre d'exemplaires des tandems de gènes change souvent au cours de la méiose (la division cellulaire qui produit les spermatozoïdes et les ovules) ; chaque cellule somatique, c'est-à-dire non sexuelle, contient deux versions légèrement différentes de chaque chromosome ; lors de la méiose, les chromosomes homologues s'apparient et se recombinent : ils échangent des segments. Généralement les chromosomes qui se recombinent échangent le même nombre de segments, de sorte qu'aucun chromosome ne gagne ni ne perd de gène. Parfois cependant, deux segments qui se ressemblent beaucoup se recombinent à une place qui ne leur est pas assignée, par « recombinaison homologue inégale » : soit un des chromosomes gagne un ou plusieurs exemplaires d'un gène qu'il possède déjà, au détriment de l'autre chromosome, soit les deux chromosomes échangent des parties de gènes analogues, mais distinctes. Les chromosomes formés sont alors transmis aux spermatozoïdes ou aux ovules.

On conçoit aisément comment une recombinaison homologue inégale aurait engendré les diverses configurations des gènes codant le pigment vert, chez des individus dont la vision des couleurs est normale. Considérons deux chromosomes homologues portant chacun un gène du pigment rouge et deux gènes du pigment vert. Si l'un des gènes du pigment vert de l'un des chromosomes passe sur l'autre chromosome, au cours de la méiose, l'une des cellules filles possédera un chromosome portant un gène du pigment rouge et un gène du pigment vert, et l'autre cellule aura un chromosome portant un gène du pigment rouge et trois gènes du pigment vert ; comme les

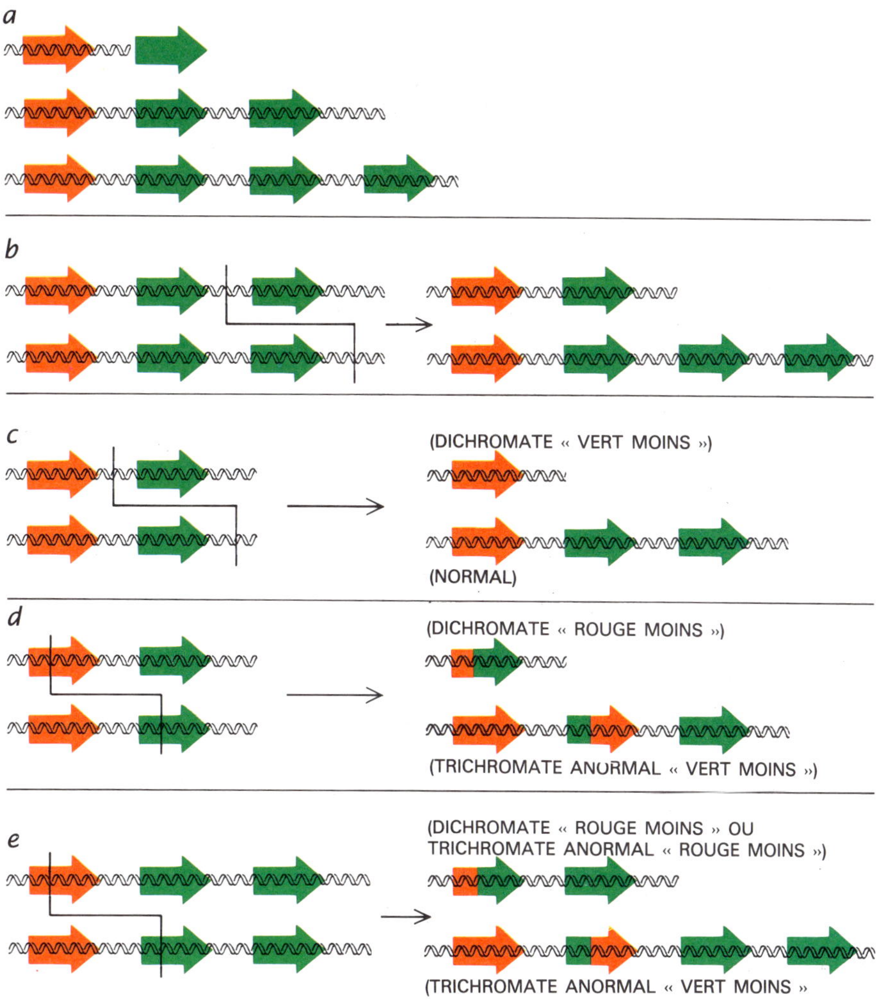

6. L'ÉCHANGE DE MATÉRIEL GÉNÉTIQUE entre deux chromosomes X normaux, portant les gènes du pigment rouge et du pigment vert *(flèches en couleur)*, produit selon les cas une discrimination normale des couleurs rouge-vert ou une discrimination anormale. Les chromosomes X d'individus normaux portent un gène du pigment rouge normal et un, deux ou trois gènes du pigment vert *(a)*. Cette variation du nombre de gènes du pigment vert, selon les individus, résulte de la recombinaison génétique : un chromosome portant un gène du pigment rouge et deux gènes du pigment vert céderait l'un de ses gènes du pigment vert au chromosome homologue avec lequel il se recombine *(b)*. La dichromatie et la trichromatie anormale résultent généralement d'échanges génétiques qui aboutissent à la perte d'un gène codant un pigment *(c)* ou à la création d'un gène hybride issu en partie d'un gène codant le pigment rouge et en partie d'un gène codant le pigment vert *(d, e)*. Le spectre d'absorption du pigment hybride dépend de la localisation du crossing-over (de l'échange des gènes) au sein du gène hybride.

gènes des pigments verts et rouges ne sont portés que par le chromosome X, les individus de sexe masculin formés à partir de ces cellules filles auront tous soit un gène du pigment vert, soit deux gènes du pigment vert, soit trois gènes de ce pigment, comme nous l'avons observé. Dans toutes les cellules, le gène du pigment rouge n'est présent qu'en un exemplaire, car il est à la limite de la région codant les pigments ; or un gène ainsi placé risque très peu d'être dupliqué ou d'être éliminé par recombinaison homologue.

La recombinaison homologue inégale semble responsable non seulement de la duplication des gènes codant le pigment vert, chez les individus dont la vision des couleurs est normale, mais également de la plupart des mauvaises discriminations rouge-vert. Avec T. Piantanida, nous avons étudié l'ADN de 25 personnes de sexe masculin qui, d'après les tests effectués avec l'anomaloscope de Rayleigh, présentaient des anomalies de la discrimination rouge-vert. Tous les sujets — sauf un — présentaient des configurations anormales des gènes codant le pigment vert et les pigment rouge par suite d'une recombinaison homologue inégale.

Quelles sont les configurations génétiques des dichromates "rouge moins" et "vert moins" ? Quelles sont celles des trichromates anormaux ? Nous avons trouvé que la plupart des dichromates "vert moins" (qui ne possédaient apparemment pas de récepteur sensible au vert) avaient complètement perdu les gènes codant le pigment vert ; chez certains, toutefois, le gène codant le pigment vert avait été remplacé par un gène hybride : les séquences d'ADN situées vers le début du gène provenaient d'un gène codant le pigment vert, et les autres séquences étaient issues d'un gène codant le pigment rouge ; le chromosome portant le gène hybride semble résulter d'une recombinaison au cours de laquelle le gène normal du pigment vert aurait été partiellement échangé avec une partie d'un gène du pigment rouge.

Pourquoi ce gène hybride ne code-t-il pas un récepteur fonctionnel ? On suppose que les premières séquences d'ADN des gènes, normaux ou hybrides, déterminent le type de cellule où le gène sera actif, tandis que les séquences plus éloignées déterminent le type de pigment produit. Le gène hybride ferait ainsi synthétiser le pigment rouge dans des cellules qui devraient normalement être des cônes verts, et qui se comportent dès lors comme des récepteurs sensibles au rouge.

Nous avons également étudié le chromosome sexuel des individus dichromates "rouge moins", chez lesquels les tests à l'anomaloscope de Rayleigh révélaient une absence de récepteurs sensibles au rouge ; la majorité de ces personnes possédaient quelques séquences codant le pigment rouge, mais leur unique gène du pigment rouge avait été remplacé par un hybride dont seules les séquences ADN initiales provenaient d'un gène du pigment rouge. Nous pensons que le gène hybride fait synthétiser un pigment vert dans des cellules qui auraient dû devenir des cônes rouges : les individus porteurs de ce gène n'ont aucun cône rouge.

Tous les sujets trichromates anormaux possédaient au moins un gène hybride, en plus de la totalité ou d'une partie des gènes normaux codant les pigments visuels ; ces gènes hybrides coderaient des protéines dont les sensibilités spectrales sont anormales. De nombreux pigments anormaux semblent possibles, et la sensibilité spectrale de ces protéines dépend apparemment du point de crossing-over (d'échange) au sein du gène hybride : plus la partie issue du gène codant le pigment vert est longue, plus le pigment codé ressemble à un pigment vert, et vice-versa. Ces hypothèses expliquent pourquoi les récepteurs anormaux absorbent surtout les longueurs d'onde comprises dans l'intervalle défini par les longueurs d'onde les mieux absorbées par les cônes normaux verts, d'une part, et les cônes rouges d'autre part.

Beaucoup de questions passionnantes sur le rôle des cônes et des pigments dans la vision des couleurs restent encore en suspens : pourquoi les pigments visuels ont-ils des spectres d'absorption différents ? Comment chaque cellule photoréceptrice sait-elle le pigment visuel qu'elle doit produire ? Comment les connexions entre les cellules photoréceptrices et les neurones s'établissent-elles au cours du développement ? Pour les chercheurs qui tentent de répondre à ce type de questions, les anomalies héréditaires de la vision des couleurs représentent une fenêtre exceptionnelle ouverte sur les mécanismes intimes de l'œil.

L' architecture fonctionnelle de la rétine

5

Plusieurs dizaines de types différents de cellules ont, dans notre rétine, des fonctions très spécialisées et codent les informations visuelles. Grâce aux techniques récentes, on sait étudier la répartition et les interconnexions de ces cellules.

Richard Masland

La rétine n'est pas seulement un simple assemblage de cellules photosensibles, mais une sorte « d'avant-poste » du système nerveux central. Cette fine couche de tissu nerveux, située au fond de l'œil, possède des circuits de neurones interconnectés qui analysent les images : certains aspects des signaux initiaux y sont renforcés, d'autres atténués.

Depuis longtemps déjà les neurobiologistes s'efforcent de comprendre les mécanismes de transduction des signaux lumineux en impulsions nerveuses, et de traitement de ces impulsions. On a d'abord compris la structure générale du codage du monde visuel par la rétine — c'est-à-dire le lien entre les signaux d'entrée et les signaux de sortie — et au début des années 1970, on a établi un premier schéma des systèmes de codage. On savait que la rétine compte cinq classes principales de neurones, connectés par des synapses, zones où les extrémités des neurones sont suffisamment proches pour qu'un messager chimique, appelé neurotransmetteur, soit libéré par un neurone et agisse sur le suivant.

Parmi ces cinq classes de neurones de la rétine, trois classes constituent une ligne directe vers le cerveau : il s'agit des photorécepteurs (les bâtonnets et les cônes), les cellules bipolaires et les cellules ganglionnaires. Les deux autres classes de cellules rétiniennes, à savoir les cellules horizontales et les cellules amacrines, constituent des voies latérales qui modifient et contrôlent les messages véhiculés par la voie directe. On pensait, il y a peu de temps encore, que ces catégories de cellules avaient toutes une fonction bien précise et qu'elles définissaient complètement les éléments fonctionnels de la rétine. Il suffisait donc, en principe, d'étudier les interactions de ces quelques éléments de base, pour comprendre par quel mécanisme la rétine code les informations. Or, il est maintenant établi que ces cinq catégories de cellules sont insuffisantes et qu'il faut en considérer près de 50, chacune des catégories initiales se subdivisant en sous-catégories bien distinctes.

Pourquoi tant de cellules différentes sont-elles nécessaires ? C'est encore un mystère, même si des progrès très encourageants ont été réalisés durant ces dernières années ; en particulier, nous connaissons aujourd'hui différentes techniques permettant d'étudier les formes et les connexions des cellules nerveuses de la rétine.

Les champs récepteurs rétiniens

Les premières expériences qui ont précisé le mode de codage des informations visuelles par la rétine des Mammifères remontent à 1952 ; Stephen Kuffler, à la Faculté de médecine Johns Hopkins, a, le premier, étudié les cellules ganglionnaires dont les axones forment le nerf optique, pour élucider les modifications de l'activité électrique de ces cellules en réponse à la lumière. S. Kuffler, en enregistrant l'activité électrique de cellules ganglionnaires isolées, s'apercut

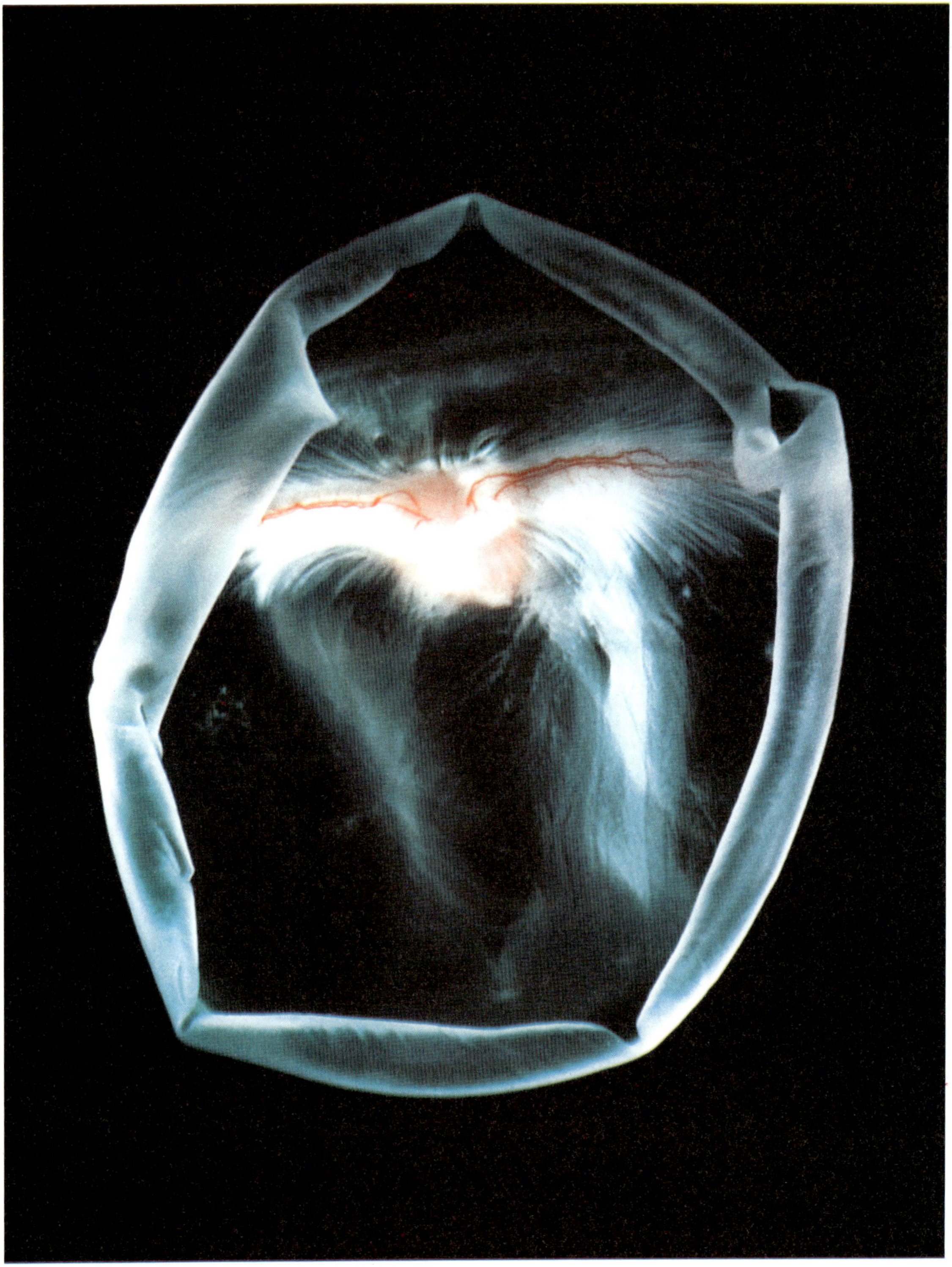

que la plupart d'entre elles émettent une série ininterrompue de potentiels d'action (les impulsions nerveuses) le long de leur axone, même en l'absence de lumière. La lumière n'affecte que la fréquence d'émission, en l'augmentant ou en la diminuant.

En balayant avec un pinceau lumineux très fin, la surface de la rétine de chats anesthésiés, S. Kuffler stimulait des régions bien précises, et mesurait la réponse électrique de telle ou telle cellule particulière. Il découvrit que chaque cellule ganglionnaire correspond à une zone très précise du champ visuel, appelée champ récepteur, dont la taille est variable, quoique généralement très réduite. Chez le Chat, par exemple, les centres des plus petits champs récepteurs mesurent environ 120 micromètres (millièmes de millimètre) de diamètre ; lorsqu'un chat regarde un mur situé à deux mètres de lui, chacune de ces cellules ganglionnaires correspond à une surface d'environ un centimètre de diamètre. Les cellules étudiées par S. Kuffler sont de deux types : celles qui sont stimulées et celles qui sont inhibées lorsque le centre de leur champ récepteur est stimulé. D'autre part, le centre des champs récepteurs fonctionne toujours en opposition à sa périphérie : si la stimulation lumineuse du centre d'un champ récepteur excite une cellule, une stimulation de la périphérie l'inhibe, et inversement. L'action du centre et celle de la périphérie sont antagonistes : la cellule améliore ainsi le contraste (voir la figure 3).

On a rapidement identifié un autre type de cellule ganglionnaire : les cellules sélectionnant la direction, dont le champ récepteur réagit en fonction de la provenance d'un stimulus mobile (voir la figure 4). En fait, on a découvert par la suite toute une série d'autres cellules sensibles à des stimuli relativement élaborés, mais comme les cellules sensibles à la lumière sont les plus répandues et les mieux étudiées, elles serviront ici de modèle. Jerome Lettvin, Humberto Maturana, Walter Pitts et Warren McCulloch, de l'Institut de Technologie du Massachusetts, ont identifié, chez la Grenouille, des cellules sélectionnant la direction. Il a pourtant fallu attendre plusieurs années avant que Horace Barlow et William Levick, de l'Université de Cambridge, découvrent les propriétés exactes de ces cellules grâce à une série d'expériences désormais classiques réalisées sur le Lapin.

Le comportement d'une cellule sélectionnant la direction n'est pas le même selon que le stimulus lumineux est fixe ou en mouvement : quand on illumine, point par point, un champ récepteur par un faisceau lumineux fixe, la réponse est uniforme sur l'ensemble du champ ; quand le faisceau lumineux se déplace lentement dans le champ récepteur, le comportement est tout à fait différent : la cellule émet un train de potentiels prolongé pour une certaine direction du mouvement, et un train de potentiels très faible, voire nul pour la direction opposée. Ces premiers résultats débouchaient sur des questions fondamentales : comment s'établit le champ récepteur d'une cellule ganglionnaire ? Comment la machinerie neuronale peut-elle transformer le signal lumineux initial de façon aussi sélective ? Pour tenter de répondre, il est indispensable d'étudier plus en détail les composants internes de la rétine.

1. CETTE RÉTINE DE LAPIN est une fine couche de tissu nerveux située sur la face interne du segment postérieur de l'œil. La rétine, dont l'épaisseur est minime, est transparente ; la lumière la traverse et vient frapper les bâtonnets et les cônes, situés à sa face postérieure. Ces cellules sont des photorécepteurs, traduisant les signaux lumineux en impulsions nerveuses qui sont transmises dans les couches successives de neurones rétiniens, et viennent exciter les cellules ganglionnaires dont les axones forment les fibres (les filaments blancs) du nerf optique. On voit également deux paires de vaisseaux sanguins qui longent la surface antérieure de la rétine. Les méthodes permettant de prélever une rétine vivante ont été mises au point par Adelbert Ames (Massachusetts).

La diversité des cellules amacrines

Rappelons qu'il existe deux sortes de neurones rétiniens : ceux de la voie directe et ceux qui établissent des connexions transversales. Très rapidement, l'expérience a montré que le comportement antagoniste de la périphérie de certaines cellules ganglionnaires s'expliquait par les fonctions opposées des neurones de la voie directe et celles des neurones à action transversale. En d'autres termes, le centre du champ des cellules ganglionnaires répond à la lumière en émettant des impulsions par voie directe, alors que la périphérie (qui agit en opposition) obéirait aux signaux transmis par les cellules amacrines et horizontales. Cette fonction particulière des cellules à action transversale a été confirmée par l'étude des cellules bipolaires : leur périphérie a un comportement angatoniste et ce sont les seules cellules qui conduisent les signaux des couches externes de la rétine (où sont situées les cellules horizontales) vers les couches internes. Cette seule propriété suffisait

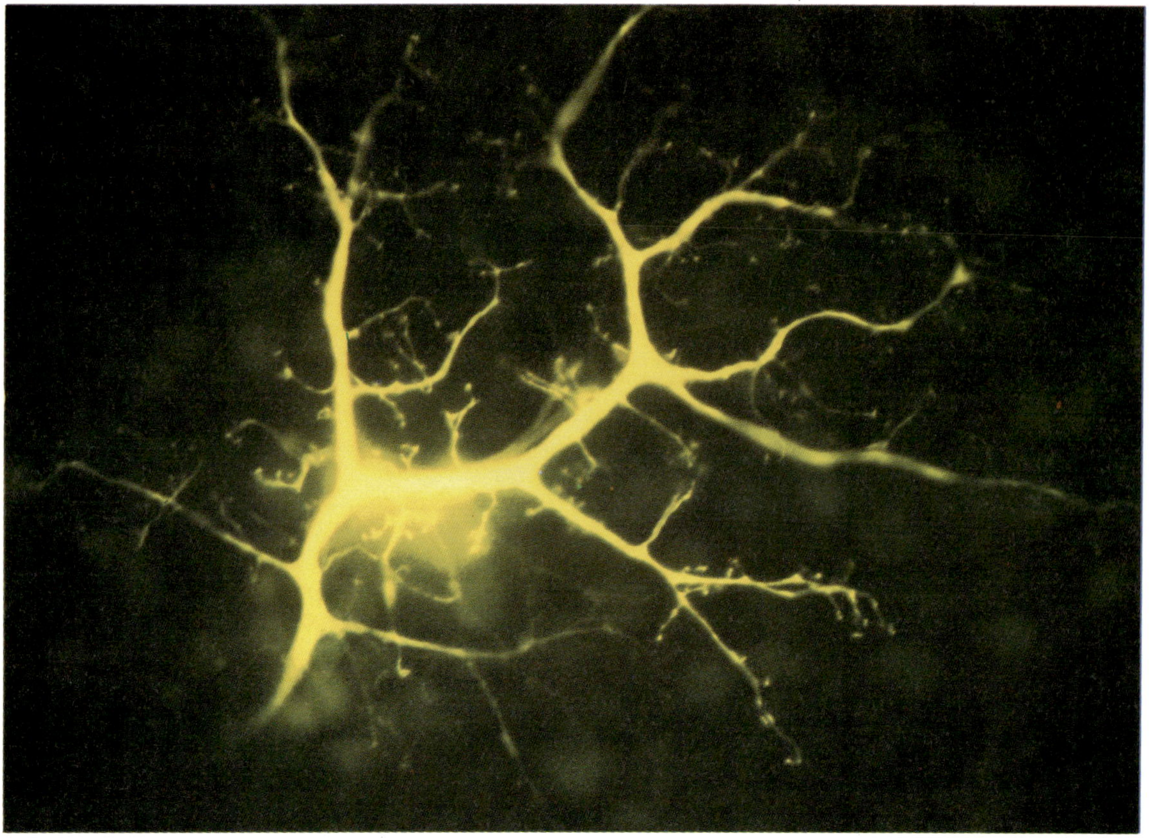

2. UN NEURONE RÉTINIEN (cellule horizontale) a été coloré au jaune Lucifer fluorescent, qui se propage dans l'ensemble des ramifications de la cellule et les met ainsi en évidence. Cette photographie, réalisée par Julie Sandell, montre une arborescence terminale de la cellule. Les impulsions nerveuses se propagent latéralement le long de ces branches, puis des petites ramifications jusqu'aux boutons terminaux, qui assurent les liaisons synaptiques avec les autres cellules rétiniennes.

à expliquer l'existence des périphéries antagonistes. Un autre type de cellules à action transversale, les cellules amacrines, régulent le comportement de certaines cellules ganglionnaires (y compris des cellules sélectionnant la direction), qui réagissent de façon brève aux stimuli lumineux : lorsque la rétine est illuminée, les cellules ganglionnaires émettent immédiatement un train de potentiels d'action mais l'émission cesse si la stimulation se prolonge. Ce caractère phasique de la réponse ne se manifeste guère pour les cellules photoréceptrices, bipolaires ou horizontales. Par leur action, les cellules amacrines accentueraient les réponses transitoires de certaines cellules ganglionnaires, et notamment de celles qui sont sensibles à la direction.

Toutefois, les cellules amacrines ont vraisemblablement d'autres fonctions, car leur diversité est extrême. Une seule rétine contient parfois 30 types morphologiques distincts ; si leur fonction se limitait à rendre brèves les réponses de certaines cellules ganglionnaires, on ne dénombrerait qu'un seul type (quelques uns tout au plus) de cellules.

Dès 1892, le grand neuro-anatomiste espagnol Santiago Ramón y Cajal avait découvert la diversité morphologique des cellules amacrines. Ses travaux ont été longtemps sous-estimés car les esprits méfiants prétendaient que les différentes formes identifiées n'étaient que des variantes d'un même type de cellules, et qu'elles remplissaient toutes la même fonction. Il fallut attendre la fin des années 1960 pour que Berndt Ehinger, de l'Université suédoise de Lund, qui étudiait la biochimie des cellules amacrines, démontre leur diversité. B. Ehinger étudia la rétine grâce aux nouvelles méthodes permettant

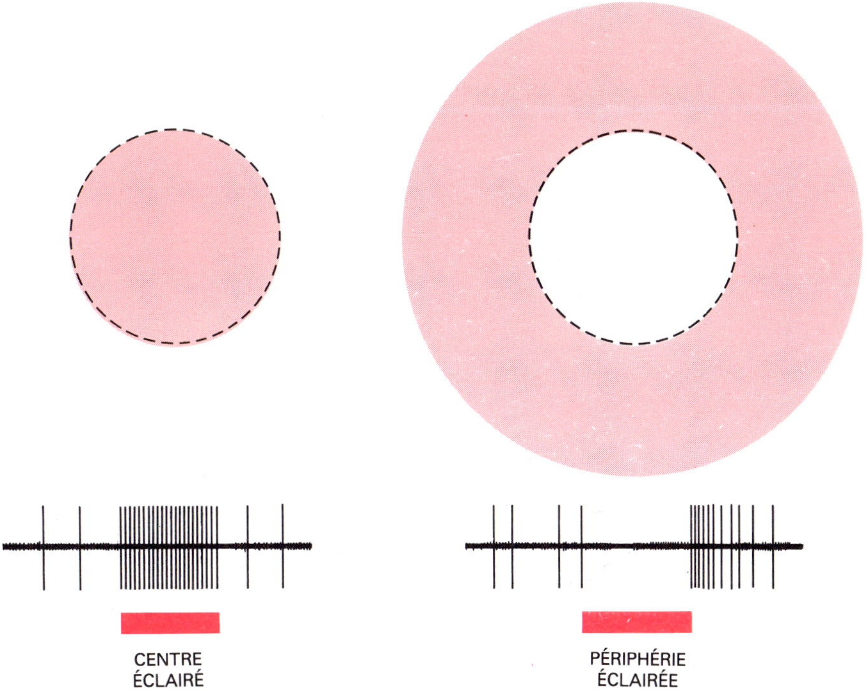

3. LE CHAMP RÉCEPTEUR de nombreuses cellules ganglionnaires comprend deux parties concentriques et antagonistes, l'une au centre, l'autre à la périphérie *(en haut)*. Les stimulations lumineuses de la région centrale et de la périphérie ont des effets opposés sur l'émission d'impulsions nerveuses par la cellule (enregistrées par une micro-électrode mesurant l'activité électrique d'un axone isolé du nerf optique). Dans les cellules «centre-ON» par exemple, les stimulations du centre renforcent cette activité *(en bas à gauche)*, tandis que celles de la périphérie l'atténuent *(en bas à droite)*.

d'identifier les neurotransmetteurs dans des coupes fines de tissu. Il découvrit, dans les neurones rétiniens, un grand nombre de neurotransmetteurs dont on connaissait déjà l'existence dans le cerveau. Il s'aperçut que tous ces neurotransmetteurs étaient présents dans des cellules amacrines, mais que chaque neurotransmetteur correspondait à un type précis de cellules : il existe donc plusieurs catégories bien distinctes de cellules amacrines.

La forme et la fonction des cellules amacrines

Les découvertes de B. Ehinger ont été accueillies avec un certain scepticisme : les méthodes étaient nouvelles et certains pensaient que les populations de cellules amacrines avaient été surestimées ou sous-estimées. Pourtant, d'autres chercheurs ont obtenu par la suite des résultats comparables, notamment John Mills avec qui nous avons étudié à l'Hôpital général du Massachusetts les cellules amacrines synthétisant l'acétylcholine (un neurotransmetteur). Nous avons isolé une rétine de Lapin puis nous l'avons laissée incuber dans la choline radioactive (la choline est le précurseur à partir duquel les cellules synthétisent l'acétylcholine). Nous avons ensuite fixé l'acétylcholine, afin de réaliser une autoradiographie (méthode permettant de localiser les zones radioactives d'une coupe de tissu), de façon à identifier les cellules ayant synthétisé de l'acétylcholine. Dans ce but, nous avons utilisé une méthode de congélation ultrarapide : nous plongeons directement les prélèvements de rétine vivante dans du propane à – 180 degrés Celsius ; les échantillons sont déshydratés à froid puis on les prépare pour l'autoradiographie en évitant tout contact avec une source d'humidité. Ces méthodes sont fastidieuses, mais elles présentent l'avantage d'immobiliser l'acétylcholine à l'intérieur des tissus en quelques millisecondes. L'acétylcholine identifiée par autoradiographie est bien localisée dans sa cellule

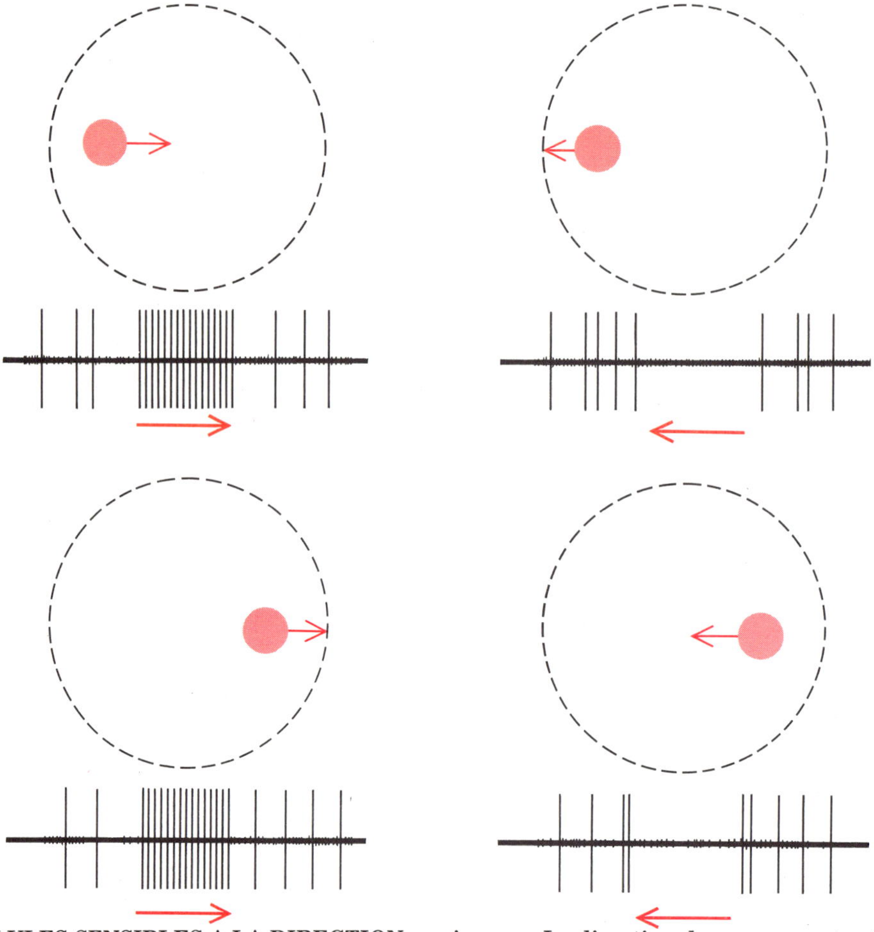

4. LES CELLULES SENSIBLES A LA DIRECTION : ces cellules réagissent lorsqu'un spot se déplace dans une direction *(vers la droite, sur cette figure)* et sont inhibées lorsque le spot lumineux vient en sens inverse. La direction du mouvement est détectée en tout point du champ récepteur (qui n'a pas la structure concentrique de l'exemple représenté sur la figure 3 p.73).

d'origine, ce qui n'était pas toujours le cas avec les méthodes utilisées précédemment pour localiser les neurotransmetteurs. Par ailleurs, le marquage radioactif est très net : chaque cellule est fortement marquée ou n'est pas marquée du tout. L'expérience a clairement montré que seules quelques cellules amacrines contenaient de l'acétylcholine. Depuis lors, d'autres résultats ont confirmé la découverte fondamentale de B. Ehinger : les différents neurotransmetteurs ne sont présents que dans de petits sous-groupes bien précis de cellules amacrines.

A ce stade des connaissances, on a tenté de relier des neurotransmetteurs particuliers à des types morphologiques précis de cellules amacrines, tels que les avait identifiées Ramón y Cajal. Il s'avéra rapidement que les cellules amacrines possédant des arborescences dentritiques différentes correspondaient effectivement à des neurotransmetteurs bien précis : Nicholas Brecha et Harvey Karten, de l'Université d'État de New York à Stony Brook, ont notamment montré que les cellules amacrines renferment non seulement les neurotransmetteurs traditionnels, mais aussi des peptides neuro-actifs (une grande famille de neurotransmetteurs peptidiques récemment découverts), ce qui eut pour effet de multiplier la diversité des cellules amacrines au-delà de toute attente.

Il existe donc bien un lien entre la chimie des synapses et la forme des cellules amacrines, ce qui prouve que des cellules amacrines de formes

5. LA GRANDE DIVERSITÉ des cellules amacrines a été mise en évidence sur ce schéma dès 1892 par le grand neuroanatomiste espagnol Santiago Ramón y Cajal, ici dans la rétine de Carpe. Il identifia alors 14 types différents de cellules à partir de leur seule forme.

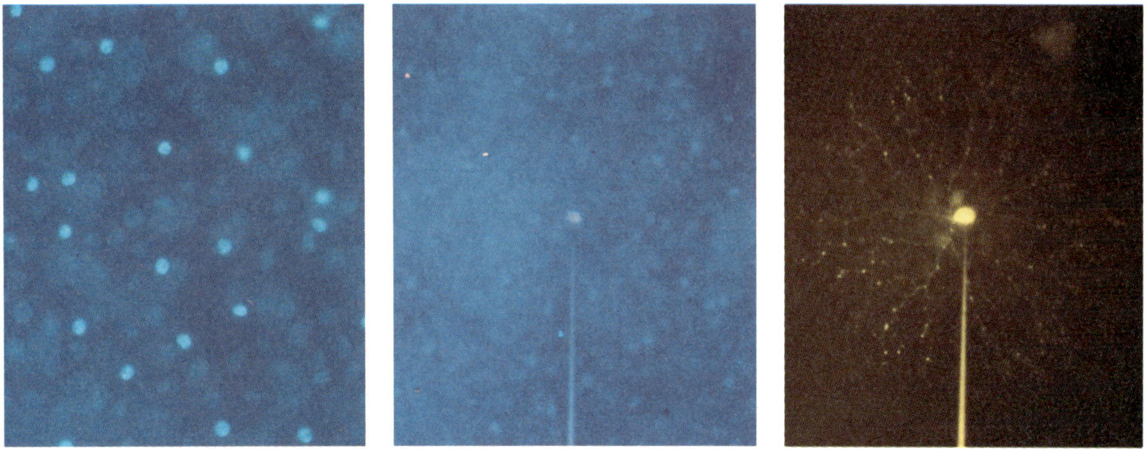

6. CES CELLULES AMACRINES CHOLINERGIQUES (qui contiennent de l'acétylcholine comme neurotransmetteur) ont été colorées grâce à une technique mise au point par Masaki Tauchi et l'auteur. La rétine entière est montée à plat ; les corps des cellules amacrines cholinergiques fixent le 4-6 diamidino-2-phénylindole (DAPI), un colorant fluorescent bleu *(à gauche)*. On repère ainsi une de ces cellules et on approche une micropipette afin d'y injecter un autre colorant fluorescent, le jaune Lucifer CH, qui se propage dans toutes les ramifications de la cellule. Dans certaines conditions d'éclairage, les deux colorants sont fluorescents *(au centre)*, dans d'autres *(à droite)*, seul le jaune Lucifer est visible : on voit apparaître les dendrites de la cellule amacrine cholinergique.

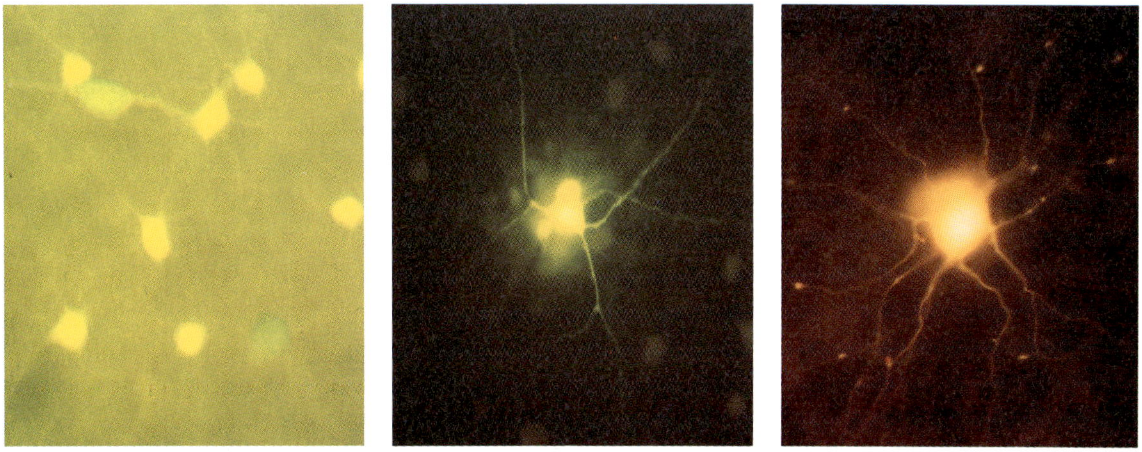

7. DEUX AUTRES TYPES DE CELLULES AMACRINES sont colorées par la même technique. La rétine est traitée de façon telle que les corps des cellules amacrines dopaminergiques apparaissent en vert fluorescent, et ceux des cellules amacrines accumulant de l'indolamine, en jaune *(à gauche)*. On discerne ainsi les deux types de cellules ; on y injecte des colorants et on découvre la forme spécifique des dendrites d'une cellule dopaminergique *(au centre)* ou d'une cellule accumulant l'indolamine *(à droite)*.

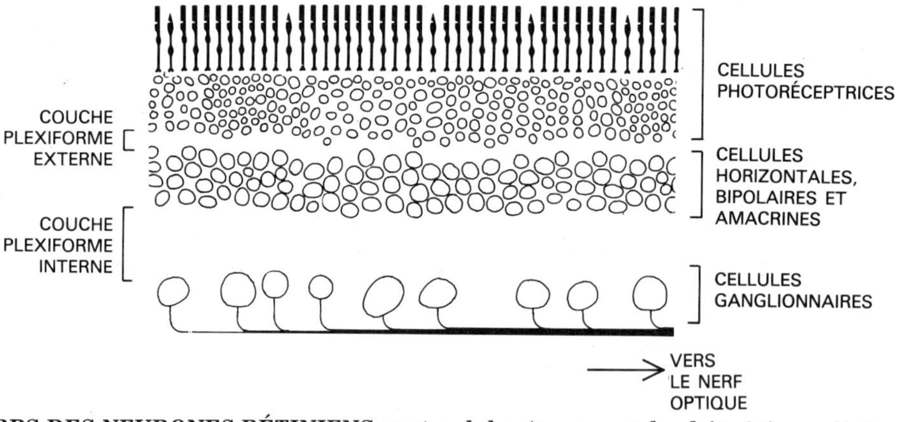

8. LES CORPS DES NEURONES RÉTINIENS sont disposés en trois couches, auxquelles s'ajoutent deux couches de synapses, où les ramifications des cellules (axones et dendrites) *(ces cellules ne sont pas visibles sur la figure)* établissent les contacts synaptiques.

différentes ont des fonctions biologiques distinctes : lorsqu'un neurotransmetteur se fixe au récepteur d'une cellule postsynaptique, celle-ci subit une série de transformations biochimiques et physiologiques particulières. Si des cellules amacrines diffèrent à la fois par leur forme (et donc par leurs connexions dans la rétine) et par leurs neurotransmetteurs, elles ont forcément des fonctions biologiques différentes, car on imagine mal quelle pourrait être la fonction unique de 30 types distincts de cellules. Il ne fait aucun doute que chaque type de cellule exerce une fonction spécifique et grâce aux études menées dans certains laboratoires, dont le mien, nous entrevoyons pourquoi il existe bien plus de types distincts de cellules qu'il ne semble exister de fonctions à remplir. Nous allons expliquer maintenant le fonctionnement de quatre types très différents de cellules amacrines.

Les arborisations dendritiques des cellules amacrines

Nous avons déjà évoqué plus haut le premier type de cellules, les cellules cholinergiques, des cellules amacrines contenant de l'acétylcholine, identifiées par la méthode d'autoradiographie. Cette méthode présente l'inconvénient de révéler le corps des cellules mais pas leurs prolongements (axone et dendrites), qui assurent la transmission ou la réception des messages. En fait, la meilleure technique, pour étudier ces prolongements, reste celle de Golgi (celle-là même qu'utilisait déjà Ramón y Cajal au siècle dernier), qui permet de colorer les cellules tout entières, mais ne permet pas de les choisir à l'avance

Nous avons pallié cette insuffisance de la technique de Golgi en découvrant que la 4-6 diamidino-2-phénylindole (DAPI) est une molécule fluorescente qui s'accumule sélectivement dans le corps cellulaire des neurones cholinergiques. Lorsqu'une rétine entière est traitée par le DAPI, puis mise à plat sur un support, les corps des cellules cholinergiques, qui émettent un rayonnement fluorescent, ressortent sur le fond sombre. Nous avons ainsi pu (avec un autre chercheur, Masaki Tauchi) approcher une micropipette tout près d'une cellule et injecter un autre colorant fluorescent, le jaune Lucifer, qui se propage dans l'ensemble des ramifications : toutes les cellules fluorescentes avaient, à chaque fois, la même forme et les mêmes ramifications.

De plus, cette méthode nous a non seulement permis de visualiser la véritable forme des cellules cholinergiques mais aussi de reconstruire la mosaïque qui tapisse la rétine. L'importance de cette découverte apparaît quand on se rappelle que la rétine sert avant tout à assurer la résolution spatiale, et que toute imperfection de cet organe affecte gravement l'acuité visuelle de l'animal ; la répartition spatiale et la densité des éléments de connexion qui transmettent l'information nous renseignent sur leur rôle dans le système visuel. Les premières études de ces mosaïques de cellules rétiniennes sont dues à Brian Boycott et Heinz Wässle, au King's College de Londres, et ont porté sur deux types de cellules dont on peut marquer des populations entières par les méthodes classiques. Grâce à notre

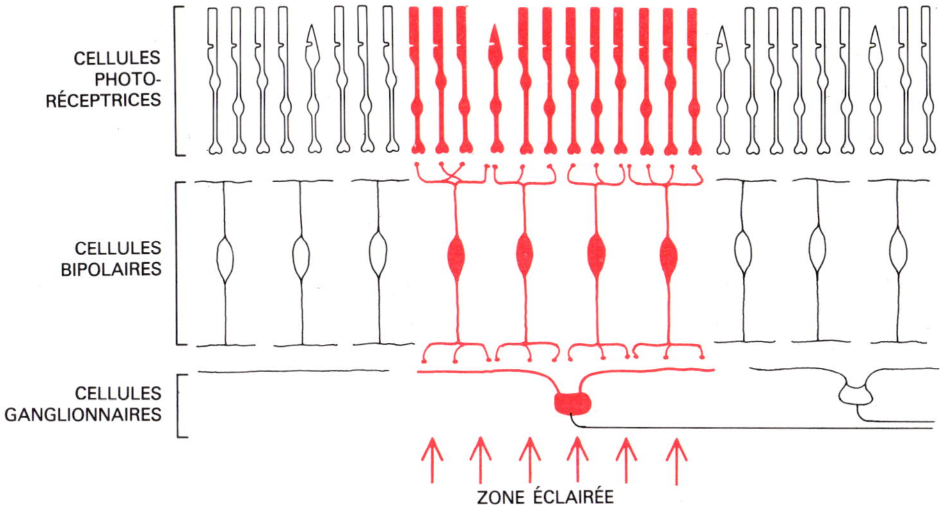

9. LA VOIE DIRECTE DE TRANSMISSION nerveuse de la rétine est assurée par trois sortes de neurones : les cellules photoréceptrices, les cellules bipolaires et les cellules ganglionnaires, représentées sur cet agrandissement. Une rétine constituée de ces types de cellules transmettrait les informations relatives à la lumière, mais ses cellules ganglionnaires n'y distingueraient aucun aspect particulier : elles ne donneraient qu'une réponse de type « centre » *(voir la figure 3 gauche p. 73).*

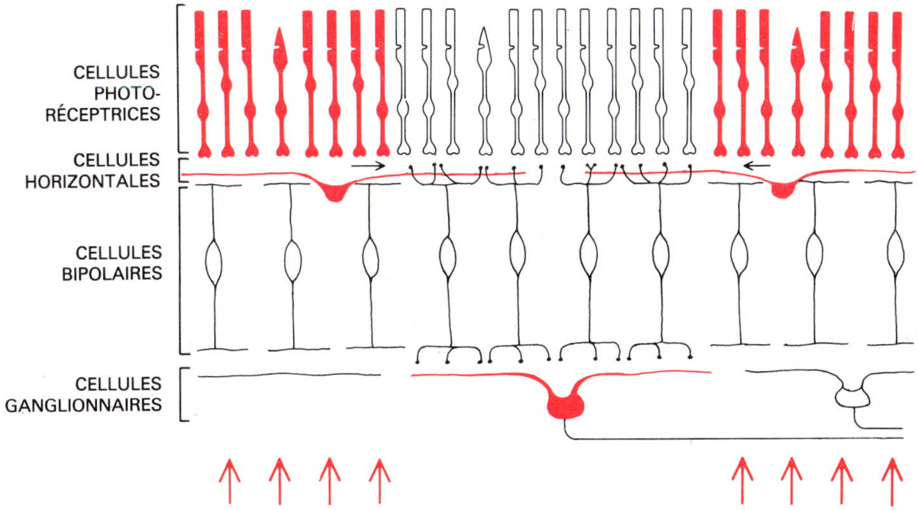

10. LES INTERACTIONS LATÉRALES peuvent expliquer des phénomènes particuliers comme l'antagonisme centre-périphérie dans le champ récepteur. Si les cellules horizontales ont sur les cellules bipolaires *(représentées par les flèches noires)* un effet opposé à celui des photorécepteurs, la réponse à un éclairement de la périphérie sera l'inverse de la réponse à un éclairement du centre. Le détail des connexions des cellules horizontales n'est pas parfaitement connu.

méthode de marquage fluorescent, nous savons étudier beaucoup d'autres cellules.

L'évaluation de la taille et de la densité des cellules cholinergiques nous a réservé une surprise de taille : les cellules se recouvrent mutuellement, notamment à la périphérie de la rétine ; le chevauchement y est considérable puisqu'en un point on peut compter jusqu'à 140 ramifications de cellules amacrines cholinergiques superposées. B. Boycott et H. Wässle avaient établi dans leurs travaux qu'il existait un léger chevauchement, bien différent de celui que nous avons découvert ! Une explication possible de cette disposition redondante tient aux types de stimuli que traitent les cellules amacrines. Selon des études électrophysiologiques antérieures, les cellules amacrines cholinergiques excitent certaines cellules ganglionnaires, et notamment les cellules sensibles à la direction. Nous savons que ces cellules ganglionnaires détectent les mouvements de minuscules spots lumineux (plus fins que leur champ dendritique et que celui des cellules amacrines cholinergiques). Comme la plupart des neurones transmettent simultanément le même message par toutes leurs synapses, les cellules amacrines devraient libérer de l'acétylcholine en tous points de leurs ramifications dendritiques, quel que soit le point excité à l'origine. Comment est-il possible que des cellules dont les prolongements sont si étendus, véhiculent des informations précises sur des stimuli plus petits qu'elles ?

Nous supposons que les dendrites des cellules amacrines sont électriquement isolées, de telle sorte qu'une région peut transmettre très localement de l'acétylcholine à une cellule ganglionnaire à l'exclusion des sites environnants ; cette hypothèse concorde avec la structure des cellules amacrines où les signaux d'entrée et de sortie se côtoient sur la même ramification. L'activité électrique des cellules amacrines cholinergiques se traduit par des potentiels gradués et non par des potentiels d'action qui se propageraient dans l'ensemble de leurs ramifications : les activités électriques restent localisées au voisinage du point de stimulation initial. Il n'existe actuellement aucune preuve de l'existence d'un tel mécanisme, mais il semble difficile d'expliquer autrement la finesse de résolution des cellules sélectionnant les directions. De plus, ce mécanisme expliquerait également l'extrême densité du réseau dendritique des cellules amacrines cholinergiques, indispensable à la détection d'un stimulus, aussi faible soit-il en n'importe quel point du champ récepteur.

Les cellules amacrine *AII*

Nous mentionnerons un deuxième type de cellules amacrines : les cellules *AII,* qui diffèrent des cellules cholinergiques par l'étroitesse de leur champ dendritique. En adaptant notre méthode d'injection guidée par fluorescence, David Vaney, de l'Université de Cambridge, a mis en évidence la mosaïque que ces cellules dessinent. Ces cellules sont très abondantes et recouvrent toute la surface de la rétine, mais elle sont si petites que leurs dendrites se chevauchent assez peu.

Après des années de travail acharné dans divers laboratoires, on peut aujourd'hui répondre à la question posée il y a plusieurs années par H. Kolb et Edward Famiglietti : pourquoi les cellules ganglionnaires réagissent-elles à une lumière de faible intensité, alors que les cellules bipolaires, activées par les bâtonnets (qui sont les seuls à réagir à une lumière de faible intensité) ne leur transmettent pas de message par voie synaptique directe ? On sait bien que les Chats (comme la plupart des Mammifères) voient même en l'absence presque totale de lumière alors que leurs cellules ganglionnaires ne reçoivent pratiquement pas d'informations directes transmises par les cellules bipolaires pour bâtonnets.

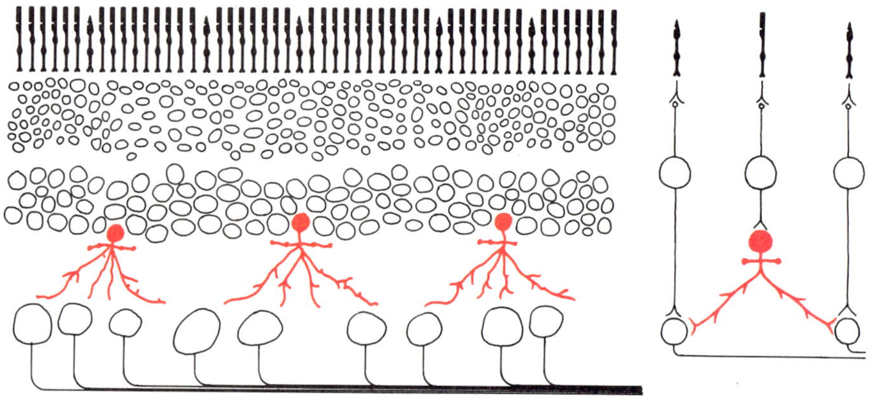

11. LES CELLULES AMACRINE *AII (en couleur)* sont situées entre les cellules bipolaires pour bâtonnets et les cellules ganglionnaires *(à gauche)*, et font le lien entre elles *(à droite)* ; ce dessin est très schématique : une cellule amacrine *AII* est en réalité connectée de diverses façon à différents types de cellules ganglionnaires.

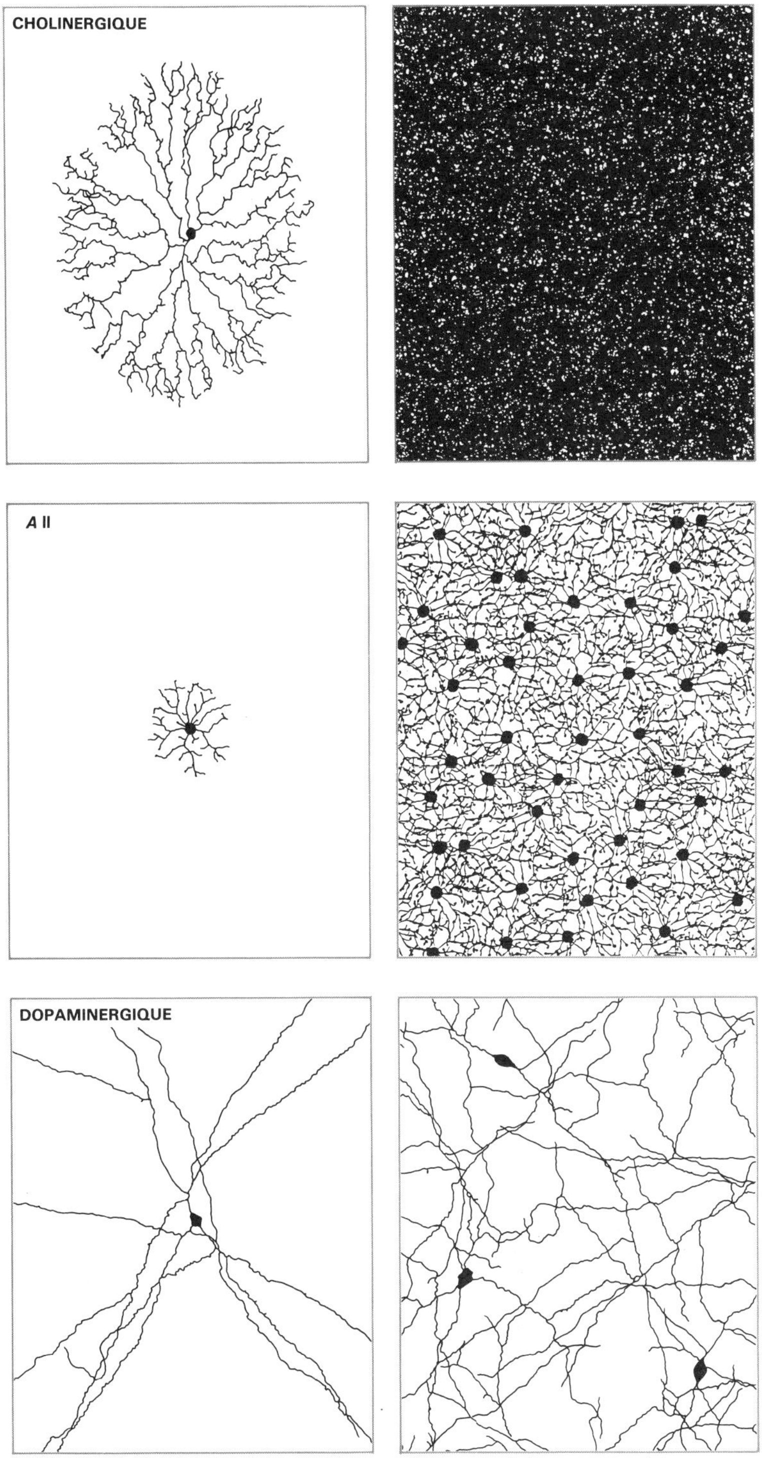

12. LES MOSAÏQUES de différents types de cellules amacrines tapissent la rétine de diverses façons. On a représenté trois types de cellules sur une rétine à plat. Chaque cellule isolée est représentée à gauche, tandis qu'à droite on a dessiné la mosaïque qu'on obtiendrait en colorant simultanément toutes les cellules du même type.

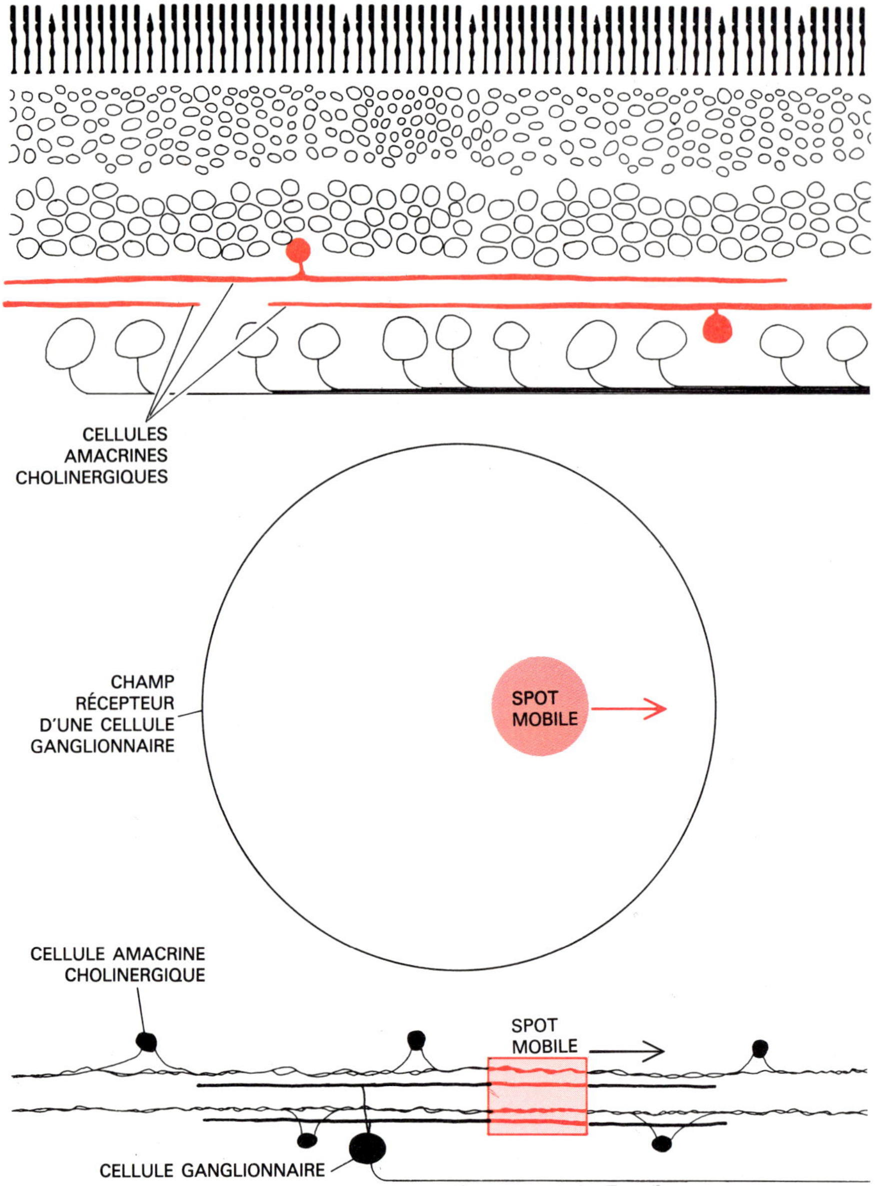

13. LA RÉSOLUTION DES CELLULES AMACRINES CHOLINERGIQUES vient de ce que leurs dendrites sont à la fois le siège de processus d'entrée et de sortie, et que leur action en un point donné est indépendante du reste de la cellule. Sur cette coupe de l'ensemble de la rétine *(en haut)*, on a représenté schématiquement (en couleur) les cellules amacrines cholinergiques. Les bords d'un spot, se déplaçant dans le champ récepteur d'une cellule ganglionnaire *(au milieu)*, ne stimulent que certaines régions de la mosaïque formée par les dendrites des cellules amacrines *(en bas)* ; les dendrites cholinergiques n'excitent que la cellule ganglionnaire située dans la zone stimulée.

La réponse tient essentiellement à la présence des cellules amacrines *AII*, et à leur double fonction. Comme la plupart des autres cellules amacrines, elles transmettent aux cellules ganglionnaires une réponse temporaire qui accentue le stimulus ; elles établissent également un lien entre les cellules bipolaires pour bâtonnets, et les cellules ganglionnaires. C'est pourquoi les cellules ganglionnaires fonctionnent aussi bien en lumière forte qu'en lumière tamisée. Ces différentes connexions intègrent les cellules amacrines *AII* à la voie directe de transmission des données visuelles, qui va des bâtonnets aux cellules ganglionnaires en passant par les cellules bipolaires, puis par les cellules *AII*. Dès lors, on comprend mieux la fonction de ces amacrines *AII*, cellules petites et très denses : elles assurent une bonne résolution tout le long du trajet principal de l'information visuelle.

Les cellules dopaminergiques sont peu nombreuses

On identifie le troisième type de cellules tout comme le premier, grâce à son neurotransmetteur, la dopamine. Nous avons montré, avec M. Tauchi, que l'on pouvait utiliser une technique d'injection comparable à celle appliquée à l'étude des cellules cholinergiques. Contrairement aux précédentes, les cellules dopaminergiques sont particulièrement rares dans la rétine. Ainsi, une rétine de Lapin contient environ 350 000 cellules ganglionnaires et 300 000 cellules amacrines cholinergiques, contre seulement 8500 cellules amacrines dopaminergiques. De plus, leurs dendrites sont peu nombreuses et peu ramifiées, ce qui dessine une mosaïque très aérée, à la différence des précédentes.

La fonction précise des cellules dopaminergiques reste encore mystérieuse et pourtant leur grande dispersion laisse supposer que ces cellules n'interviennent pas dans les processus nécessitant une haute résolution spatiale. L'extrême densité de la mosaïque des cellules amacrines cholinergiques permet de localiser avec précision un petit spot lumineux fin se déplaçant sur la rétine ; en revanche, ce même faisceau aurait toutes les chances de tomber dans un des « vides » de la mosaïque lâche des cellules dopaminergiques. En d'autres termes, il est tout à fait improbable que ces cellules commandent les caractéristiques des champs récepteurs des cellules ganglionnaires. D'après les observations que John Dowling et B. Ehinger (Harvard) ont réalisées au microscope électronique, les cellules dopaminergiques ne forment des synapses qu'avec d'autres cellules amacrines, et n'ont pas de lien avec la voie directe de transmission de la rétine. De plus, certaines expériences sur l'électrophysiologie de la rétine ont révélé que les cellules dopaminergiques n'ont qu'une influence vague et mal définie sur l'activité des cellules ganglionnaires. En fait leur fonction serait assez diffuse : par exemple de moduler l'excitabilité générale des neurones des couches rétiniennes internes.

Les cellules accumulant des indolamines (des neurotransmetteurs chimiques analogues à la sérotonine) représentent le dernier type de cellules amacrines étudié ici. Nous avons, avec Julie Sandell, marqué une rétine par la 5-7 dihydroxytryptamine fluorescente, un analogue de la sérotonine, et étudié la morphologie de ces cellules.

Nous avons constaté que cette classe de cellules amacrines se subdivise en cinq types morphologiques distincts. Toutefois, leurs points communs sont si nombreux qu'il est préférable de les considérer comme une même famille de cellules plutôt que comme des types de cellules aux fonctions indépendantes. Tout d'abord, la taille,

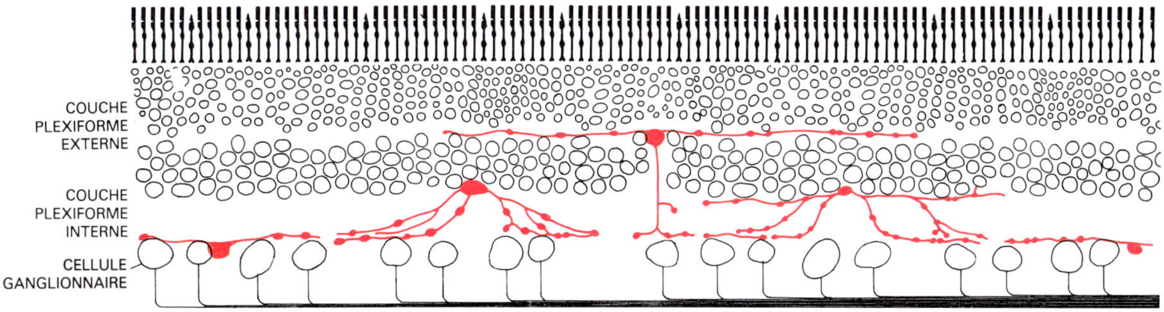

14. LES CELLULES ACCUMULANT L'INDOLAMINE *(en couleur)* ont cinq formes différentes. Quatre d'entre elles sont comparables aux autres cellules amacrines, tandis que la cinquième fait le lien entre les couches plexiformes interne et externe. Les cinq types de cellules ont des ramifications qui s'étendent jusqu'au niveau inférieur de la couche plexiforme interne, où elles se connectent pratiquement toutes aux cellules bipolaires pour bâtonnets. Ces cellules ouvrent donc cinq voies de transmission différentes qui ont toutes la même destination. Ces cellules ont des formes différentes, mais leurs points communs sont si nombreux qu'on les considère comme une même famille.

la forme et les ramifications de leurs dendrites sont comparables, et bien distincts de ceux des autres types de cellules amacrines ; ensuite, elles transportent et accumulent le même analogue de la sérotonine. Enfin, et surtout, leurs dendrites s'intègrent dans un réseau très dense, qui tapisse la face interne de la couche plexiforme interne. Elles y développent un type particulier de synapses, les synapses réciproques, avec les extrémités des cellules bipolaires pour bâtonnets.

C'est à l'extérieur de ce réseau que se manifestent des différences entre cellules, comme en témoignent leurs connexions synaptiques et leurs formes générales. Les cellules accumulant l'indolamine sont extrêmement ramifiées, et sont connectées à pratiquement toutes les cellules bipolaires pour bâtonnets ; elles pourraient intervenir lorsque les intensités lumineuses sont très faibles. On en déduit logiquement que les cinq variétés de cellules accumulant l'indolammine tracent cinq types de liaisons entre les cellules bipolaires pour bâtonnets et d'autres neurones rétiniens.

Les neurones rétiniens sont miniaturisés

Comme on peut en juger par ce petit échantillon de cellules amacrines, la rétine contient un grand nombre de circuits extrêmement sophistiqués qui rendent aux neurobiologistes la tâche bien complexe. « Puisque la rétine passe pour être un système simple, se lamentent-ils, comment se fait-il qu'elle soit plus compliquée que les autres structures du cerveau ? » On peut répondre à cela que si la rétine semble si compliquée, c'est seulement parce qu'on la connaît mieux. (L'angoisse des spécialistes est, bien entendu, qu'il s'agisse effectivement d'une structure simple, qui ne donnerait qu'un avant-goût prometteur de ce que serait une structure compliquée telle que le cortex). Avançons pourtant quelques suggestions.

La fonction de la rétine — la conversion des signaux lumineux en trains d'impulsions nerveuses pertinents — requiert en fait une machinerie très complexe. En traitant de l'organisation de deux types de champs récepteurs des cellules ganglionnaires, nous n'avons abordé, dans cet article, qu'un seul aspect du codage, par la rétine, des signaux visuels. Nous avons ainsi occulté une capacité remarquable de la rétine : elle est capable de modifier ses propres niveaux de sensibilité en adaptant ses réponses à tous les stades du processus de transmission des signaux visuels. C'est précisément grâce à ces adaptations que la plupart des Mammifères voient de jour comme de nuit (l'intensité de la lumière maximale pouvant être dix milliards de fois plus forte que l'intensité minimale détectable). De plus, la rétine des humains et de quelques autres Vertébrés transmet au cerveau des informations concernant les longueurs d'onde des signaux lumineux reçus : c'est ainsi que l'on perçoit les couleurs. Les fonctions remplies par la rétine sont donc multiples et élaborées : il n'est pas surprenant que ses circuits le soient également.

En outre, nous pensons que même des fonctions apparemment simples imposent parfois des circuits très sophistiqués. Rien ne laissait prévoir, par exemple, que les cellules bipolaires pour bâtonnets ne se connectent pas directement aux cellules ganglionnaires, mais par l'intermédiaire des cellules amacrines *AII*. Ce mode de communication semble illogique, non seulement parce qu'il est indirect, mais aussi parce qu'il augmente la dispersion latérale (si petite soit-elle), ce qui restreint l'acuité visuelle ; puisque les cellules bipolaires pour cônes se connectent directement aux cellules ganglionnaires, pourquoi n'en va-t-il pas de même des cellules bipolaires pour bâtonnets ? Parce que les cellules *AII* aident à résoudre une difficulté qui, pour l'instant, nous échappe ? A moins que, plus simplement, la fonction des bâtonnets étant la vision aux faibles éclairements, le câblage sacrifie délibérément l'acuité visuelle à l'amélioration de la sensibilité absolue.

Quoi qu'il en soit un fait est certain : la rétine condense un grand nombre de fonctions complexes dans un espace très réduit. En fait, toutes les composantes du système nerveux central sont soumises à des contraintes d'encombrement, mais ce phénomène est poussé à son paroxysme dans la rétine. A cela, deux raisons : les cellules

15. CETTE COUCHE PLEXIFORME INTERNE agrandie 42 500 fois au microscope électronique *(en haut)* est due à Ramón Dacheux et Elio Raviola, de la Faculté de médecine de Harvard. On y distingue les dendrites de plusieurs neurones dont quelques-uns ont été schématisés au-dessous. La couleur noire d'une des dendrites indique qu'il s'agit d'une cellule accumulant l'indolamine. Le colorant fluorescent habituel a été rendu opaque aux électrons par une technique mise au point par J. Sandell et l'auteur. On distingue également au voisinage des synapses *(flèches)* des vésicules *(petits cercles)* contenant les neurotransmetteurs.

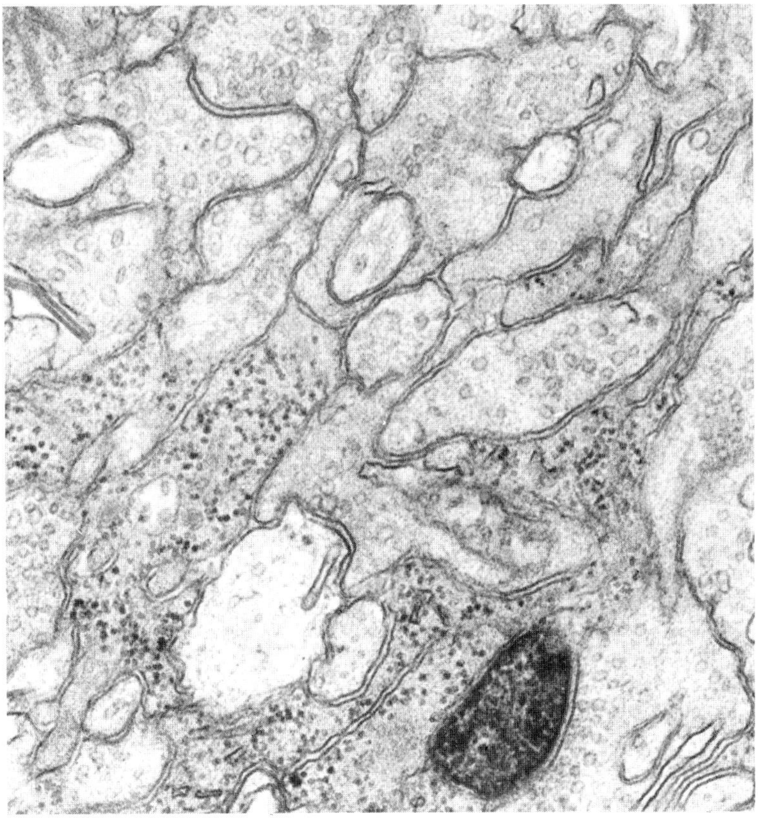

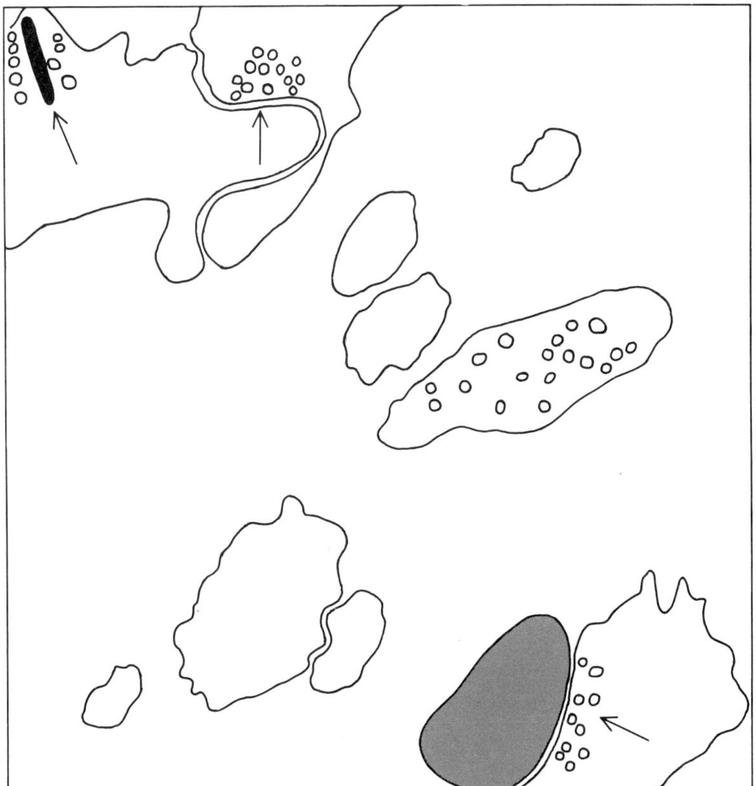

rétiniennes sont très rapprochées pour optimiser l'acuité visuelle et la rétine doit être extrêmement fine (un dixième de millimètre, chez le Lapin), afin que la lumière pénètre jusqu'aux cônes et aux bâtonnets. Un millimètre carré du centre d'une rétine de Lapin ne renferme pas moins de 9,4 mètres de dendrites des seules cellules cholinergiques ! Si l'on y ajoute les dendrites de toutes les autres cellules rétiniennes, on imagine l'incroyable densité des ramifications. Il n'est donc pas surprenant que les neurones rétiniens soient plus petits que la plupart des autres neurones : s'ils avaient la même taille que ceux du cerveau, l'œil humain aurait la taille d'une petite orange. La rétine est bien un miracle de miniaturisation.

Les recherches sur l'architecture de la rétine entrent à présent dans une nouvelle phase : la reconstruction, en trois dimensions, de groupes de neurones dont les fonctions sont liées. Il est possible de combiner les méthodes que nous avons utilisées pour déterminer la forme des neurones rétiniens, à l'étude au microscope électronique : en choisissant des colorations adaptées, le chercheur identifie plus facilement les dendrites d'une cellule donnée dans les broussailles des couches plexiformes. La miniaturisation, qui est parfois un inconvénient incontournable, est au contraire un avantage appréciable dans ce cas : la densité des cellules permet de reconstruire des circuits rétiniens complets, d'après les microphotographies électroniques de coupes en série de rétine.

Ces recherches ne font que commencer, et pourtant l'importance des modèles à trois dimensions des circuits neuronaux est évidente : ils décrivent précisément l'architecture et les interconnexions des cellules rétiniennes. D'autres recherches seront nécessaires avant que nous ne comprenions si ces circuits fonctionnent par transmission chimique ou électrique. Ce n'est qu'alors que les travaux commencés par Ramón y Cajal, il y a près d'un siècle, seront achevés.

Des synapses qui détectent le mouvement

6

Comment les cellules nerveuses traitent-elles l'information qu'elles reçoivent de l'environnement ? L'étude des cellules de l'œil qui détectent les mouvements a révélé un mécanisme commun à de nombreuses opérations nerveuses.

Tomaso Poggio et Christof Koch

De tous les ordinateurs, le cerveau est le plus complexe et le plus puissant ; ses composants sont bien plus mystérieux que ceux des ordinateurs actuels. Les capacités de calcul des puces de silicium dont sont formés les ordinateurs nous sont familières et compréhensibles, car elles ont été conçues par l'Homme, alors que le fonctionnement des sous-unités fonctionnelles du cerveau reste embué de mystère. On connaît le fonctionnement du matériel et du logiciel en informatique ; par quels mécanismes élémentaires le « cerviciel » traite-t-il l'information? Quelles opérations réalise-t-il? Le cerveau contient-il des équivalents biologiques des transistors et des diodes ?

Le neurone, ou cellule nerveuse, est l'unité élémentaire de traitement de l'information dans le cerveau. Au début du XXe siècle, on avait découvert que les neurones traitent l'information en émettant des signaux électriques, appelés potentiels d'action, et, en 1943, Warren McCulloch et Walter Pitts, de l'Institut de technologie du Massachusetts, proposèrent un modèle d'activité neuronale : chaque neurone calculerait la somme algébrique des signaux excitateurs et inhibiteurs envoyés par les cellules voisines, et émettrait un potentiel d'action lorsque cette somme serait supérieure à un certain seuil ; il resterait ainsi inactif tant que le voisinage serait « silencieux ». Il était facile de montrer — W. McCulloch et W. Pitts l'ont fait — que des circuits constitués de telles unités étaient capables de toutes les opérations logiques; ces neurones idéalisés pouvaient donc, en principe, constituer les éléments de base d'ordinateurs numériques complexes.

Malgré son utilité, le modèle de W. McCulloch et W. Pitts n'est plus adéquat et, depuis plusieurs années, on sait que les cellules nerveuses sont beaucoup plus complexes qu'on ne le supposait : ces cellules assurent des fonctions de traitement de l'information très diverses ; leur membrane, qui produit et achemine de nombreux types de signaux électriques, peut même adapter ses propriétés électriques aux stimuli de longue durée ; en outre, de nombreux neurones n'émettent aucun potentiel d'action, au sens classique du terme. Bien que la production et la propagation des potentiels d'action jouent certainement un rôle fondamental dans le traitement de l'information par les neurones, il existe bien d'autres mécanismes de traitement dans les membranes neuronales et entre elles dont les rôles sont encore inconnus.

Afin d'élucider un de ces mécanismes, nous étudions comment l'œil détecte le mouvement et, notamment, la direction dans laquelle se déplacent les stimuli visuels. Notre but est de connaître le mécanisme biophysique de la détection des mouvements et d'en rechercher les limites dans le cerveau. Nous avons déjà découvert un nouveau mécanisme de traitement de l'information, intervenant sans doute dans de nombreux autres types d'opérations nerveuses. Nous espérons que les réponses à nos questions relativement simples permettront de comprendre le déroulement de fonctions complexes, comme la transformation, commune à tous les systèmes nerveux, des signaux sensoriels en commandes motrices, la perception, la pensée.

L'œil et les neurones sensibles à la direction

La structure du cerveau est aussi complexe que les fonctions cérébrales sont diversifiées : le cerveau compte plus de 100 milliards de neurones, et la plupart des neurones reçoivent et envoient des signaux à des milliers d'autres cellules. Les neurones sont composés d'un corps cellulaire, contenant la « machinerie métabolique » qui les fait vivre, de plusieurs prolongements très fins appelés dendrites, et d'un prolongement un peu plus épais : l'axone. Généralement les neurones reçoivent par les dendrites les signaux provenant des autres cellules, et ils agissent sur les diverses cellules cibles par leur axone. A l'intérieur des neurones, les signaux sont chimiques ou électriques ; à l'extérieur, les communications sont assurées par des substances chimiques, les neuromédiateurs, sécrétées aux jonctions appelées synapses (voir la figure 2).

Les cellules que nous étudions sont les cellules ganglionnaires dont les axones constituent le nerf optique, qui relie l'œil au cerveau.

La plupart des organismes doués de vision sont sensibles à la direction du mouvement des stimuli visuels. Les neurones de la rétine sensibles à la direction du mouvement – on les appelle les cellules sensibles à la direction – reconnaissent le mouvement dans une seule direction : un mouvement dans cette direction « préférentielle » suscite une activité neuronale importante, alors que la cellule ne réagit pas au mouvement dans la direction opposée, appelée direction « nulle ».

Les premières études de ce phénomène datent de 1963, quand Horace Barlow et William Levick découvrirent des cellules ganglionnaires sensibles à la direction dans la rétine de Lapin. Les deux neurophysiologistes avaient stimulé les cellules de la rétine en éclairant successivement deux fentes, afin de reproduire un mouvement, et mesuré les réponses des neurones en enregistrant l'activité électrique au voisinage du corps de la cellule ganglionnaire, à l'extérieur de la cellule. Ils éclairaient d'abord chaque fente séparément et enregistraient la réaction neuronale pour chaque éclairement ; puis ils simulaient un mouvement en éclairant successivement les deux fentes – d'abord la gauche puis la droite, ou inversement – et mesuraient les activités électriques résultantes (voir la figure 3).

Un mouvement dans la direction préférentielle produisait des potentiels d'action, tandis qu'un mouvement dans la direction opposée ne suscitait aucune réaction ; en outre, le mouvement apparent dans la direction opposée engendrait une réaction moins importante que celle due à l'éclairement d'une seule fente. Cette observation était étonnante, car la quantité de lumière stimulant les cellules photoréceptrices, lors de l'éclairement successif des deux fentes, était deux fois supérieure à la quantité de lumière émise quand on éclairait une seule fente : la réponse dans la direction opposée était beaucoup plus faible que celle que l'on attendait.

Les deux expérimentateurs conclurent que les cellules réagissaient à la direction du mouvement par une sorte de mécanisme de *« veto »* : la faible réponse au mouvement dans la direction nulle indiquait, non pas une simple absence de sensibilité, mais un freinage actif, ou *veto,* du à l'excitation. A l'époque, on savait que les cellules nerveuses envoient deux types de signaux : des signaux excitateurs, qui favorisent la production des potentiels d'action, et des signaux inhibiteurs qui s'y opposent, et l'on imaginait sans peine que les excitations puissent être annulées par les inhibitions. Comment les deux types de signaux étaient-ils couplés ? La réaction neuronale était étonnante, car l'éclairement successif des fentes dans l'une ou l'autre des deux directions active les mêmes photorécepteurs inhibiteurs et excitateurs ; la seule différence est la chronologie des stimuli.

Afin d'expliquer leurs observations, H. Barlow et W. Levick proposèrent un modèle général de la réaction rétinienne au mouvement, ce modèle s'inspirait du travail des chercheurs allemands Werner Reichardt et Bernhard Hassenstein, qui avaient étudié, vers 1950, la détection du mouvement par le système visuel des Insectes. Selon H. Barlow et W. Levick, les photorécepteurs connectés aux cellules ganglionnaires sensibles à la direction devaient être disposés de telle façon qu'un stimulus se déplaçant dans la direction préférentielle activait des photorécepteurs excitateurs avant d'atteindre des photorécepteurs inhibiteurs ; le mouvement dans la direction préférentielle ne devait ainsi produire des inhibitions qu'après les excitations.

Selon H. Barlow et W. Levick, les signaux

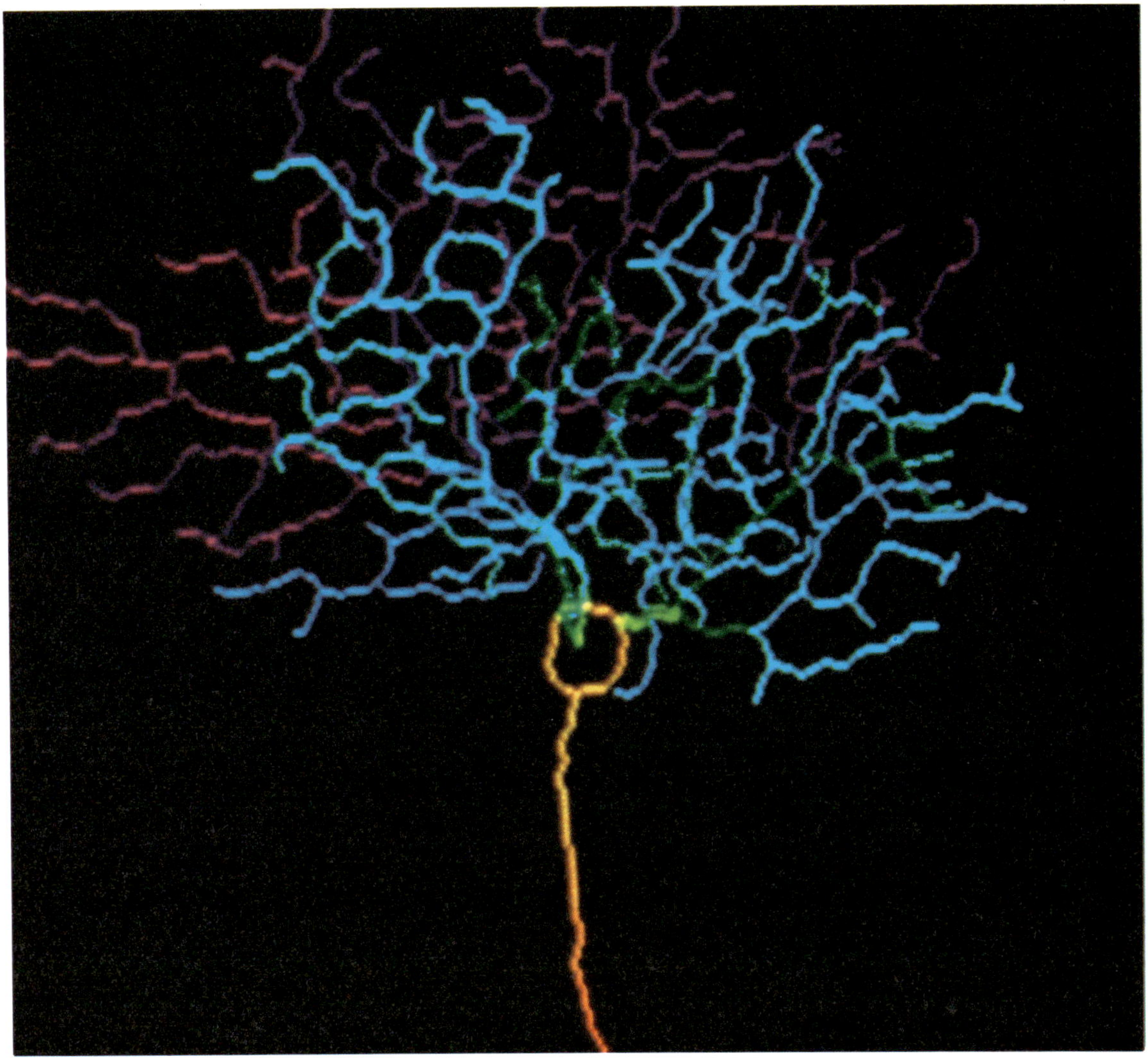

1. CERTAINES CELLULES GANGLIONNAIRES, dans la rétine, sont sensibles à la direction vers laquelle un stimulus visuel se déplace. Ces cellules réagissent au mouvement dans une direction en envoyant des signaux électriques au cerveau ; elles ignorent le mouvement dans la direction opposée. F. Amthor et ses collègues de l'Université de l'Alabama ont identifié et coloré cette cellule de la rétine de Lapin. Les couleurs permettent de distinguer différentes couches de prolongements cellulaires (x 4 250).

inhibiteurs devaient en outre se déplacer plus lentement que les signaux excitateurs. Activés par un mouvement dans la direction préférentielle, les signaux excitateurs devaient distancer facilement les signaux inhibiteurs : ils se propageaient à travers les diverses couches de cellules rétiniennes jusqu'au corps des cellules ganglionnaires, où ils devaient déclencher l'apparition de potentiels d'action ; en raison du décalage temporel, les signaux inhibiteurs arrivaient trop tard pour s'opposer aux signaux excitateurs. En revanche, pour les mouvements dans la direction nulle, les récepteurs inhibiteurs auraient été activés les premiers, mais les signaux excitateurs les auraient rattrapés et annulés.

Le modèle de H. Barlow et W. Levick explique également pourquoi les stimuli visuels immobiles, qui activent simultanément les photorécepteurs inhibiteurs et excitateurs, activent plus les cellules ganglionnaires que les stimuli se déplaçant dans la direction nulle, lesquels font d'abord apparaître des signaux inhibiteurs. En outre,

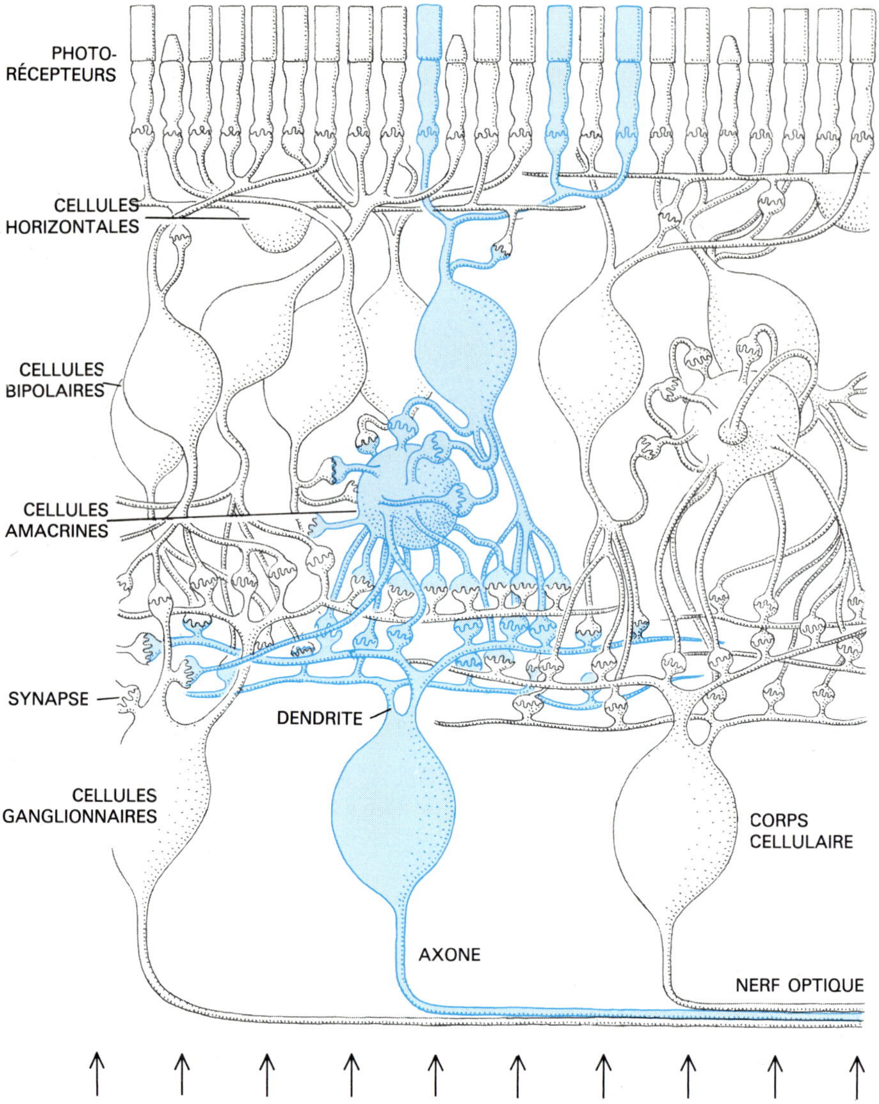

2. UN RÉSEAU COMPLEXE DE CELLULES RÉTINIENNES, – horizontales, bipolaires, amacrines, ganglionnaires – traite les stimuli visuels et transmet l'information sensorielle au cerveau. On notera que la cellule bipolaire colorée est une cellule pour bâtonnets et qu'elle est connectée à la cellule ganglionnaire à la fois directement et par l'intermédiaire d'une cellule amacrine.

comme les cellules ganglionnaires réagissent différemment quand on déplace très légèrement les fentes dans le champ récepteur, à la fois dans la direction spécifique et dans la direction opposée, il semblait que l'opération de *veto* se produisait en plusieurs endroits dans les cellules nerveuses rétiniennes.

Quel processus biophysique était-il alors responsable de l'étrange mécanisme de *veto* ?

Le fonctionnement des neurones

Pour comprendre comment des neurones produisent des signaux électriques, examinons les événements qui précèdent la décharge. Nous avons vu que chaque dendrite d'un neurone reçoit les signaux provenant de plusieurs centaines de cellules « présynaptiques ». Quand le potentiel d'action d'une cellule présynaptique atteint une synapse, il fait libérer une substance appelée

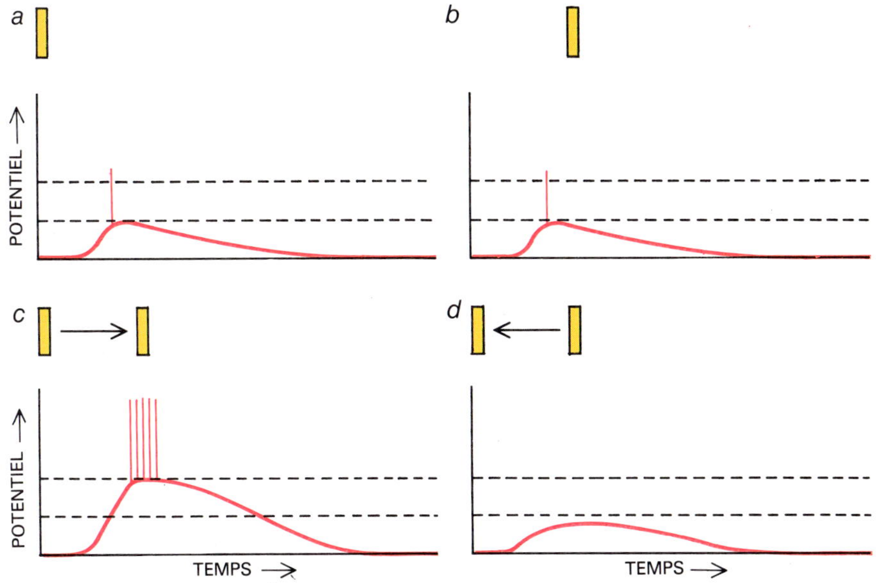

3. L'ACTIVITE ÉLECTRIQUE DES CELLULES GANGLIONNAIRES a permis d'imaginer le mécanisme de la détection du mouvement. Dans les années 1960, Horace Barlow et William Levick, à l'Université de Berkeley, ont éclairé les rétines de Lapin à travers deux fentes, soit individuellement *(en haut)*, soit séquentiellement, pour simuler le mouvement *(en bas)*. L'éclairement individuel des fentes provoquait un potentiel d'action, c'est-à-dire une variation de potentiel électrique se propageant à d'autres cellules nerveuses (*a*, *b*). Le mouvement apparent dans une direction (que l'on appelle la direction « préférentielle ») produisait de nombreux potentiels d'action (*c*), alors que le mouvement dans la direction opposée (la direction « nulle ») donnait généralement une réponse plus faible (*d*). H. Barlow et W. Levick ont conclu qu'un mécanisme biophysique de *veto* bloquait sélectivement l'excitation provoquée par le mouvement dans la direction "nulle".

neuromédiateur dans la synapse. Ce neuromédiateur diffuse dans la fente synaptique entre les deux neurones et se lie à des récepteurs spécifiques situés dans la membrane de la dendrite « postsynaptique » ; la fixation du neuromédiateur provoque l'ouverture de canaux également situés dans la membrane du neurone postsynaptique, et ces canaux permettent à des ions (des molécules ou des atomes électriquement chargés) d'entrer dans la cellule nerveuse ou d'en sortir.

Les ouvertures et les fermetures de canaux ioniques déterminent l'état électrique du neurone. Les ions les plus importants qui interviennent dans le fonctionnement des neurones sont les ions sodium, les ions potassium et les ions chlorure. Des « pompes » situées dans la membrane font entrer certains ions, en font sortir d'autres : au total, on trouve plus d'ions potassium à l'intérieur de la cellule qu'à l'extérieur, et plus d'ions sodium et d'ions chlorure dans le liquide extracellulaire que dans la cellule. Ces différences de concentrations constituent, pour chaque espèce ionique, ce que l'on appelle des gradients de concentration.

En raison des dissymétries ioniques et du rôle joué par certaines molécules électriquement chargées, le potentiel électrique à l'intérieur des neurones est inférieur d'environ 60 à 90 millivolts au potentiel extracellulaire (autrement dit, la différence de potentiel entre les deux faces de la membrane cellulaire, ou potentiel de membrane, est environ 20 fois inférieure à la tension entre les bornes d'une pile de 1,5volts). Si l'on choisit comme potentiel de référence nul, celui du milieu extracellulaire, le potentiel intracellulaire est donc compris entre – 60 et – 90 millivolts ; ce « potentiel de repos » est celui que l'on mesure quand les neurones ne déchargent pas.

Quand un neuromédiateur libéré par une terminaison présynaptique ouvre des canaux ioniques postsynaptiques, des ions entrent dans la cellule, d'autres en sortent et le potentiel est localement modifié. La cellule est dépolarisée quand le potentiel intracellulaire augmente, hyperpolarisée quand le potentiel diminue, et,

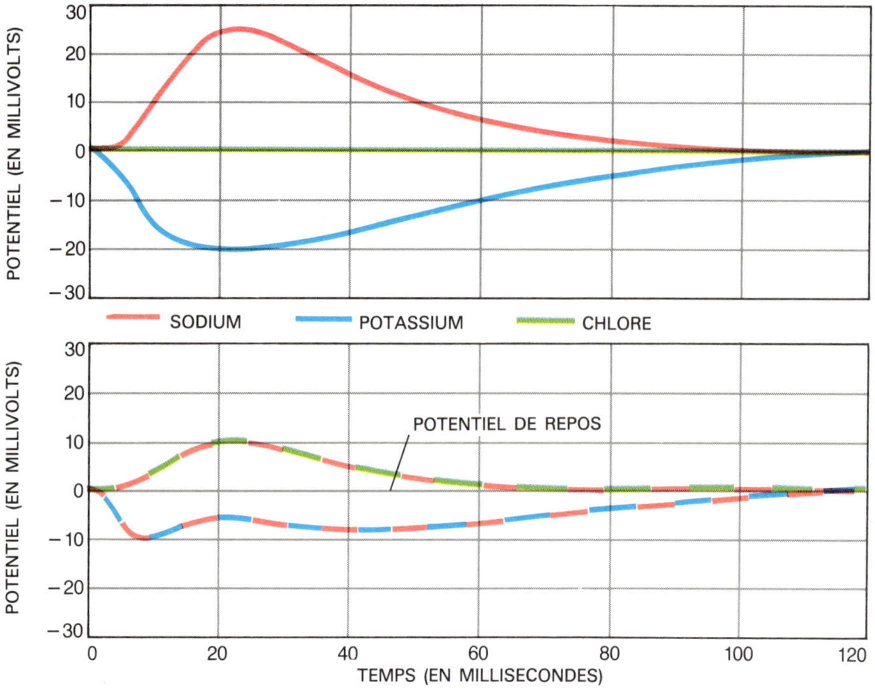

4. LES POTENTIELS NERVEUX résultent de variations des concentrations ioniques à l'intérieur de la cellule. Un potentiel postsynaptique excitateur, ou PPSE, (*en rouge*) est déclenché par l'entrée d'ions sodium (chargés positivement) dans la cellule, après qu'un stimulus excitateur a ouvert les « canaux sodium » de la membrane neuronale. Quand un stimulus inhibiteur ouvre des « canaux potassium », les ions potassium (chargés positivement) sortent de la cellule et produisent un potentiel postsynaptique inhibiteur, ou PPSI (*en bleu*). La répartition des ions chlorure ne change pas quand les « canaux chlore » sont seuls ouverts (*en vert*), mais, quand les "canaux chlore" et les "canaux sodium" s'ouvrent simultanément, les ions chlorure entrent dans la cellule et amortissent le potentiel postsynaptique excitateur ; cet effet est appelé l'inhibition silencieuse (*en rouge et en vert*). On constate que l'inhibition classique diminue le potentiel de la cellule quand l'inhibition interagit avec une excitation (*en rouge et en bleu*), alors que l'inhibition silencieuse augmente le potentiel intracellulaire.

dans les deux cas, la variation de potentiel se propage vers le corps cellulaire en s'amortissant, à la manière des signaux électriques dans les câbles sous-marins. Quand la dépolarisation qui atteint le corps cellulaire est assez importante, elle y crée un potentiel d'action. Les stimulations dépolarisantes sont donc excitatrices, et la variation de potentiel intracellulaire résultant d'une excitation est appelée potentiel postsynaptique d'excitation (PPSE) ; les stimulations inhibitrices, généralement hyperpolarisantes, font apparaître des potentiels postsynaptiques d'inhibition (PPSI).

Selon le type de canaux ioniques qu'elles commandent, certaines synapses transmettent des excitations, d'autres des inhibitions. Quand les canaux ioniques sont ouverts, la direction dans laquelle les ions se déplacent dépend des forces exercées par les gradients de concentration et les différences de potentiel. Ainsi les ions sodium, chargés positivement, diffusent vers l'intérieur de la cellule quand les « canaux sodium » sont ouverts, car le gradient de concentration et le gradient de potentiel favorisent tous deux un tel mouvement. Comme cet afflux d'ions sodium positivement chargés dépolarise la cellule nerveuse, les synapses qui commandent l'ouverture des canaux sodium sont excitatrices.

En vertu du même principe, les ions potassium, qui sont également positivement chargés, quittent les cellules quand les « canaux potassium » sont ouverts : le gradient de concentration est si élevé qu'il fait sortir les ions potassium en dépit du gradient de potentiel, qui tend à ramener les charges positives vers l'intérieur de la cellule. Comme la sortie des ions potassium positifs hyperpolarise la cellule, les synapses qui commandent les canaux potassium sont inhibitrices.

Une même cellule nerveuse peut recevoir simultanément de nombreux signaux excitateurs ou inhibiteurs. Ces signaux, c'est-à-dire les PPSE et les PPSI, se propagent vers le corps cellulaire et se conjuguent pour modifier le potentiel cellulaire. Jusqu'ici, on retrouve le modèle proposé par W. McCulloch et W. Pitts, qui s'applique à de nombreuses fonctions neuronales.

Vers la fin des années 1970, cependant, plusieurs observations indiquèrent que la simple interaction des excitations et des inhibitions ne pouvait rendre compte du veto intervenant lors de la détection du mouvement. Ainsi, par exemple, les expériences dans lesquelles on mesurait l'activité des cellules ganglionnaires en dérivation intracellulaire – et non plus extracellulaire – révélaient les interactions des PPSE et des PPSI et la génèse des potentiels d'action. Et elles montraient que quand une inhibition rencontre une excitation, la résultante est généralement, une hyperpolarisation (voir la figure 4). Dans le cas de la détection du mouvement, cependant, les enregistrements intracellulaires réalisés par Piero Marchiafava, du Centre italien de la recherche, à Pise, dans des rétines de Tortue montrèrent que l'interaction d'une excitation et d'une inhibition produit toujours une dépolarisation modérée, mais pas d'hyperpolarisation ; de fait, on n'a jamais détecté d'hyperpolarisation.

Les inhibitions silencieuses

En 1978, Vincent Torre, de l'Université de Gênes, et Tomaso Poggio ont imaginé un troisième type de mécanisme synaptique pour rendre compte de l'effet de veto observé lors de la détection du mouvement. Ce mécanisme est fondé sur un autre type d'inhibition, appelée inhibition silencieuse ou inhibition par dérivation, décrite dans les années 1950. Nous allons examiner ici le principe de cette inhibition à partir de l'exemple des ions chlorure, mais plusieurs expériences indiquent que les ions chlorure ne sont pas les seuls concernés.

Comme les ions sodium, les ions chlorure sont présents en plus grande concentration à l'extérieur des cellules qu'à l'intérieur, mais alors que les ions sodium sont positifs, les ions chlorure sont négativement chargés et, quand le neurone est au repos, le gradient de potentiel les empêche d'entrer dans la cellule. Comme le gradient de concentration et le gradient de potentiel se compensent mutuellement, rien ne se passe quand les canaux chlore d'une synapse inhibitrice silencieuse s'ouvrent : au total, la répartition des ions chlorure ne varie pas et le potentiel intracellulaire n'est pas modifié.

En revanche, quand une synapse inhibitrice silencieuse est activée en même temps qu'une synapse excitatrice, l'afflux rapide d'ions sodium dépolarise la cellule et rompt l'équilibre entre les deux gradients. L'effet répulsif du gradient de potentiel diminue, le gradient de concentration domine et fait entrer les ions chlorure dans le neurone : le résultat est une dépolarisation modérée, comme l'a observé P. Marchiafava dans la rétine de Tortue.

Pourquoi a-t-on appelé inhibition silencieuse ce type d'inhibition ? Parce qu'elle n'est détectable, par enregistrement du potentiel neuronal, que lorsqu'elle coïncide avec une excitation. Les inhibitions silencieuses n'étant actives que lors des coïncidences d'excitation et d'inhibition, elles n'apparaissent que lors des stimulations des photorécepteurs par les mouvements dans la direction nulle. Quand un stimulus visuel se déplace dans la direction préférentielle, le retard de l'inhibition par rapport à l'excitation bloque le veto et la cellule décharge de façon importante. Ainsi le concept d'inhibition silencieuse fournit une base concrète aux modèles abstraits proposés par W. Reichardt et B. Hassenstein, d'une part, et H. Barlow et W. Levick, d'autre part.

Le mécanisme d'inhibition silencieuse explique une autre caractéristique de la sélectivité des cellules ganglionnaires sensibles à la direction : il permet de prévoir que les synapses inhibitrices silencieuses doivent se trouver soit au même emplacement qu'une synapse excitatrice, soit quelque part entre la synapse excitatrice et le corps cellulaire ganglionnaire. Autrement dit, quelques synapses et un tout petit morceau de membrane dendritique permettent théoriquement de détecter un mouvement. Avec ce schéma, les deux signaux interagissent avant d'atteindre le corps cellulaire, ce qui rend compte du fait que le *veto* se produit probablement en plusieurs endroits différents, dans les neurones rétiniens.

Notre modèle est-il exact ? Jusqu'à quelle distance les synapses inhibitrice et excitatrice interagissent-elles ? Quels sont les emplacements optimaux des synapses et les configurations optimales des dendrites ? Nous avons étudié ces questions à l'aide de modèles informatiques.

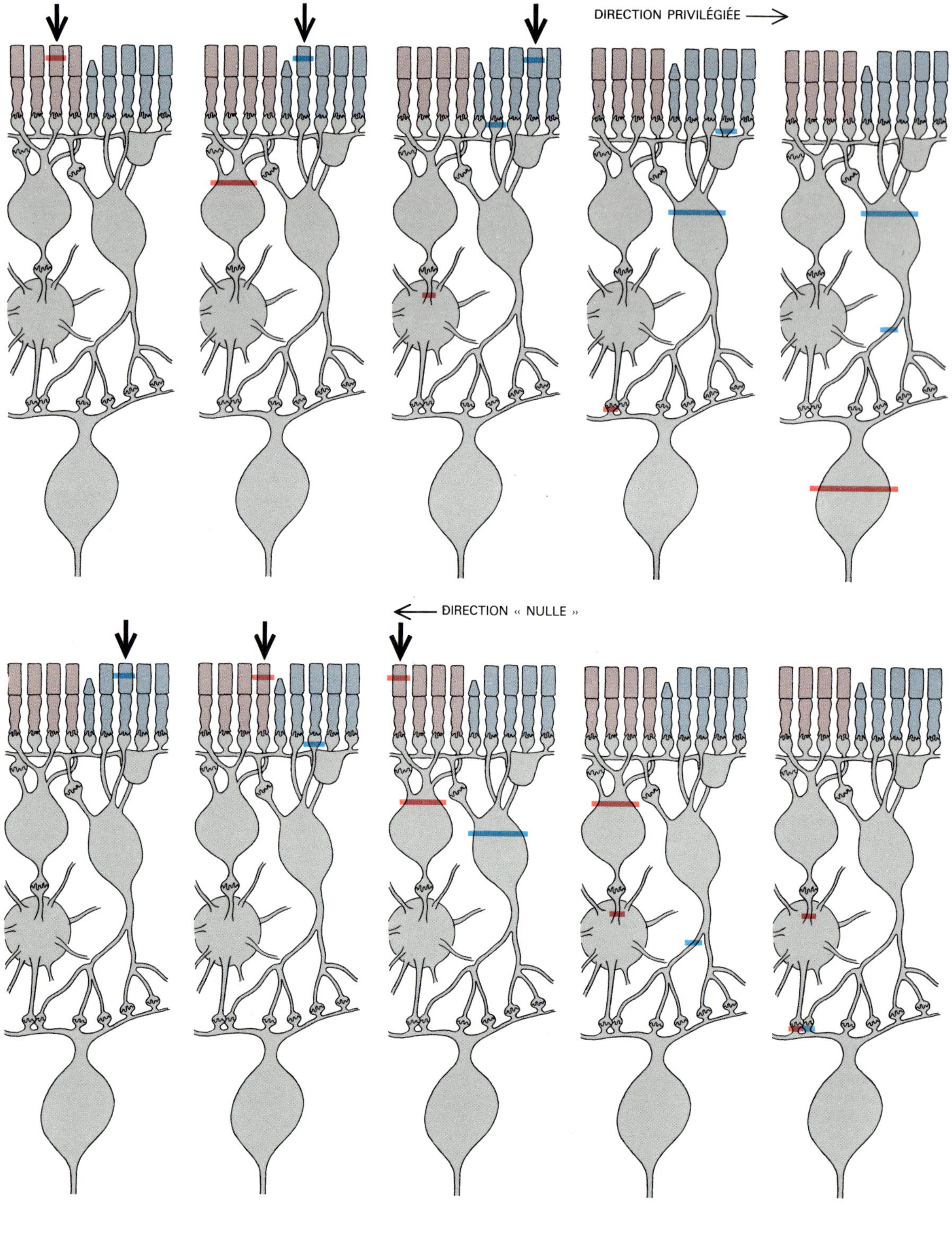
DIRECTION PRIVILÉGIÉE
DIRECTION « NULLE »

Les simulations

La théorie que nous utilisons dans nos simulations pour décrire la propagation des variations de potentiel électrique dans les cellules nerveuses est inspirée d'une théorie de Lord Kelvin, qui avait analysé, au XIXe siècle, la propagation du courant électrique dans les lignes transatlantiques de transmission téléphonique. Wilfrid Rall, de l'Institut américain d'Endocrinologie, de Gastroentérologie et de Rhumatologie, est le premier à avoir appliqué la théorie de Kelvin à la propagation des variations de potentiel dans les arbres dendritiques, et les premiers calculs ont été réalisés à l'Institut Max Planck, à Tübingen. Puis nous avons utilisé un programme de simulation de circuit appelé SPICE, mis au point il y a plus de dix ans, à l'Université de Berkeley.

Nous avons réalisé une version «personnalisée» de ce programme il y a environ trois ans avec Patrick O'Donnel, de l'Institut de Technologie du Massachusetts : à partir des descriptions anatomiques de la forme du neurone – la longueur et le diamètre de ses prolongements, etc. – notre version du programme SPICE établit un modèle approprié de réseau et assigne des propriétés électriques de l'arbre dendritique construit par l'ordinateur. Ce programme trace en couleur le parcours du potentiel nerveux en réponse à un stimulus synaptique que nous imposons.

Les simulations réalisées indiquent que le mécanisme que nous proposons est plausible : on observe des types d'activité électrique qui pourraient assurer une sensibilité à la direction. Nos simulations confirment également que l'inhibition silencieuse doit être un phénomène très localisé : son efficacité dépend des positions relatives des synapses excitatrices et inhibitrices sur l'arbre dendritique et, pour bloquer la propagation d'un potentiel postsynaptique excitateur, l'inhibition silencieuse doit se produire juste sur le chemin entre la synapse excitatrice et le corps cellulaire. Pour nos simulations, nous avons supposé que la membrane dendritique n'amplifie pas les signaux excitateurs, mais les résultats obtenus restent valables si l'on fait l'hypothèse contraire. La conclusion de nos études est que l'opération de veto a lieu en plusieurs endroits différents, sur l'arbre dendritique, mais toujours avant que les signaux n'atteignent le corps cellulaire.

5. LA PROPAGATION DES POTENTIELS NERVEUX jusqu'aux cellules ganglionnaires est différente selon que le mouvement percu a lieu dans la direction préférentielle (*en haut*) ou dans la direction nulle (*en bas*). Dans ce modèle, les cellules photoréceptrices liées à chaque cellule ganglionnaire sont disposées de telle facon qu'un stimulus visuel (*flèche épaisse*) se déplaçant dans la direction préférentielle active les récepteurs excitateurs (*en rouge*) avant les récepteurs inhibiteurs (*en bleu*). Nous supposons également que les signaux inhibiteurs (*barres bleues*) sont retardés par rapport aux signaux excitateurs (*barres rouges*). Quand un stimulus se déplace dans la direction préférentielle, les influx inhibiteurs ne rattrapent pas les influx excitateurs, qui produisent des potentiels d'action dans les corps cellulaires ganglionnaires, mais, lors des mouvements dans la direction nulle, le signal inhibiteur arrive sur la cellule ganglionnaire en même temps que le signal excitateur, et bloque la production de potentiel d'action. Il se pourrait que la compensation mutuelle des deux types de signaux et l'inhibition silencieuse constituent le mécanisme du *veto* proposé par H. Barlow et W. Levick. On notera que c'est par commodité que les photorécepteurs sont dits excitateurs ou inhibiteurs, en fait, ces caractères sont ceux des chaînes fonctionnelles dont ils constituent les premiers éléments.

Les tests anatomiques

On a, ces dernières années, recueilli des informations supplémentaires à partir d'enregistrements électriques à l'intérieur des cellules sensibles à la direction, et, ainsi, testé nos prévisions. Les enregistrements des cellules ganglionnaires de rétines de Tortue et de Crapaud semblent confirmer notre modèle d'interactions synaptiques. En outre, les tout derniers enregistrements intracellulaires de P. Marchiafava ont mis en évidence les mécanismes des inhibitions silencieuses, indétectables quand seules les synapses inhibitrices sont activées : en injectant un courant positif dans une cellule à l'aide d'une micro-électrode, P. Marchiafava a augmenté le potentiel intracellulaire de repos ; l'action isolée des signaux inhibiteurs silencieux est alors apparue, sous forme d'une hyperpolarisation.

D'autres neurophysiologistes ont décrit l'anatomie des cellules sensibles à la direction : en injectant des colorants fluorescents dans les cellules, Frank Amthor, Clyde Oyster et Ellen Takahashi, de l'Université d'Alabama, ont obtenu une image précise des cellules rétiniennes de Lapin que H. Barlow et W. Levick avaient étudiées il y a 20 ans. A l'Université Johns Hopkins, Ralph Jensen et Robert DeVoe ont effectué les mêmes études sur des cellules ganglionnaires de Tortue, avec le même succès : les cellules qu'ils ont observées possèdent des dendrites très ramifiées avec des extensions très fines, de sorte que le

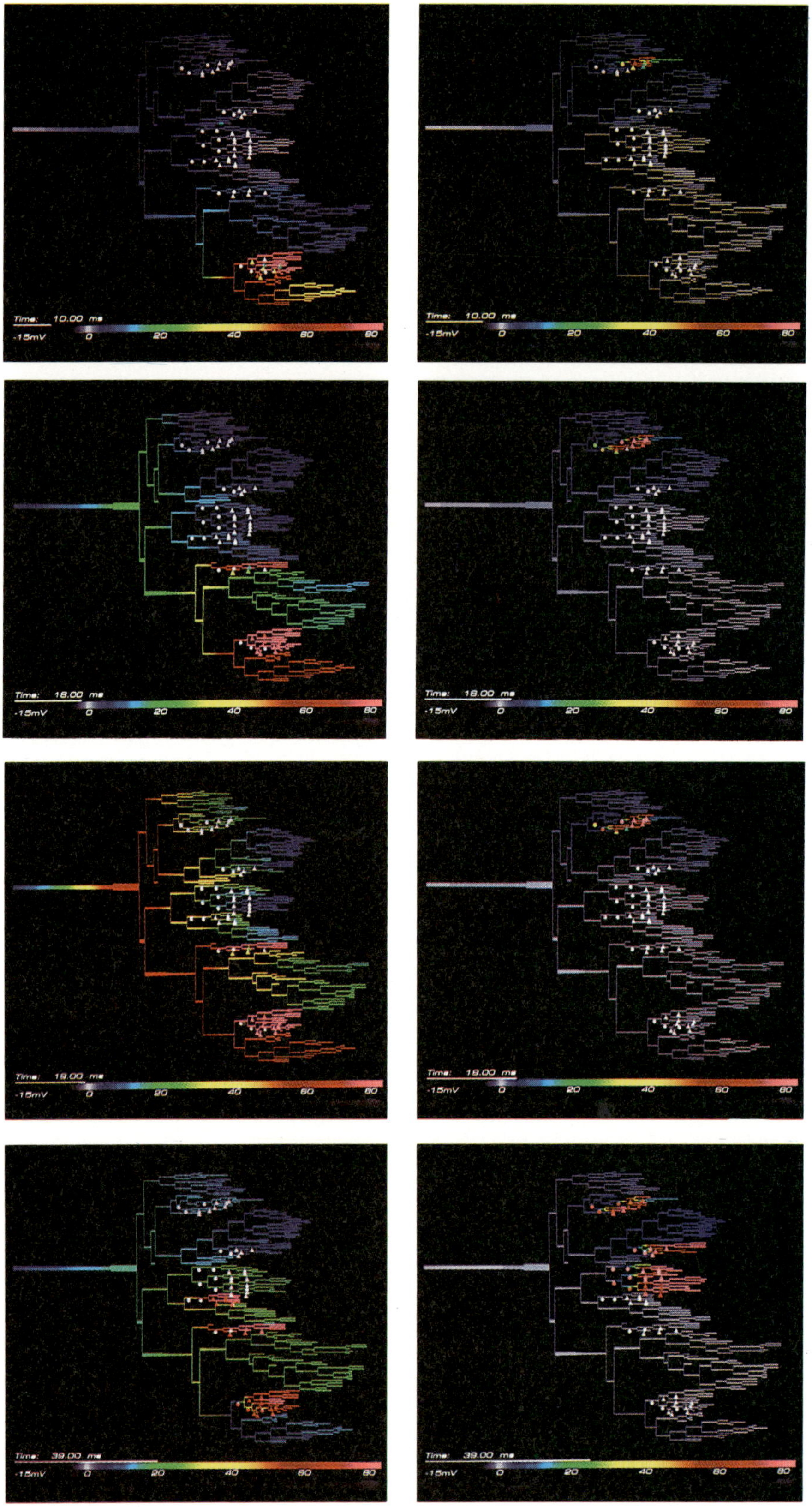
Time: 10.00 ms
-15mV 0 20 40 60 80
Time: 10.00 ms
-15mV 0 20 40 60 80
Time: 18.00 ms
-15mV 0 20 40 60 80
Time: 18.00 ms
-15mV 0 20 40 60 80
Time: 19.00 ms
-15mV 0 20 40 60 80
Time: 19.00 ms
-15mV 0 20 40 60 80
Time: 39.00 ms
-15mV 0 20 40 60 80
Time: 39.00 ms
-15mV 0 20 40 60 80

nombre de sites où des interactions synaptiques peuvent se produire est très grand. Cette configuration confirme notre hypothèse d'une localisation spécifique des inhibitions silencieuses.

Il reste à vérifier que les synapses excitatrices et inhibitrices sont bien disposées sur l'arbre dendritique des cellules directionnelles comme nous l'avons prévu. La découverte récente des neuromédiateurs qui transmettent les potentiels postsynaptiques excitateurs ou inhibiteurs facilitera sans doute ces recherches. L'acide gamma-amino-butyrique (GABA), un neuromédiateur classique à fonction inhibitrice du système nerveux central, joue également un rôle dans la sélectivité directionnelle : en présence de drogues qui bloquent l'action du GABA, les cellules ganglionnaires sensibles à la direction réagissent de facon identique aux mouvements dans les directions nulle et préférentielle. En outre, Richard Masland, de l'Hôpital général du Massachusetts, et Michael Ariel et Alan Adolph, de l'Institut de recherche ophtalmologique de Boston, ont montré que l'acétylcholine est le neuromédiateur excitateur intervenant dans les synapses entre les cellules photoréceptrices et les cellules ganglionnaires, dans les rétines de Tortue et de Lapin.

Par marquage de l'acétylcholine et du GABA, on sait identifier les synapses excitatrices et inhibitrices dans des cellules ganglionnaires sensibles à la direction et à la couleur ; un tel travail est en cours dans le Laboratoire de John Dowling, à l'Université Harvard, et les expériences de ce type constituent les tests rigoureux de notre modèle.

6. LES SIMULATIONS INFORMATIQUES reproduisent la morphologie et les propriétés électriques de la cellule ganglionnaire représentée sur la figure 1. L'axone est à gauche des figures et l'arbre dendritique à droite. Les couleurs « chaudes », comme le rouge, l'orange et le jaune, décrivent les excitations ; les couleurs « froides », les inhibitions. L'activité des synapses excitatrices (*triangles*) et des synapses inhibitrices (*cercles*) est représentée de la même façon. Dans la séquence de gauche, un stimulus visuel se déplace de bas en haut de l'arbre dendritique, et les réponses inhibitrices arrivent 20 millisecondes après l'excitation : le mouvement s'effectue dans la direction préférentielle ; dans la séquence de droite, au contraire, les signaux inhibiteurs atteignent le corps cellulaire en même temps que les signaux excitateurs, ce qui simule le mouvement dans la direction nulle. Dans la séquence de gauche, les signaux excitateurs atteignent le corps cellulaire et produisent un potentiel d'action en 19 millisecondes.

Si notre hypothèse permet d'interpréter les données expérimentales actuelles, elle n'est pas la seule. Il se pourrait, par exemple, que l'excitation et l'inhibition silencieuse interagissent avant d'atteindre la cellule ganglionnaire, sur l'arbre dendritique d'un autre neurone rétinien. Quel autre neurone ? Par exemple une cellule amacrine, comme celle qu'étudie R. Masland (voir *L'architecture fonctionnelle de la rétine*, p. 69). Les cellules amacrines se situent dans la couche intermédiaire de la rétine qui transmet les signaux des cellules photoréceptrices aux cellules ganglionnaires.

Ce sont les seules cellules de la rétine qui synthétisent et sécrètent de l'acétylcholine, et ce sont probablement elles qui fournissent l'influx excitateur aux cellules ganglionnaires sensibles à la direction. Cependant la libération de neuromédiateur par ces cellules pourrait déjà résulter d'une inhibition et, de plus, R. DeVoe et ses collègues ont observé des propriétés de sélectivité directionnelle dans les cellules amacrines et bipolaires situées donc avant les cellules ganglionnaires de la rétine de Tortue. Leur découverte indique que le mouvement peut être exclusivement ou partiellement intégré par d'autres cellules de la rétine que les cellules ganglionnaires.

Grâce à un ensemble d'études théoriques, d'études expérimentales et de modélisations, nous sommes à la veille de comprendre le mécanisme de la détection des mouvements par la rétine. Pourquoi ce mécanisme est-il si intéressant ? En tant que fonction importante au premier stade de la vision, la sensibilité directionnelle est déjà un sujet important en lui-même, mais on espère surtout que le même modèle élémentaire de traitement de l'information est en jeu dans d'autres cas. De nombreux neurophysiologistes étudiant différents animaux y ont fait appel pour expliquer les mécanismes de la vision binoculaire (la perception du relief), de la vision des mouvements discontinus et de la sensation tactile de mouvement sur la surface du corps.

En tant qu'élément d'intégration nerveuse, le système synaptique du *veto* est intéressant par son action localisée et sa flexibilité, deux propriétés que ne possèdent pas les systèmes de production des potentiels d'action. Fonctionnant à très petite échelle, le mécanisme pourrait être répété des centaines de fois dans les prolongements dendritiques, établissant ainsi de nombreuses sous-unités plus ou moins indépendantes dans un seul neurone. W. McCulloch et W. Pitts considéraient que le neurone était analogue à un transistor unique, mais, selon nous, c'est plutôt l'équivalent d'une puce formée de plusieurs centaines de transistors.

Notre discipline, la biophysique du traitement de l'information, est relativement récente ; c'est l'étude du rôle des divers mécanismes biophysiques de traitement de l'information par le système nerveux. Naturellement ce type de recherche ne se limite pas à l'étude de la production des potentiels d'action ni aux interactions entre les signaux synaptiques, car il existe de nombreux autres phénomènes biophysiques capables de traiter, propager et stocker l'information. Nous en avons étudié plusieurs, qui accomplissent des opérations comme le filtrage de signaux à des fréquences particulières, la modification des interactions entre les cellules nerveuses et la commande des signaux émis par les cellules nerveuses, grâce à des substances chimiques d'action lente.

Les expérimentateurs et les théoriciens cherchent tous à identifier ces phénomènes et à caractériser leur rôle dans le traitement nerveux de l'information. L'objectif est de déduire les opérations réalisées par un circuit neuronal donné, à partir de sa morphologie cellulaire. A plus long terme, cette étude du système nerveux central pourrait aboutir à la réalisation de systèmes alliant la complexité de systèmes de traitement du cerveau humain à la bonne maîtrise des phénomènes mis en jeu dans les ordinateurs.

La découverte du cortex visuel

7

Longtemps on ignora quelle partie du cerveau traite les informations visuelles ; un médecin japonais qui comprit pourquoi les soldats blessés à la tête devenaient parfois aveugles contribua à cette découverte.

Mitchell Glickstein

Une lésion de la partie postérieure du cerveau rend parfois aveugle un individu dont les yeux sont sains, car le principal centre de la vision — le cortex visuel primaire — se situe précisément dans les lobes postérieurs (occipitaux) des deux hémisphères qui constituent la partie supérieure de l'encéphale : lorsque ce centre est détruit, le cerveau ne détecte plus la majorité des signaux visuels transmis par les yeux.

Cette explication est simple, mais il fallut plus d'un siècle pour que l'on comprenne qu'une partie du cortex cérébral (la couche de matière grise qui recouvre le cerveau) est dévolue à la vision. L'histoire de la découverte du cortex visuel primaire est intéressante, car cette découverte résulte de l'ingéniosité et de l'esprit d'observation des chercheurs, mais aussi de leurs divagations et de leurs échecs. Ce fut en outre un grand moment de la science lorsque, finalement, on comprit mieux comment le cerveau fonctionne et comment nous voyons.

Les informations élaborées par la rétine sont transmises au cerveau par le nerf optique. Les principales cibles de ce nerf sont deux amas de cellules nerveuses, dans les profondeurs du cerveau : les corps genouillés latéraux (voir la figure 2). Le nerf optique transmet les signaux visuels issus du côté droit du champ visuel vers le corps genouillé latéral de l'hémisphère gauche, et il transmet à l'hémisphère droit les signaux issus de la partie gauche du champ visuel.

Chaque corps genouillé latéral transmet alors des signaux au lobe occipital du même hémisphère et, plus précisément, au cortex visuel primaire, qui effectue une première analyse de l'image et communique certaines informations à d'autres régions du cerveau. Ces zones poursuivent l'analyse, interprètent les informations reçues et contrôlent le mouvement des yeux et celui des membres.

L'anatomiste italien Gennari

L'histoire de la découverte du cortex visuel commence vers la fin des années 1700, environ 50 ans avant que l'on reconnaisse que la cellule est l'élément de base de toute fonction et de toute structure végétale ou animale, et plus de 100 ans avant que l'on décrive les propriétés des cellules nerveuses (les constituants du cerveau et de la moelle épinière). Dépourvus de ce bagage cellulaire, les chercheurs de la fin du XVe siècle ne pouvaient imaginer le fonctionnement du cerveau, mais ils en ont remarquablement décrit l'aspect général.

En 1783, par exemple, l'anatomiste écossais Alexander Monro fils publia un manuel où il illustrait magnifiquement et avec précision les principales structures du cerveau, la matière grise qui forme le cortex, et la substance blanche sous-jacente. Cependant il représentait le cortex comme une couche grise uniforme, sans subdivision, alors qu'il est constitué de plusieurs couches où le type de cellules nerveuses, et la connectivité

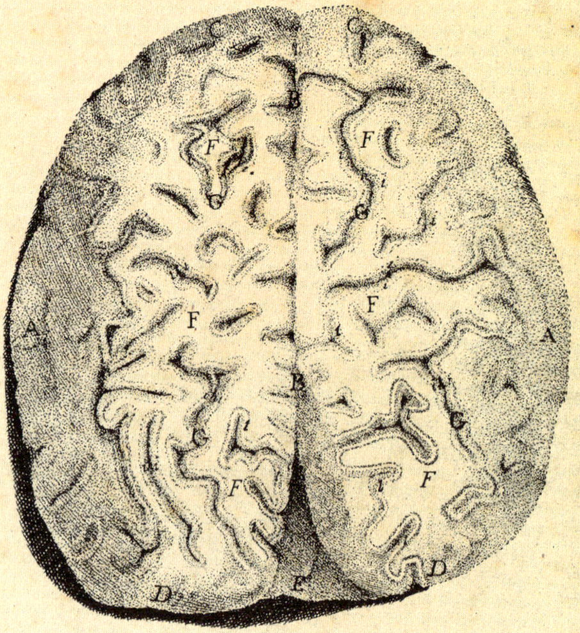

FRANCISCI GENNARI

PARMENSIS

MEDICINAE DOCTORIS COLLEGIATI

DE PECULIARI STRUCTURA CEREBRI

NONNULLISQUE EJUS MORBIS.

PAUCAE ALIAE ANATOM. OBSERVAT.

ACCEDUNT.

PARMAE

EX REGIO TYPOGRAPHEO

M. DCC. LXXXII.

CUM APPROBATIONE.

(assemblage) de ces cellules et des fibres nerveuses (les longs « axones » issus des corps cellulaires et qui transmettent les signaux nerveux) diffèrent.

Quand Monro publia son livre, l'image d'un cortex homogène était déjà caduque : sept ans auparavant, Francesco Gennari, un étudiant en médecine de l'Université de Parme, avait entrepris une étude détaillée du cerveau. Gennari durcissait des cerveaux à l'aide de glace, repérait les structures de surface et les disséquait. En 1782, il publia ses observations dans une monographie intitulée *De Peculiari Structura Cerebri,* imprimée par le célèbre éditeur et typographe Giambattista Bodoni.

Dans ce livre qui resta peu connu, Gennari notait que le cortex est hétérogène : la matière grise est traversée par une couche blanchâtre — formant une ligne sur les coupes —, parallèle à la surface du cerveau.

Surpris par cette découverte, il écrivit : « A ma connaissance, aucun anatomiste n'a décrit qu'outre les substances corticale et médullaire, il existe dans le cerveau ce que j'appelle la troisième substance ». Ce que Gennari appelle la partie « médullaire » est la substance blanche, située sous le cortex on sait aujourd'hui qu'elle est principalement composée de fibres nerveuses gainées d'une matière blanchâtre : la myéline. La « troisième substance » de Gennari est probablement formée, elle aussi, d'axones myélinisés, comme ceux qui transmettent les signaux au lobe occipital.

Non seulement Gennari découvrit cette bande de myéline qui porte son nom (démontrant ainsi la subdivision de la matière grise), mais il remarqua également que l'aspect du cortex varie selon les régions du cerveau : il constata que la bande blanche apparaissait parfois « comme une simple bande, parfois comme un ensemble de deux bandes parallèles » et qu'on la distinguait mal sur les coupes de la partie antérieure du cerveau, alors qu' « elle apparaissait de plus en plus distinctement à mesure que l'on atteignait la partie postérieure », que nous appelons aujourd'hui le cortex visuel primaire. Une note mentionne que Gennari détecta cette strie pour la première fois le 2 février 1776.

Travaillant avec des instruments rudimentaires, bien avant que les méthodes de coloration ouvrent la voie à l'étude microscopique du cerveau, Gennari inaugura un tout nouveau domaine : l'étude des différentes régions du cortex cérébral. Pourtant plus d'un siècle s'écoula avant que l'on reconnaisse son rôle dans la découverte de cette strie blanche !

Entre temps, deux autres biologistes revendiquèrent — ou se virent attribuer — cette découverte. Samuel Thomas Soemmering, professeur d'anatomie à l'Université de Göttingen, prétendit avoir décrit cette strie, quatre ans avant Gennari, dans un ouvrage publié en 1778. En fait, Soemmering avait bien mentionné une rayure, mais jaunâtre et située dans le cervelet où une telle rayure n'a jamais existé ! La strie de Soemmering était vraisemblablement une couche de la matière grise qui recouvre le cervelet ou, tout simplement, un artefact de sa méthode d'observation.

Malgré les revendications indues de Soemmering, la paternité de la découverte fut généralement attribuée à l'anatomiste français Félix Vicq-d'Azyr : en 1786, quatre ans après la parution de l'ouvrage de Gennari, Vicq-d'Azyr publia un volumineux et splendide *Traité d'anatomie* où il décrivait cette strie blanche, qui porta momentanément son nom. C'est seulement en 1882 que l'anatomiste autrichien Heinrich Obersteiner relut les ouvrages de Gennari et de Vicq-d'Azyr, et attribua l'antériorité à l'Italien : la strie fut rebaptisée strie de Gennari.

Alors que Gennari est aujourd'hui l'un des anatomistes les plus cités de l'histoire de la médecine, ses concitoyens et les étudiants de l'Université où il fit sa découverte ignorent jusqu'à son nom. Lorsque j'étais à l'Université de Parme, en 1983, j'ai décidé de rendre justice à ce médecin méconnu et, avec Giacomo Rizzolatti, de l'Institut de Physiologie humaine, j'ai étudié l'histoire personnelle de Gennari.

Il naquit à environ 25 kilomètres de Parme, dans le petit village de Mattaleto, au pied des Apennins. A la fin de ses études de médecine, en 1776, il entra à la Faculté de médecine où il mena

1. LA STRIE DE GENNARI est une couche blanche (*l, en haut*) qui traverse la matière grise. Elle est mise en évidence sur cette illustration qui date de 1782 et représente une coupe horizontale du cerveau. L'illustration est tirée du livre (*en bas*) de Francesco Gennari, qui découvrit cette strie à l'Université de Parme. L'observation de cette strie, particulièrement nette dans le cortex visuel primaire, fut la première étape de la découverte des subdivisions du cortex cérébral. Gennari supposait que le cortex de la partie postérieure du cerveau a une fonction particulière ; il avait raison, car la strie de Gennari se trouve dans le cortex visuel primaire, qui joue le rôle principal dans la vision.

de front ses consultations et l'anatomie, dont son livre fut l'aboutissement. Un an après cette publication, il reçut une bourse pour continuer ses recherches à l'Université, mais son inspiration était tarie ; il ne publia plus aucun ouvrage. Gennari mourut pauvre et malade, à l'âge de 45 ans, après des années de souffrances et de misère, où l'avait précipité sa passion du jeu.

Avant les années sombres, Gennari fut un chercheur très perspicace : il comprit notamment que les modifications structurales qu'il avait découvertes dans le cortex correspondaient probablement à des fonctions différentes... qu'il ignorait.

La querelle de la localisation corticale

Peu de temps après la publication de Gennari, des chercheurs eurent l'idée de léser le cerveau d'animaux afin d'observer les déficits qui en résulteraient. Ces expériences et l'observation d'individus atteints de lésions cérébrales établirent, vers 1850, le rôle primordial du cortex cérébral dans le mouvement, les sensations et la pensée. Néanmoins personne ne comprenait encore comment relier une lésion spécifique à un déficit fonctionnel spécifique. La phrénologie, une pseudo-science très en vogue au début du XIXe

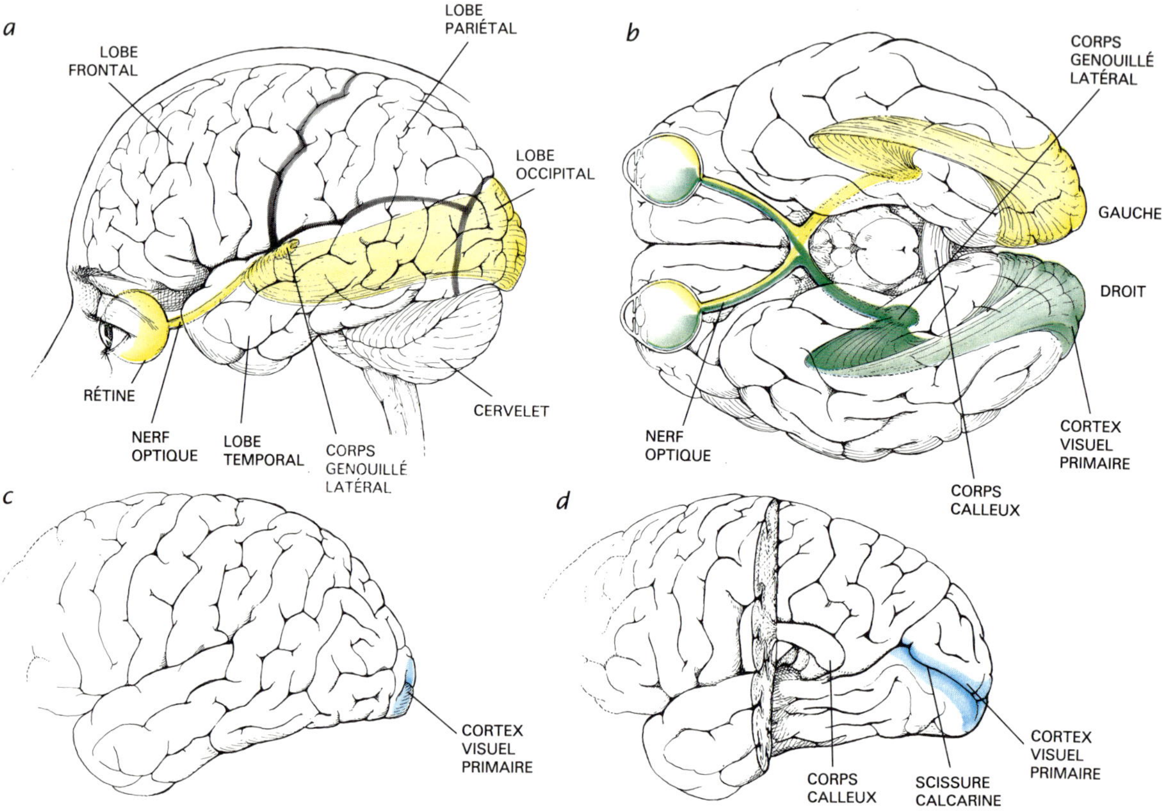

2. LE TRAJET des signaux visuels dans le cerveau est indiqué sur une vue de profil (*a*) et une vue de dessous (*b*). La rétine, au fond de l'œil, capte la lumière issue des objets observés et émet des signaux électriques véhiculés par le nerf optique jusqu'à des cellules nerveuses profondément enfouies dans le cerveau et formant les corps genouillés latéraux. Les signaux gagnent ensuite le cortex visuel primaire, dans le lobe occipital (postérieur) de chaque hémisphère : les signaux issus du côté droit du champ visuel *(en jaune sur le schéma b)* se dirigent vers le lobe occipital de l'hémisphère gauche, tandis que les signaux issus du côté gauche du champ (*en vert*) vont vers l'hémisphère droit. Le cortex visuel primaire (*en bleu sur les schémas c et d*) est une partie du cortex cérébral (la couche plissée de matière grise qui recouvre les deux hémisphères). Il occupe une petite partie du versant externe de chaque lobe occipital (*c*) et une zone plus étendue de la surface médiane (*d*) – la région interne qui jouxte le lobe opposé – ; il comprend un sillon appelé la scissure calcarine.

siècle, avait jeté le discrédit sur l'idée même de partition corticale. Franz Joseph Gall, un célèbre anatomiste viennois, installé à Paris, professait que le cerveau est composé d'autant de régions que l'Homme possède de facultés ; il prétendait que l'aspect du crâne correspond à la forme du cerveau et que l'on pouvait jauger une personnalité et découvrir ses traits de caractère — la cruauté ou la boulimie, par exemple — en palpant la tête de l'individu. Un disciple de Gall, Johann Spurzheim, généralisa cette théorie, qui connut un grand succès populaire et conquit même quelques médecins.

Les observations dont on disposait avant 1850 semblaient aller à l'encontre de la localisation fonctionnelle dans le cortex. Le physiologiste français Pierre Flourens, par exemple, observa qu'une lésion de la partie antérieure du cerveau avait plusieurs conséquences : une seule lésion pouvait, chez l'animal, perturber la vision et le toucher, et provoquer des difficultés à se mouvoir. Il en avait conclu que la sensation, la perception et la volonté sont indissociables et assurées par des éléments disséminés dans tout le cortex. « L'unité est le grand principe, elle est omniprésente, elle gouverne tout, déclara-t-il. Le système nerveux, par conséquent, forme un système unitaire. » Le bon sens accréditait la thèse de Flourens.

Peu après 1850, trois découvertes renouvelèrent l'attrait pour la théorie de la localisation corticale : en 1861, le médecin français Pierre Paul Broca rapporta qu'une lésion du lobe frontal gauche d'un de ses patients avait provoqué un trouble permanent du langage. Quelques années plus tard, le neurologue londonien John Hughlings Jackson décrivit un type de crise d'épilepsie qui commence par un mouvement rythmique d'une partie du corps et qui se propage ensuite aux régions voisines, selon un enchaînement précis, cet exemple semblait indiquer que des régions adjacentes du cerveau commandaient des parties adjacentes de l'organisme.

Puis en 1870, les physiologistes allemands Gustav Theodor Fritsch et Eduard Hitzig firent une expérience qui relança les études de la localisation fonctionnelle dans le cortex. Ils stimulèrent électriquement différentes régions du cortex frontal de chiens et découvrirent que ces stimuli déclenchaient le mouvement d'une patte ou d'une région du corps opposée au côté de l'application. L'ablation chirurgicale d'une région dont la stimulation déclenchait — avant l'opération — le mouvement d'une des pattes rendait l'animal maladroit lorsqu'il remuait cette patte. Les interprétations de cette expérience divergeaient, mais la plupart des neurologues admettaient que, malgré les résultats antérieurs contradictoires, une partie du cortex commandait le mouvement.

On rechercha des régions commandant d'autres fonctions, notamment la vision et le neurophysiologiste britannique David Ferrier affirma être le premier à avoir identifié le centre de la vision. Il commença ses travaux à l'Asile psychiatrique de West Ridding, dans le Yorkshire, puis les poursuivit au King's College de Londres.

Une nouvelle controverse

En étudiant systématiquement les effets du courant électrique alternatif sur le cerveau de différents animaux, Ferrier confirma que la stimulation de certaines zones du cerveau engendre des mouvements spécifiques. A Londres, il étudia surtout des singes et découvrit qu'une stimulation du gyrus angulaire localisé dans le lobe pariétal, déclenchait des mouvements des yeux ; Ferrier en déduisit que le gyrus angulaire était peut-être l'aire visuelle du cerveau qu'il recherchait.

Pour tester cette hypothèse, il retira le gyrus angulaire de plusieurs singes : lorsqu'il enlevait le gyrus d'un seul côté du cerveau, les singes semblaient devenir aveugles de l'œil opposé à la lésion après l'ablation bilatérale du gyrus angulaire, les animaux semblaient totalement aveugles.

Ferrier mit en évidence la perte totale de la vision de façon très anecdotique. Il rapporta, par exemple, que l'un des singes, amateur de thé, semblait ne pas voir une tasse placée juste devant ses yeux.

Il signala, en 1875 à la Société royale de Londres, puis il nota en 1876, dans son ouvrage *Les fonctions du cerveau* que « le singe ne voyait pas, mais lorsque je plaçais une tasse de thé près de ses lèvres, il buvait avidement ; lorsque j'éloignais la tasse, l'animal la cherchait, mais ne la trouvait pas, bien que son regard fut dirigé vers elle. J'ai recommencé la même expérience plusieurs fois, et j'ai obtenu à chaque fois le même résultat. Enfin je rapprochai la tasse jusqu'à ce qu'elle touche les lèvres de l'animal, et celui-ci y plongea la tête et continua à boire, même quand j'abaissai progressivement la tasse ou que je la tirai jusqu'au milieu de la pièce ». Selon Ferrier, les lésions du lobe occipital ne produisaient pas ces effets, et il conclut que cette partie du cerveau n'intervenait pas dans la vision.

Les conclusions de Ferrier furent controversées : son adversaire le plus acharné fut Hermann Munk, un professeur de physiologie à l'École vétérinaire de Berlin, qui avait commencé ses propres expériences peu après Ferrier. Munk soutenait, à juste titre, qu'une lésion du lobe occipital — et non pariétal — provoquait la cécité ; il découvrit que l'ablation bilatérale du cortex occipital entraînait une cécité totale et que l'ablation unilatérale du cortex occipital se traduisait par une « hémianopsie », le champ visuel étant réduit de moitié comme les deux yeux perdaient alors la moitié de leur champ visuel, Munk conclut que chaque œil était connecté aux deux hémisphères du cerveau.

Munk n'était pas tendre pour son adversaire : dans une publication parue en 1881, il reproduisit deux commentaires qu'il fit à la Société de Physiologie de Berlin : « Dans ma première communication sur la physiologie du cortex, présentée en mars dernier, je n'ai pas mentionné le travail de Ferrier sur le Singe, parce qu'il ne présente aucun intérêt ».

Toutefois, lors d'une autre session, pressé de donner son opinion, Munk énuméra plusieurs conclusions de Ferrier, notamment que le centre de la vision du Singe est localisé dans le gyrus angulaire et que le lobe occipital serait le siège de la faim. Il ajouta que les conclusions de Ferrier étaient « gratuites et sans valeur, étant donné que M. Ferrier examinait les animaux opérés de manière insuffisante et seulement lorsque les fonctions cérébrales étaient anéanties. Si j'étais allé trop loin dans la critique des théories de M. Ferrier, fondée sur une étude générale de ses expériences, j'aurais réparé l'outrage au plus tôt. Cependant les expériences montrent aujourd'hui... que mes critiques étaient plutôt insuffisantes qu'exagérées. Aucune interprétation de M. Ferrier n'est exacte, toutes ses théories sont fausses ».

L'animosité entre ces deux chercheurs était telle que le psychologue américain William James nota, dans ses *Principes de psychologie,* parus en 1891 : « Le thème de la localisation des fonctions cérébrales semble avoir des effets singuliers sur l'humeur de ceux qui s'y consacrent... Le ton catégorique de Munk et son arrogance ont ruiné sa réputation ».

Le cortex strié

Malgré son caractère entier, Munk en réchappa et on lui attribue toujours la découverte du rôle du lobe occipital dans la vision. Ferrier aussi doit passer à la postérité, à la fois parce que ses résultats ont orienté les recherches dans la bonne direction et que certaines questions qu'il posait restent pertinentes.

Pourquoi Ferrier n'a-t-il pas observé de cécité totale après avoir lésé les lobes occipitaux de singes ? Pourquoi les animaux semblaient-ils devenir aveugles après ablation des gyri angulaires ? Il est assez facile de répondre à la première question : dans presque tous les cas, il avait excisé une grande partie de chaque lobe, derrière un profond sillon appelé scissure lunaire, il avait sans doute éliminé l'essentiel du cortex visuel, mais pas la totalité. Or même s'il ne restait que quelques millimètres de cortex, l'animal conservait une grande partie de ses capacités visuelles, car de petites régions du cortex visuel primaire correspondent à des zones assez étendues du champ visuel périphérique.

Les singes de Ferrier perdaient probablement leur vision centrale, mais ne devenaient pas aveugles. Ils compensaient vraisemblablement ces déficits en apprenant rapidement à exploiter la vision subsistant après la lésion (ils sont en effet capables de mouvoir rapidement leurs yeux et leur tête). Munk pratiquait des lésions plus larges, atteignant la partie médiale de chaque lobe, c'est-à-dire la face interne, adjacente à l'hémisphère opposé. La majeure partie du cortex visuel primaire est localisee sur cette face médiane.

Pourquoi les singes dépourvus de gyri angulaires semblaient-ils aveugles ? Selon les descriptions de Ferrier, ce dernier semble avoir involontairement découvert une région essentielle dans le contrôle visuel des mouvements : elle serait le siège de la faculté qui permet que l'on cueille la framboise repérée dans un taillis, ou que l'on marche dans une rue animée en évitant tous les obstacles. Comme les singes de Ferrier ne pouvaient plus coordonner leurs mouvements en fonction de ce qu'ils voyaient, ils ne saisissaient pas la nourriture placée devant eux.

Ferrier lui-même finit par reconnaître son erreur. Dans ses premières expériences, il ne laissait pas survivre les singes plus de trois ou quatre jours après l'opération, car les infections étaient inévitables. Par la suite, il adopta les méthodes chirurgicales stériles de Joseph Lister : les singes survivaient, cicatrisaient et ne restaient pas « aveugles » longtemps. Sa description des convalescences montre clairement que l'opération perturbait surtout les mouvements guidés par la vue.

Alors que Ferrier poursuivait ses expériences

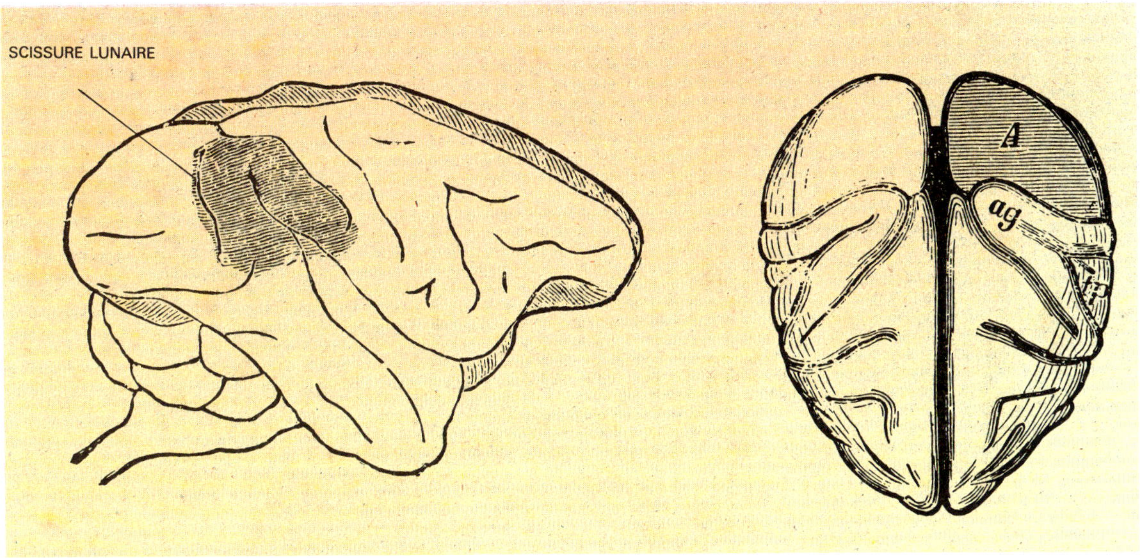

3. LES LÉSIONS du cerveau de singes ont des effets qui semblèrent longtemps contradictoires ; les études neurochirurgicales ont finalement permis de localiser le principal centre cérébral de la vision. En 1876, le neurologue britannique David Ferrier nota que la lésion d'une région du lobe pariétal, le gyrus angulaire (*la zone triangulaire hachurée, à gauche*) d'un singe rendait l'animal aveugle : il en déduisit que cette région était le centre de la vision. Le physiologiste allemand Hermann Munk s'opposa vigoureusement à Ferrier ; il publia, en 1882, que le lobe occipital (*la région A, en haut à droite*) est le siège de la vision. Les travaux ultérieurs confirmèrent que Munk avait raison.

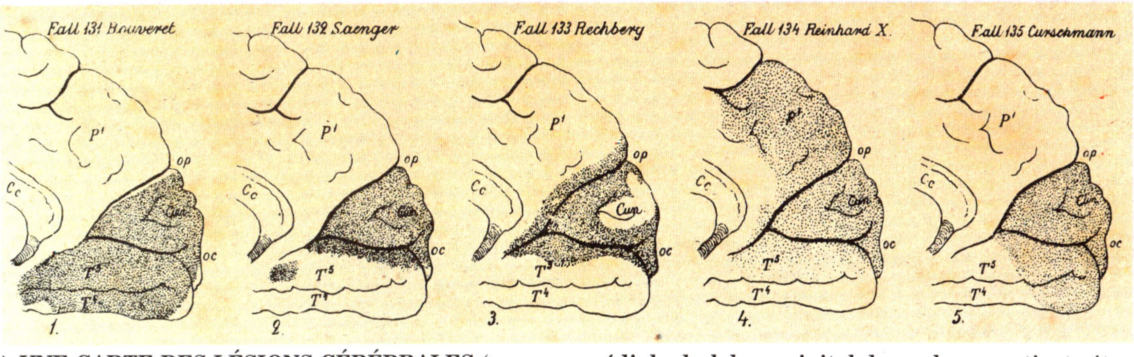

4. UNE CARTE DES LÉSIONS CÉRÉBRALES (*zones ombrées*) des sujets partiellement aveugles fut établie en 1890 par le neuropathologiste suédois Salomen Henschen. Ces dessins représentent la surface médiale du lobe occipital de quelques patients étudiés par Henschen. Son travail contribua à confirmer l'hypothèse de Munk : le centre de la vision du cerveau humain est localisé dans les lobes occipitaux.

sur le gyrus angulaire, les observations en faveur de la théorie de Munk s'accumulaient. Vers 1890, le physiologiste londonien Edward Albert Sharpey-Schäfer confirma les résultats de Munk, et plusieurs médecins rapportèrent des cas de cécité partielle chez l'Homme après des lésions du lobe occipital.

En 1892, le neuropathologiste suédois Salomen Eberhard Henschen, de l'Université d'Uppsala, résuma tous les cas cliniques connus : il rassembla tous les articles décrivant des lésions cérébrales ayant entraîné la perte du champ visuel droit ou gauche et comportant un rapport d'autopsie précisant le siège de la lésion. Dans tous les cas, la région du cortex occipital située de part et d'autre de la scissure calcarine, le profond sillon qui parcourt la surface médiane des deux hémisphères, était lésée. Cette région du cortex est celle où la strie de Gennari est la plus apparente.

Henschen confirmait ainsi l'intuition de Gennari qui avait pressenti, 100 ans plus tôt, que le cortex strié — cette partie du cortex où la strie est si nette — a une fonction particulière. Henschen avait finalement prouvé que le cortex strié n'est autre que le principal centre visuel du cerveau.

Comment le monde visuel se projette-t-il sur le cortex strié ? Henschen montra que la partie inférieure du champ visuel se projette sur le haut de la scissure calcarine, et que la partie supérieure du champ est traitée sur le bas de la scissure. Il supposa que la région centrale du champ visuel se projette sur la partie antérieure du cortex strié, et le champ périphérique sur la partie postérieure, mais cette hypothèse fut ultérieurement réfutée.

Les soldats japonais

Cette conclusion était fausse, parce que les données dont Henschen disposaient étaient trop imprécises : les lésions sur lesquelles il se fondait étaient trop étendues, et il aurait fallu étudier des patients dont le cortex strié aurait été

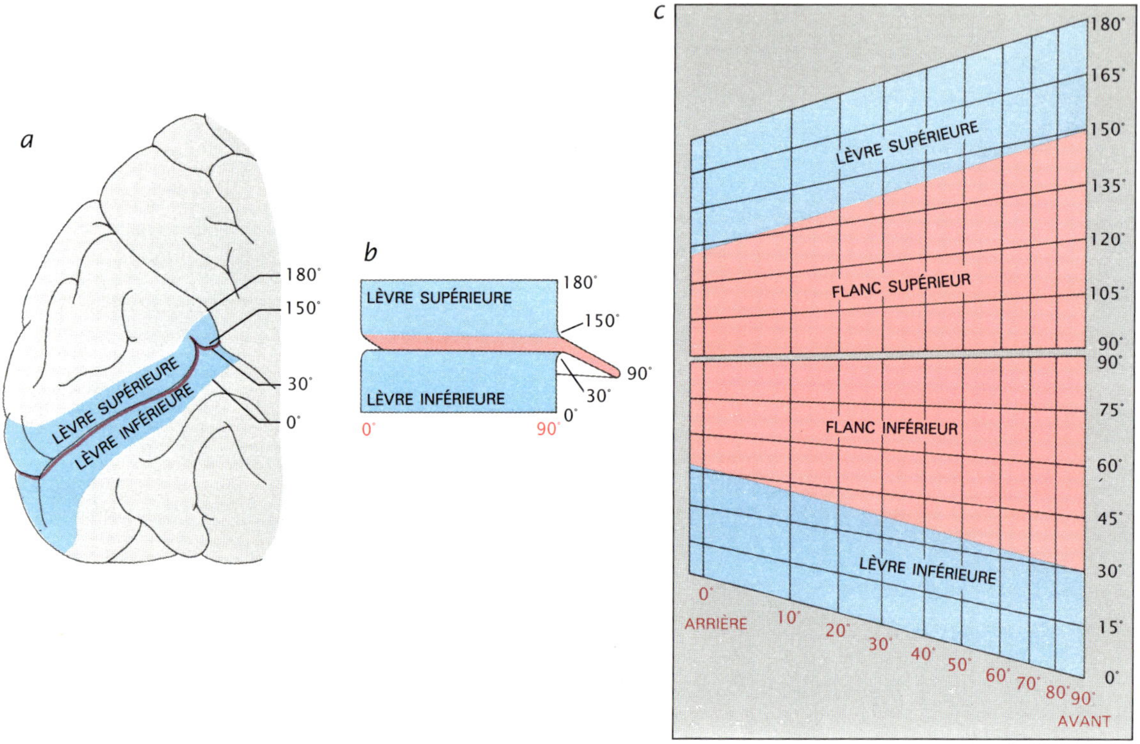

5. LA REPRÉSENTATION D'INOUYE, publiée en 1909, indique la projection du champ visuel sur le cortex visuel primaire, c'est-à-dire sur les lèvres (*en bleu*) et les flancs (*en rose*) de la scissure calcarine (sur cette figure, la partie droite du champ visuel se projette sur le lobe occipital (*a*) de l'hémisphère gauche). Inouye repérait les différents points du champ visuel *(non représenté)* par le système de coordonnées suivant : l'axe horizontal était gradué en degrés d'« azimut » (de – 90 degrés, à gauche, à +90 degrés, à droite), et l'axe vertical indiquait l'« élévation » (de 0 degré, en haut, à 180 degrés, en bas). Le centre du champ visuel a ainsi pour coordonnées zéro degré d'azimut et 90 degrés d'élévation, et la partie droite du champ visuel correspond aux points situés à droite de l'axe vertical. Pour étudier la projection sur le cortex visuel primaire, Inouye aplatissait la scissure (*b*) pour en montrer les flancs. Il traçait alors l'azimut (*en rouge*) le long de la dimension horizontale de la scissure, et l'élévation (*en noir*) le long de l'axe vertical (*c*). Le centre du champ visuel se projette à l'arrière du lobe occipital ; les zones périphériques, à l'avant du lobe. Cette représentation révèle qu'une zone particulièrement étendue du cortex visuel traite les signaux recus par le centre de la rétine, où les cellules réceptrices sont très nombreuses. Inouye constata ainsi que les proportions de l'image ne sont pas respectées sur la carte du cortex strié.

6. LA GUERRE RUSSO-JAPONAISE de 1904-1905, représentée sur cette gravure sur bois de 1904, a indirectement contribué à la compréhension de la vision humaine : pendant la guerre, le médecin japonais Tatsuji Inouye examina des soldats japonais qui avaient été blessés par balle à la tête, et il établit une corrélation entre le site de ces blessures et les troubles visuels des soldats. Il détermina ainsi comment les différentes zones du champ visuel se projettent sur le principal centre de la vision du cerveau : le cortex visuel primaire. Les nouveaux fusils que les Russes utilisaient tiraient des balles plus petites et plus rapides, qui pénétraient dans le crâne sans le briser, ce qui a permis à de nombreux soldats de survivre à leurs blessures et de répondre aux questions d'Inouye.

partiellement endommagé et qui auraient perdu une partie de leur champ visuel. On observe de tels cas lors des guerres ; il s'en déclara une.

Durant les années 1904-1905, les troupes de l'armée russe se battirent à plusieurs reprises en Asie, contre les Japonais. Plus de 5000 soldats participèrent aux combats, et un jeune médecin japonais, Tatsuji Inouye, recueillit suffisamment de données sur les blessés pour schématiser comment le champ visuel se projette dans le cerveau. Inouye indiqua que la projection était l'inverse de ce qu'avait supposé Henschen ; il montra que la zone centrale du champ visuel se projette sur la zone postérieure du cortex visuel, et la zone périphérique sur la zone antérieure du cortex.

Malgré l'importance de son apport à la neurologie, Inouye a été ignoré pendant de nombreuses années, et nous espérons, avec David Whitteridge, de l'Université d'Oxford, réparer cet oubli. Nous avons récemment retrouvé une publication qu'Inouye écrivit (en allemand) en 1909 et nous l'avons traduite en anglais. Nous avons également pris contact avec sa famille, au Japon, afin d'obtenir des renseignements biographiques.

Né à Tokyo en 1881, Inouye fit ses études de médecine à l'Université de Tokyo et travailla sous la direction d'un éminent ophtalmologiste, un an avant le début de la guerre russo-japonaise. Devenu médecin militaire, il examina de nombreux soldats japonais qui avaient partiellement perdu la vue à la suite de blessures par balle à la tête ; de nombreux confrères lui adressèrent des cas intéressants, et il étudia notamment un soldat japonais blessé en 1900, lors de la révolte des Boxers en Chine.

La tâche d'Inouye fut «facilitée» par l'utilisation

d'un nouveau fusil (le modèle russe Mosin-Nagan 91), qui tirait des balles plus petites (7,6 millimètres de diamètre) et plus rapides (620 mètres par seconde) que les balles des guerres précédentes : ces nouvelles balles traversaient souvent le crâne sans le briser.

Les soldats blessés perdaient conscience pendant des périodes comprises entre quelques heures et quelques jours, mais ils se rétablissaient suffisamment pour répondre aux questions d'Inouye; ils avaient intérêt à coopérer, car leurs pensions d'invalidité étaient calculées en fonction des dommages visuels qu'ils avaient subis.

Inouye décrivit la topographie corticale en étudiant 29 patients : il établit pour chacun le champ visuel de chaque œil (l'œil droit et l'œil gauche ne perçoivent pas exactement la même image) et il localisa avec précision, sur le crâne, le siège de la lésion. Afin de déterminer la partie endommagée du cerveau, il repérait les points d'entrée et de sortie des balles, supposait qu'elles avaient traversé le tissu cérébral en ligne droite et déduisait les régions touchées. Il s'était convaincu du bien-fondé de son hypothèse en observant des soldats touchés alors qu'ils tiraient en position couchée : dans certains cas, la balle avait traversé le crâne, en était ressortie et était entrée dans l'épaule ou dans l'avant-bras ; les trois blessures étaient toujours alignées, du fait de la grande vitesse des balles.

Inouye rectifia ainsi l'erreur de Henschen, et il constata que les proportions de l'image ne sont pas respectées sur la carte du cortex strié. Sa description n'est pas tout à fait exacte, mais il découvrit qu'une proportion importante du cortex strié traite les informations provenant de la zone centrale du champ visuel, où les récepteurs sont beaucoup plus nombreux qu'ailleurs.

Inouye est mort en 1976, à l'âge de 96 ans ; son travail a longtemps été négligé, en partie parce que les neurologues britanniques Gordon Holmes et William Tindall Lister ont dressé, pendant la Première Guerre mondiale, une cartographie plus précise et plus accessible de la projection du champ visuel sur le cortex ; cette carte a été souvent reproduite.

Holmes et Lister ont repris la méthode d'Inouye : affectés à des hôpitaux militaires britanniques, ils ont étudié les troubles visuels occasionnés par des lésions du lobe occipital. Leurs résultats concordaient en général avec ceux d'Inouye, sauf sur un point essentiel : comme de nombreux chercheurs, Inouye avait observé que les blessés perdaient rarement la totalité d'un

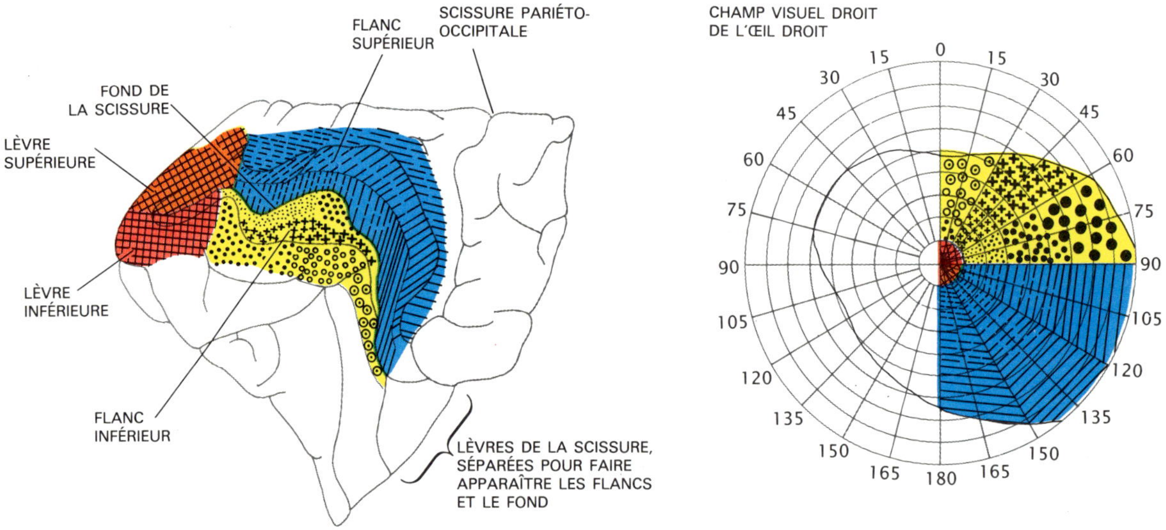

7. UNE AUTRE PROJECTION DU CHAMP VISUEL ***(en couleur)*** **sur le lobe occipital fut établie en 1918 par le neurologue britannique Gordon Holmes** ***(le centre du champ visuel se trouve au centre du réseau de droite).*** **Ces schémas sont ceux de Holmes, mais par souci de clarté, on a changé les symboles, et ajouté de la couleur et de nouvelles nomenclatures. Cette description a supplanté celle d'Inouye, car elle est plus accessible ; elle met en évidence que la région du cortex réservée à la zone centrale du champ visuel est aussi étendue dans la direction verticale que dans la direction horizontale** ***(le diagramme d'Inouye privilégie la direction horizontale).***

demi-champ visuel, même lorsque les lésions du lobe occipital concerné (droit ou gauche) étaient très étendues ; comme ils continuaient à percevoir une petite région au centre du champ visuel — celle dont l'image se forme directement sur la macula — Inouye pensait que cette région centrale se projette une fois sur chaque hemisphère.

Holmes et Lister niaient vigoureusement l'existence de cette double projection maculaire et prétendaient que ces cas particuliers correspondaient à une destruction incomplète du lobe occipital. Qui avait raison ? Incontestablement Inouye : on sait aujourd'hui que la « préservation maculaire » est due au fait que la limite entre les hémirétines temporale et nasale qui se projettent respectivement dans les hémisphères ipsi- et contra-latéral n'est pas stricte, le chevauchement étant particulièrement important au niveau de la fovéa.

L'histoire se poursuit

Le travail de Holmes et de Lister conclut l'histoire de la découverte du cortex visuel et des premières descriptions de son fonctionnement. Nous n'avons pas considéré tous les acteurs importants de cette aventure, qui dura de nombreuses décennies, mais seulement quelques personnages importants, dont la contribution resta longtemps méconnue.

Depuis les travaux de Inouye et de Holmes, on a décrit en détail l'organisation du cortex cérébral, en général, et du cortex strié, en particulier. On sait par exemple aujourd'hui que les régions corticales adjacentes au cortex strié — et même certaines zones situées au-delà du cortex strié, sur les lobes temporaux et pariétaux — ont un rôle visuel très important, et qu'elles reçoivent leurs informations, directement ou indirectement, du cortex strié. Chez le Singe comme chez l'Homme, la moitié du cortex cérébral assure le traitement des images.

On ne connaît pas encore parfaitement les mécanismes cérébraux de la vision, et les fonctions spécifiques des zones voisines du cortex strié restent à déterminer. Comment le système visuel traite-t-il les couleurs, les formes, le mouvement ? Comment utilise-t-on toutes ces informations pour reconnaître les objets familiers et se mouvoir ?

Les chercheurs qui étudient ces questions négligent parfois le passé, mais l'histoire des sciences aide à replacer dans un contexte plus encourageant des recherches souvent frustrantes. Comme dans la plupart des nouveaux domaines de recherche, les progrès furent d'abord lents, puis des découvertes techniques et théoriques engendrèrent de nombreuses découvertes fondamentales. On a ensuite clarifié la description du cerveau en étudiant des animaux de laboratoire ; les conclusions furent parfois erronées, mais d'autres expériences ont fini par reconstituer le puzzle. Grâce à ces résultats, les médecins comprennent mieux les troubles de leurs patients, et la recherche sur le remarquable fonctionnement du cerveau humain est en plein essor.

Les mécanismes cérébraux de la vision

8

C'est l'architecture fonctionnelle du cortex qui permet le traitement des informations sensorielles. Par l'étude de l'activité et de la structure des neurones dans une partie du cortex, le cortex visuel primaire, on comprendra cette architecture.

David Hubel et Torsten Wiesel

L'apparition du cortex cérébral, que l'on peut considérer comme une invention de l'Évolution, est certainement une des réussites de l'Histoire du Monde. Chez les Vertébrés moins évolués que les Mammifères, le cortex cérébral est minuscule, voire inexistant. Acquérant une brusque importance chez les Mammifères les moins évolués, il commence à être prédominant dans le cerveau des Carnivores et s'accroît de facon remarquable chez les Primates ; chez l'Homme, il recouvre presque complètement le reste du cerveau, allant jusqu'à masquer les autres structures. C'est le degré de dépendance d'un animal donné vis-à-vis d'un organe qui révèle, plus encore que sa taille, l'importance de cet organe ; or, la dépendance vis-à-vis du cortex s'est accrue rapidement au cours de l'évolution des Mammifères. Une souris sans cortex apparaît quasiment normale du moins en première analyse. Un homme sans cortex est réduit à un état végétatif ; il est incapable de parler, de voir, en un mot il est privé de sensations.

Nos connaissances sur cet organe volumineux et indispensable sont malheureusement encore bien imparfaites ; cela est dû en partie à la complexité de sa structure et de ses fonctions, et en partie aussi aux intuitions souvent erronées des neurobiologistes. Néanmoins, ces connaissances progressent au fur et à mesure que l'amélioration des techniques permet aux chercheurs d'affronter l'immense quantité des neurones aux interconnexions complexes les impulsions nerveuses qu'ils transmettent et les synapses qui les relient. Dans cet article, nous allons décrire l'état actuel des connaissances sur le cortex visuel primaire (appelé également cortex strié ou aire 17) qui est la première de toutes les régions corticales participant au mécanisme de la vision. Ceci nous amènera nécessairement à aborder le problème connexe de la perception visuelle, car on peut difficilement dissocier le fonctionnement intrinsèque d'un organe de sa fonction biologique.

La structure du cortex cérébral

Le cortex cérébral une couche de tissu nerveux de deux millimètres d'épaisseur plissée en de nombreuses circonvolutions, forme une croûte externe qui recouvre, jusqu'à les envelopper partiellement, les hémisphères cérébraux. Chez l'Homme, sa surface totale «étalée» serait d'environ 1500 à 2000 centimètres carrés. Qu'une structure aussi étonnante soit confinée dans un réceptacle de la taille du crâne est vraisemblablement à l'origine des plissements.

Un examen rapide du tissu cortical au microscope permet de dénombrer une multitude de neurones : environ 600 000 pour chaque millimètre carré de surface, ce qui suggère un nombre global de 10^{11} (cent milliards) neurones pour le cortex tout entier. Les corps cellulaires sont répartis en une demi-douzaine de couches dont la densité cellulaire est alternativement faible et élevée. Par opposition à ces variations impor-

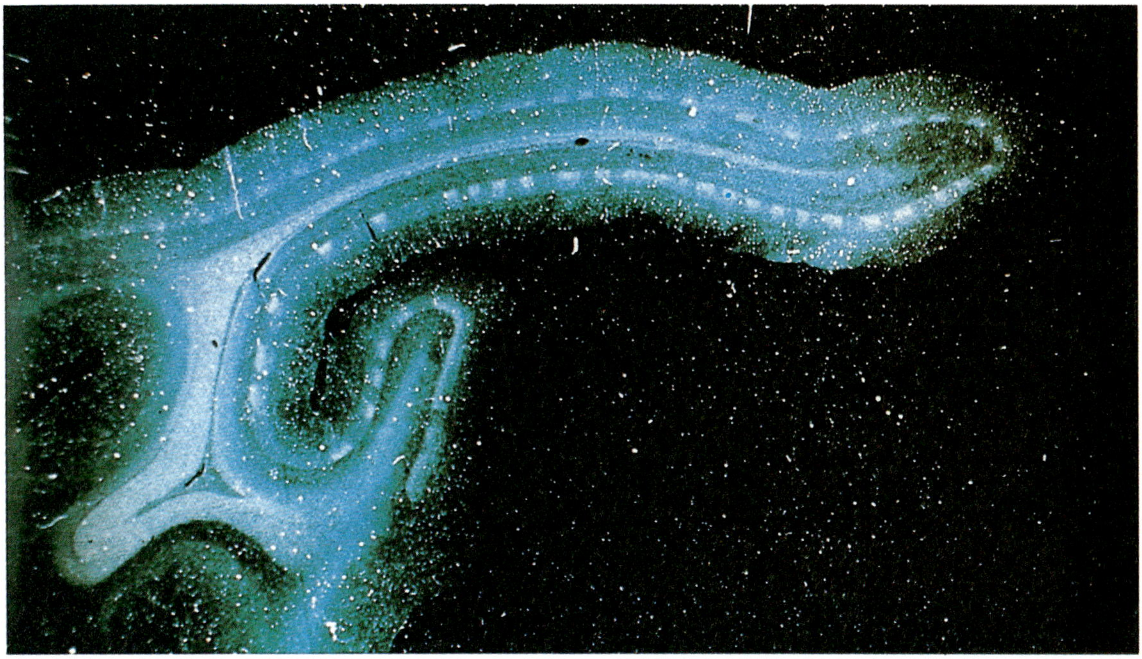

1. LES COLONNES DE DOMINANCE OCULAIRE, qui constituent un des deux principaux systèmes caractérisant l'architecture fonctionnelle du cortex visuel primaire, apparaissent sous forme de taches claires, régulièrement espacées, dans cette coupe autoradiographique à fond noir du cortex d'un Singe Macaque. Ces colonnes (qui sont en fait des feuillets épousant les courbures du cortex et dont nous voyons ici la coupe dans un plan perpendiculaire à la surface) sont les régions dont tous les neurones répondent plus activement à la stimulation de l'œil droit qu'à celle de l'œil gauche. Les taches bleues qui séparent les bandes claires correspondent aux colonnes dominées par l'œil gauche. On effectue l'autoradiographie en injectant dans l'œil droit d'un animal anesthésié, un acide aminé radioactif. L'acide aminé est absorbé par les corps cellulaires de la rétine et transporté, via le corps genouillé latéral, jusqu'aux cellules du cortex. Puis on fait des coupes du cerveau que l'on recouvre d'une émulsion photographique. Après plusieurs mois d'exposition, le développement de l'émulsion révèle les grains d'argent qui recouvraient des régions radio-actives. Ces régions forment les taches claires qui correspondent aux colonnes de dominance oculaire.

tantes de la densité cellulaire dans les couches successives, on constate une uniformité remarquable de celle-ci en n'importe quel point et dans toutes les directions de la surface formée par une couche de cellules donnée. Le cortex présente ainsi une morphologie pratiquement uniforme dans deux de ses dimensions .

Une des premières grandes découvertes sur l'organisation corticale eut lieu à la fin du siècle dernier ; on comprit alors progressivement que cette couche de tissu relativement uniforme était en fait subdivisée en plusieurs régions distinctes dotées de fonctions différentes. Des données cliniques, physiologiques et anatomiques prouvaient cette subdivision : ainsi, on avait remarqué qu'une lésion cérébrale pouvait, selon sa position, provoquer une paralysie, une perte de la vue, une perte de la sensibilité tactile ou une perte du langage. La cécité pouvait être soit totale, soit limitée à une partie du champ visuel et l'engourdissement pouvait atteindre un membre entier ou quelques doigts seulement. La logique de la relation entre un déficit donné et l'emplacement de la lésion cérébrale conduisit peu à peu à l'établissement d'une cartographie des régions spécialisées les plus remarquables telles que les aires visuelles, auditives, du langage, somato-sensorielles (liées à la sensibilité du corps) et motrices.

Dans de nombreux cas, un examen minutieux du cortex au microscope, après une coloration histologique mettant en évidence les corps cellulaires, montra qu'en dépit d'une uniformité apparente, il existait des variations structurales (en particulier dans l'agencement des couches) qui étaient en parfaite corrélation avec les subdivisions déduites des observations cliniques. On en obtint confirmation en localisant, à la surface du cerveau, les ondes électriques cérébrales produites lorsque l'on stimulait un animal en lui touchant le corps, ou en lui envoyant des sons dans l'oreille ou un éclair lumineux dans l'œil. De la même manière, on a cartographié les aires motrices en stimulant électriquement le cortex et en observant quelle partie du corps de l'animal bougeait.

Cette cartographie systématique du cortex amena rapidement une découverte fondamentale : la plupart des aires sensorielles et motrices contenaient des cartes bidimensionnelles de la zone du corps qu'elles représentaient. La destruction d'une petite région bien précise du cortex pouvait provoquer la paralysie d'un bras. Une lésion similaire en un autre site avait pour conséquence l'engourdissement d'une main ou de la lèvre supérieure, ou bien une cécité limitée à une région du champ visuel ; le fait de toucher un membre d'un animal coïncidait avec une série de potentiels électriques locaux que l'on enregistrait en plaçant des électrodes sur le cortex de l'animal. Ainsi, il existait bel et bien une carte du corps dans les aires somato-sensorielles et motrices ; l'espace visuel était reproduit point par point sur le cortex visuel primaire, une aire située sur le lobe occipital et qui couvre environ 15 centimètres carrés chez l'Homme et le Singe macaque (animal que nous avons tout particulièrement étudié).

Dans le cortex visuel primaire, la carte ne comporte ni faille ni discontinuité, si ce n'est la séparation remarquable du champ visuel le long d'une ligne médiane, la moitié gauche du champ se projetant sur le cortex cérébral droit et la moitié droite sur le cortex gauche. La carte du corps est plus compliquée et n'est peut-être pas encore complètement déchiffrée. Néanmoins, elle semble également être systématique et on retrouve le même phénomène de croisement, la partie droite du corps se projetant sur l'hémisphère gauche et la partie gauche se projetant sur l'hémisphère droit. (Il est intéressant de remarquer que personne n'a la moindre idée des raisons profondes pour lesquelles les voies du système nerveux sont ainsi croisées !)

Une caractéristique importante des cartes corticales est leur distorsion : l'échelle de la représentation varie un peu comme dans une projection de Mercator ; en règle générale, dans le cortex, les régions correspondant à une plus grande sensibilité ou à une exigence fonctionnelle plus grande occupent une surface corticale plus importante. Pour le corps, un millimètre carré de surface localisé sur les doigts, les lèvres ou la langue se projette sur une plus grande surface de cortex qu'un millimètre carré de surface sur le tronc, la région fessière ou le dos. Pour ce qui est de la vision, la partie centrale de la rétine a une représentation 35 fois plus grande que la partie périphérique.

Les progrès dans l'établissement des cartes des projections corticales, pour importants qu'ils fussent, détournèrent, quelque temps, toute réflexion du vrai problème : comment le cerveau analyse-t-il l'information ? Tout se passait comme si l'établissement d'une telle carte pouvait être une fin en soi au lieu de viser un but plus subtil, comme si le rôle du cortex n'était que d'approvisionner en sensations une sorte de petit bonhomme assis a l'intérieur de la tête et surveillant la ronde des images défilant dans le cortex ! Au cours de cet article, nous montrerons que, dans la vision, le monde est en fait représenté d'une manière beaucoup plus déformée. Notre petit observateur essayant de glaner des informations à partir des projections corticales serait vraiment déconcerté !

La première découverte fondamentale concernant l'organisation corticale fut néanmoins la mise en évidence de cette subdivision en aires, chaque aire ayant une fonction spécifique au sein d'un ensemble organisé. Le seul problème de connaître le nombre d'aires spécialisées a suscité bien des conjectures. Les estimations obtenues par les anatomistes donnent des chiffres assez élevés — jusqu'à plusieurs centaines — ce nombre dépendant de la capacité du chercheur à affiner certaines différences observées dans les structures microscopiques et, parfois également, de sa propension à l'autopersuasion. Les physiologistes obtinrent d'abord des estimations plus faibles mais, par la suite, en utilisant de meilleures techniques de cartographie, ils en déterminèrent un nombre plus élevé. La notion fondamentale à l'origine de cette subdivision est que l'information relative à une fonction donnée (comme la vue ou l'audition) est d'abord transmise à une aire corticale de projection primaire et, de là, directement ou via le thalamus, à une série d'aires plus élevées dans la hiérarchie des traitements. On estime aujourd'hui que le nombre de subdivisions corticales pourrait se situer entre 50 et 100, mais tout dépend des critères utilisés.

La seconde découverte fondamentale relative à l'organisation corticale, est due aux travaux de l'anatomiste Santiago Ramón y Cajal, et de son élève Rafael Lorente de Nó. Ils montrèrent que

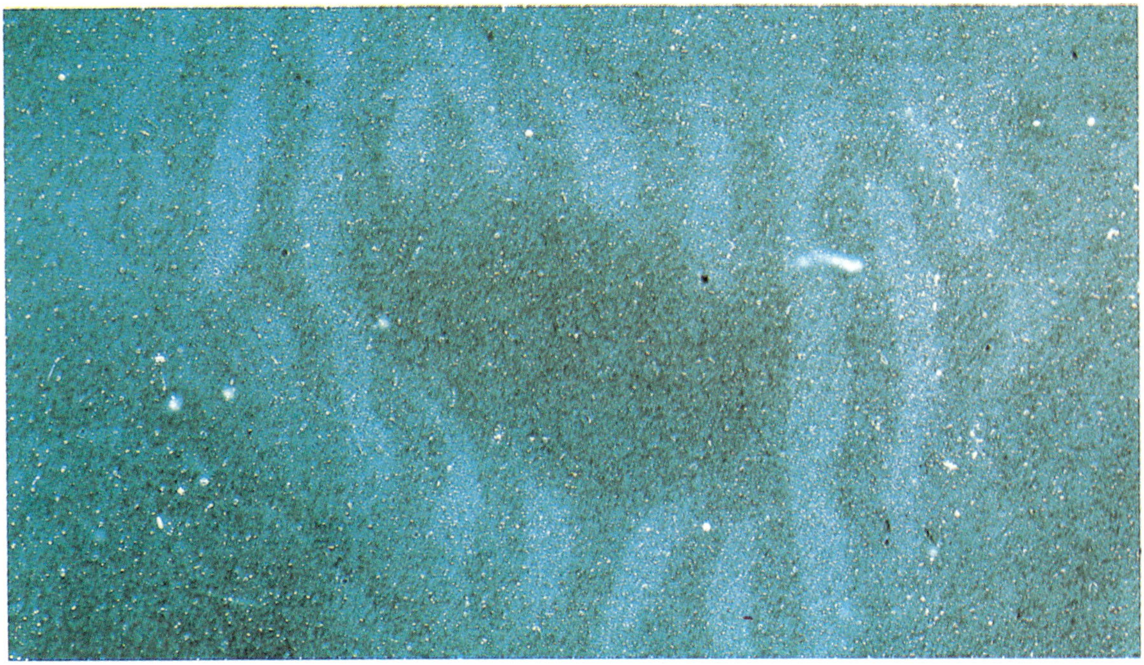

2. LE RÉSEAU DES FEUILLETS DE DOMINANCE oculaire est ici vu en plan sur une coupe autoradiographique obtenue après transport axonique, et effectuée parallèlement (et non perpendiculairement) à la surface du cortex visuel primaire, d'ou l'aspect de bandes. Le marquage est plus important dans une des couches de l'écorce cérébrale, la couche IV, qui suit les plis du cortex. C'est là que sont situées les terminaisons des axones apportant l'information visuelle et que, par suite, le matériel radioactif s'accumule. Le plan de cette section est tangent au dôme formé par la surface du cortex et est situé juste audessous de la couche IV, qui apparaît comme un anneau de bandes blanches à peu près parallèles entre elles. La largeur effective de ces bandes de dominance oculaire est de 400 micromètres.

les opérations, réalisées par le cortex sur l'information reçue, sont très locales. Il est plus facile de comprendre ce que cela signifie en analysant le réseau de connexions que révèle la méthode de Golgi utilisée par R. y Cajal et Lorente de Nó. Dans son principe, ce réseau est simple. Des groupes de fibres transmettent l'information au cortex ; en traversant plusieurs synapses, le signal d'entrée se propage verticalement dans toutes les couches cellulaires ; enfin plusieurs autres groupes de fibres transportent hors de l'aire corticale les messages modifiés. Le détail des connexions entre entrée et sortie varie d'une aire à l'autre, mais à l'intérieur d'une aire donnée, les connexions semblent relativement similaires si bien que le facteur commun à toutes ces aires est la structure de leur circuiterie. L'information transportée jusqu'au cortex par une fibre unique peut, en principe, se propager à travers toute l'épaisseur des couches après trois ou quatre synapses environ, tandis que la propagation latérale le long des arborisations axonique et dendritique se limite à quelques millimètres, c'est-à-dire à une petite fraction seulement de la vaste étendue corticale.

Cette observation a de nombreuses conséquences : quel que soit le rôle d'une région donnée du cortex, ce rôle est local. Dans toutes les zones du cortex où subsiste une représentation topographique systématique et détaillée il faut faire une analyse « pièce par pièce ». Dans le cortex somatosensoriel par exemple, les messages relatifs à un doigt peuvent être combinés et comparés à des signaux provenant d'un autre endroit du même doigt, ou à des signaux provenant d'un doigt voisin, mais certainement pas à des informations en provenance du tronc ou d'un pied. La même règle s'applique au domaine de la vision. Etant donné l'ordonnance précise des signaux arrivant au cortex visuel primaire, il n'y a aucune chance pour que cette région corrèle les informations provenant de points situés très au-dessus et très audessous de l'horizontale, ou des parties gauche et droite du champ visuel. Il s'ensuit qu'aucun effort d'imagination ne peut faire de ce cortex le « lieu saint », c'est-à-dire celui où le monde est perçu ! Les aires corticales ne peuvent qu'analyser localement le monde sensoriel. On en est donc réduit à supposer que lorsque l'information visuelle, tactile ou auditive passe d'une aire corticale à la suivante, la représentation devient progressivement plus floue et l'information transmise plus abstraite.

Alors même que les études utilisant la méthode de Golgi, au début du siècle, avaient clairement montré que le cortex devait effectuer des analyses locales, il fallut attendre 50 ans pour que les physiologistes entrevoient la nature exacte du traitement réalisé par une aire corticale quelconque. Les premiers éléments furent apportés par l'étude de l'aire visuelle primaire. Cette aire est maintenant la région corticale la mieux explorée et reste encore la seule pour laquelle l'analyse et le traitement de l'information soient assez bien connus. Après avoir décrit les principales transformations qui s'opèrent dans le cortex visuel primaire, nous montrerons comment une meilleure connaissance de ces fonctions corticales a révélé toute une organisation architecturale qu'on ne pouvait observer par d'autres moyens.

La voie visuelle

La meilleure entrée en matière possible consiste à décrire la voie visuelle, de la rétine au cortex, chez le Primate. Le signal provenant de chaque œil est acheminé au cerveau par environ un million de fibres nerveuses regroupées dans le nerf optique. Ces fibres sont les axones des cellules ganglionnaires de la rétine. Les messages, émanant des éléments photosensibles que sont les bâtonnets et les cônes, ont déjà traversé deux

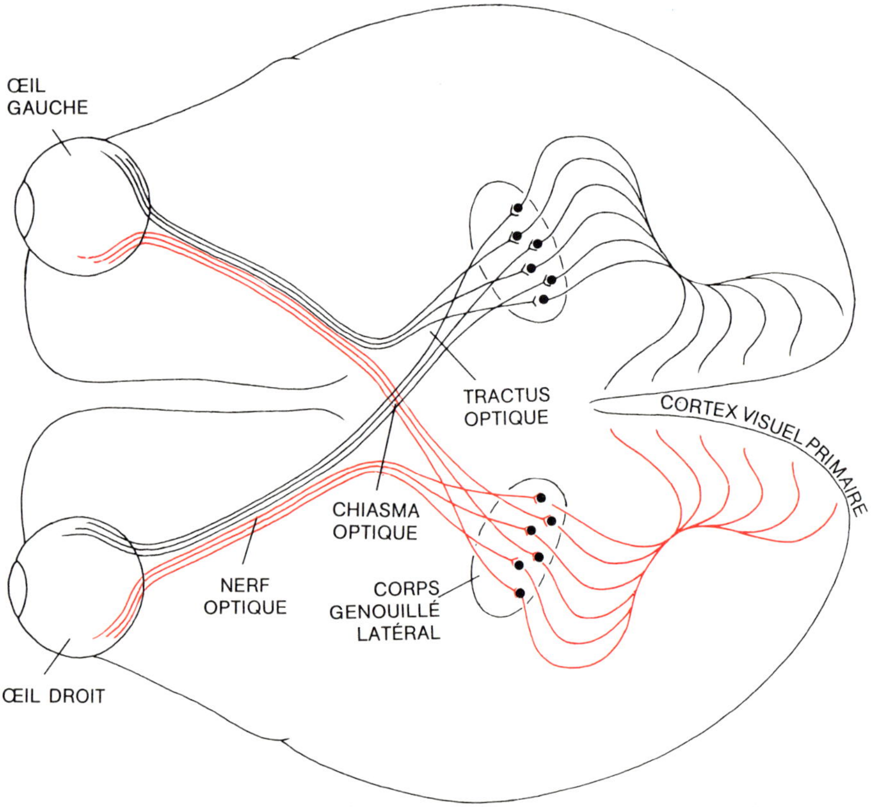

3. LES VOIES VISUELLES sont schématisées ici dans un cerveau humain vu de dessous. Le signal qui sort de la rétine est transporté jusqu'au corps genouillé latéral par les axones des cellules ganglionnaires, regroupés dans les nerfs optiques. La moitié environ des axones passe de l'autre côté du cerveau de telle façon que la représentation de chaque demi-champ visuel se projette sur le corps genouillé situé dans l'hémisphère opposé. Les neurones du corps genouillé envoient leurs axones au cortex visuel primaire.

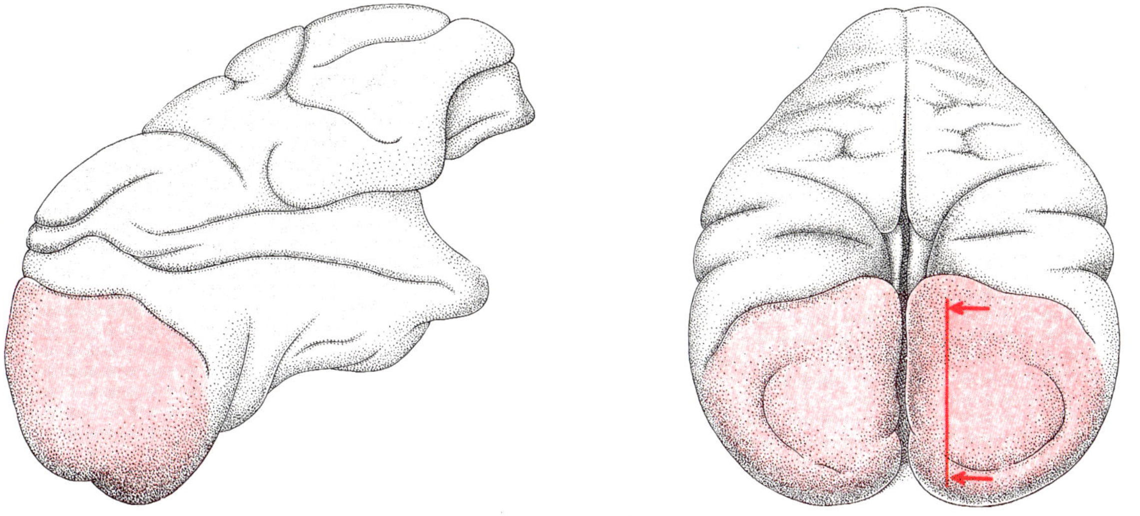

4. LE CORTEX VISUEL PRIMAIRE, APPELÉ ÉGALEMENT CORTEX STRIÉ ET AIRE 17, est une région du cortex cérébral : un empilement de couches de neurones qui enveloppe le cerveau du Primate. Chez le Macaque, si l'on regarde le cerveau de profil *(à gauche)* et de l'arrière *(à droite)*, le cortex visuel primaire *(région colorée)* occupe la plus grande partie de la surface visible des deux lobes occipitaux. Il s'incurve également le long du plan médian séparant les deux hémisphères cérébraux, puis se replie en une circonvolution complexe sous la surface externe convexe, comme le montre la coupe sagittale passant par la ligne colorée *(voir la figure 5 p. 115)*.

à quatre synapses et ont mis en jeu quatre autres types de cellules rétiniennes avant d'atteindre les cellules ganglionnaires de telle sorte qu'une analyse assez élaborée de l'information a déjà été accomplie.

Une grande partie des fibres du nerf optique rejoint directement les corps genouillés latéraux ; là, ces fibres font synapses. Les cellules du corps genouillé latéral envoient leurs axones directement au cortex visuel. A partir de là, après plusieurs synapses, les messages sont envoyés vers d'autres destinations : les aires corticales avoisinantes mais aussi plusieurs cibles situées profondément à l'intérieur du cerveau. Un contingent de messages retourne même en arrière pour revenir sur les corps genouillés lateraux ; on ne connaît pas la fonction de cette boucle de rétroaction. A cet endroit de la description, il est important de noter que le cortex visuel primaire n'est nullement l'étape finale de la voie visuelle. Il constitue simplement un relais, vraisemblablement un des premiers relais pour ce qui est de l'abstraction de l'information.

Par suite du croisement partiel des nerfs optiques, au niveau du chiasma optique, le corps genouillé et le cortex du côté gauche reçoivent les projections des moitiés gauches des deux rétines et ne sont donc en rapport qu'avec la moitié droite du champ visuel ; inversement le corps genouillé et le cortex droit traitent la moitié gauche du champ visuel. Chaque corps genouillé et chaque cortex reçoit des informations en provenance des deux yeux et est donc en rapport avec la moitié opposée du monde visuel.

La méthode que nous utilisons depuis la fin des années 1950 pour étudier le fonctionnement de la voie visuelle est (dans son principe) relativement simple. Commençons, par exemple, par les fibres du nerf optique : à l'aide de microélectrodes, nous pouvons enregistrer l'activité d'une fibre unique et nous cherchons alors comment provoquer le plus efficacement possible la décharge d'influx en excitant la rétine par un stimulus lumineux. Dans ce but, nous pouvons employer des motifs lumineux de toutes tailles, de toutes formes et de toutes couleurs, clairs sur fond sombre ou l'inverse, immobiles ou en mouvement projetés sur un écran placé devant l'animals. Cela peut prendre du temps, mais tôt ou tard nous déterminons généralement le meilleur stimulus lumineux pour la cellule étudiée, une cellule ganglionnaire dans cet exemple. Nous prenons alors note des résultats puis nous passons à une autre fibre. Après avoir étudié quelques centaines de cellules, nous remarquons qu'il y a de moins en moins de types nouveaux de réponses. Ayant alors une connaissance à peu près globale du fonctionnement des neurones de ce niveau, nous pouvons donc passer au relais suivant (dans ce cas, le corps genouillé) et répéter le même protocole expérimental. La comparaison des deux groupes de données peut nous apporter des informations sur le rôle joué par le corps genouillé. Nous passons ensuite au niveau suivant, le cortex visuel primaire, et recommençons la même analyse.

Cette façon de procéder nous permet de conclure que le stimulus le plus efficace, à la fois sur une cellule ganglionnaire de la rétine et sur une cellule du corps genouillé, est un disque lumineux d'une taille bien précise, placé dans un endroit particulier du champ visuel. La taille de ce disque est importante car le champ récepteur de chaque cellule (le champ récepteur d'une cellule est par définition le groupe des récepteurs rétiniens qui envoient des informations à cette cellule) est constitué soit d'un centre excitateur et d'un pourtour inhibiteur (les cellules de ce type sont appelées « centre ON » par les Anglo-saxons) soit d'une configuration exactement inverse (cellules dites « centre OFF »). Cette configuration centre-pourtour fut décrite pour la première fois en 1953 par Stephen Kuffler de la Faculté de médecine de l'Université Johns Hopkins. Un disque lumineux qui recouvre exactement le centre d'une cellule « centre ON » constitue donc un stimulus plus efficace qu'un disque plus grand qui envahit la région inhibitrice ou qu'une lumière diffuse. Un stimulus linéaire (une barre lumineuse) est efficace s'il couvre une partie importante de la région centrale et seulement une partie restreinte du pourtour. Étant donné que leurs champs récepteurs présentent une symétrie circulaire, ces cellules répondent bien à ces stimulus linéaires, quelle que soit l'orientation de ceux-ci. En résumé, les cellules ganglionnaires rétiniennes et les cellules du corps genouillé latéral — relais de l'information arrivant au cortex visuel — sont des cellules ayant des champs récepteurs de type centre-pourtour à structure concentrique. Leur fonction essentielle est, non d'évaluer des degrés d'éclairement, mais plus vraisemblablement de comparer le degré d'éclairement d'une petite région du champ visuel et l'éclairement moyen de son pourtour immédiat.

La première des deux principales transformations effectuées par le cortex visuel est le réarrangement de l'information afférente afin que la majorité des neurones corticaux ne répondent plus à des disques mais à des barres lumineuses d'orientation précise. Le cortex renferme une grande diversité de types cellulaires dont les propriétés de déclenchement plus ou moins complexes font déjà penser à un type d'organisation hiérarchisée, dans lequel les cellules simples fournissent des informations aux cellules plus complexes. Chez le Singe on trouve d'abord un groupe important de cellules qui se comportent (pour autant qu'on le sache) exactement comme les cellules du corps genouillé : elles ont des champs récepteurs à symétrie circulaire. Ces cellules sont toutes situées dans la partie profonde d'une couche, appelée couche IV, qui est précisément celle qui reçoit la plus grande part des fibres du corps genouillé. Ce sont vraisemblablement ces cellules, les plus simples des cellules corticales, qui sont connectées de la façon la plus directe aux fibres apportant les informations.

Les cellules situées en dehors de la couche IV ont une réponse maximale pour des barres lumineuses d'orientation précise. Une cellule de ce type est ainsi activée uniquement quand la lumière arrive sur un endroit bien précis du champ visuel ; de plus, un éclairement diffus de cette région, ou des disques lumineux de petite taille, n'ont que peu ou pas d'effet. Pour certaines cellules, la réponse optimale est induite par une barre lumineuse d'une inclinaison bien définie, éclairant cet endroit particulier ou, pour d'autres cellules, par une barre traversant tout le champ récepteur. L'orientation la plus efficace varie d'une cellule à l'autre ; elle est généralement suffisamment bien définie pour qu'une rotation de 10 ou 20 degrés de part et d'autre de l'orientation préférée atténue la réponse de façon importante ou l'abolisse complètement. (Il est difficile de bien faire comprendre la précision de cette discrimination : si 10 ou 20 degrés vous semblent être un écart angulaire important, rappelez-vous que 30 degrés correspondent à l'angle que forment les aiguilles d'une montre entre midi et une heure!). Une orientation perpendiculaire à l'orientation préférée n'entraîne jamais de réponse de la cellule.

Suivant la cellule considérée, le stimulus peut être une barre lumineuse sur fond noir, ou bien l'inverse, ou encore la limite entre une région lumineuse et une région sombre. S'il s'agit d'une barre, il est probable que son épaisseur sera un paramètre important ; quand cette dernière dépasse une largeur optimale, la réponse diminue, exactement comme l'augmentation du diamètre d'un disque lumineux diminuait la réponse des cellules ganglionnaires de la rétine et des cellules du corps genouillé. En fait, pour une région donnée du champ visuel, les centres des champs récepteurs du corps genouillé et la largeur optimale des barres lumineuses utilisées pour la stimulation corticale sont du même ordre de grandeur.

Les neurones spécifiques d'une orientation sont de complexité variable. Les plus simples, appelés « cellules simples », se comportent comme si leurs messages d'entrée provenaient directement de plusieurs cellules dont le champ récepteur du type centre-pourtour a une symétrie circulaire : celles que l'on trouve dans la couche IV. On explique de façon simple les propriétés de ces « cellules simples », qui répondent de façon optimale pour une barre d'orientation déterminée située dans un endroit précis, si l'on suppose que les centres des champs récepteurs centre-pourtour des cellules afférentes sont tous excitateurs ou tous inhibiteurs et sont alignés. Jusqu'à présent aucune preuve définitive n'est venue corroborer ce schéma, mais cette hypothèse est séduisante par sa simplicité et les divers arguments indirects qui militent en sa faveur. Jennifer Lund qui, au cours de ces dernières années, a fait

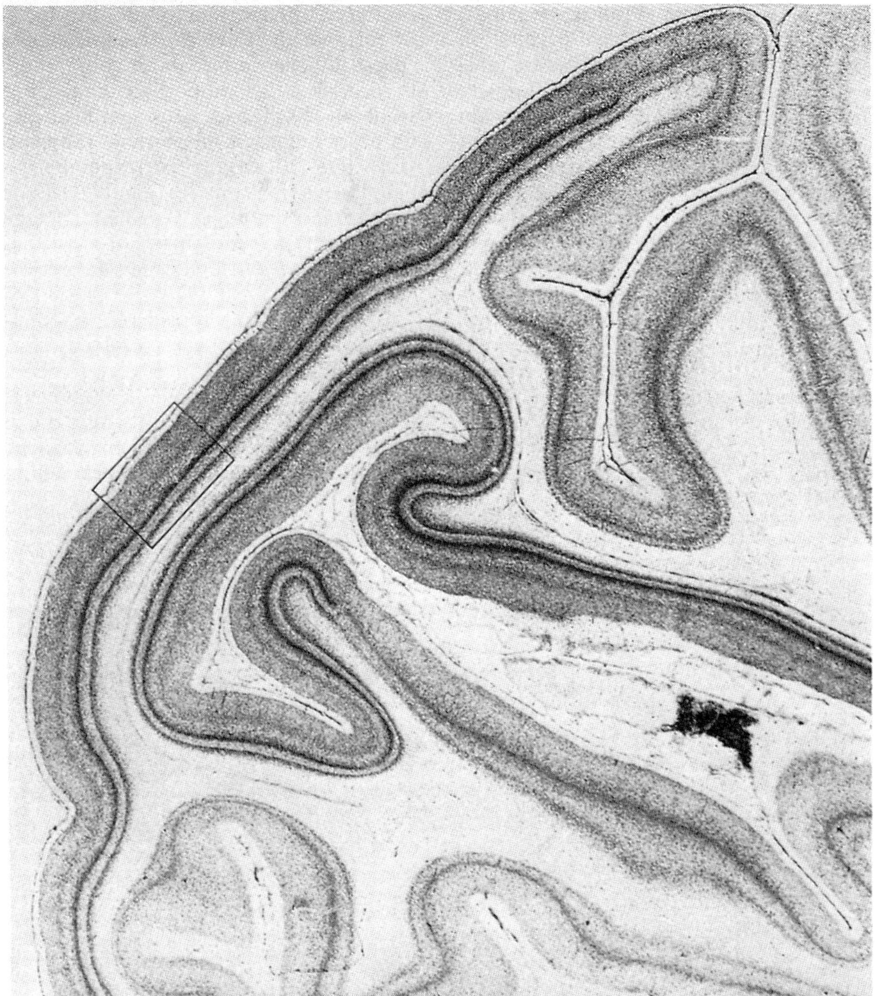

5. LA SECTION DU CORTEX VISUEL, passant par la ligne colorée de la figure 4 p. 113 a subi une coloration de Nissl qui met en évidence les corps cellulaires sans colorer les fibres. Le cortex visuel apparaît ici comme un feuillet de deux millimètres d'épaisseur, formé de couches continues de neurones. Le rectangle noir *(en haut à gauche)* est agrandi sur la figure 6, p. 116.

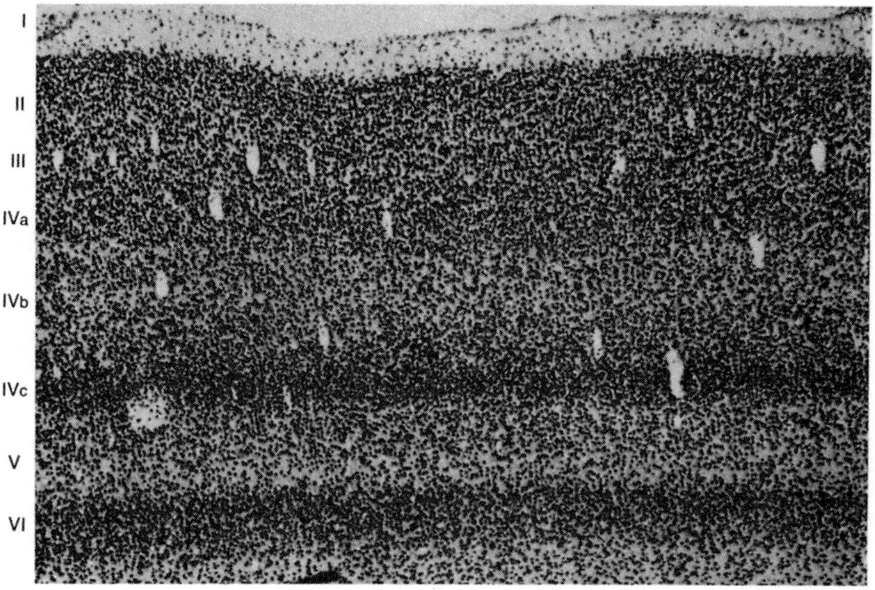

6. LA SECTION TRANSVERSALE DU CORTEX VISUEL PRIMAIRE chez le Macaque, colorée par la méthode de Nissl et agrandie 35 fois, indique une structure en six couches *(mises en évidence à gauche)*. Les taches blanches sont des sections de vaisseaux sanguins.

énormément progresser les connaissances anatomiques sur cette région corticale à l'aide des colorations de Golgi, pense que les cellules de la couche IV se projettent sur les couches immédiatement supérieures, couches où sont localisées les cellules simples.

Le second, et le plus important, groupe de neurones spécifiques d'une certaine orientation est constitué par les « cellules complexes ». On peut subdiviser ce groupe en plusieurs catégories, mais la caractéristique principale de ces cellules est d'être moins sensibles à l'emplacement exact du stimulus. Les « cellules complexes » se comportent comme si elles recevaient leurs informations de plusieurs « cellules simples », ayant toutes des champs récepteurs de même orientation mais occupant des positions légèrement différentes. Ce schéma peut expliquer la décharge continue et importante d'une cellule complexe quand une barre lumineuse, maintenue dans l'orientation optimale, est déplacée dans le champ récepteur de cette cellule. Nombre de cellules sont plus sensibles, pour une orientation optimale fixée, à un déplacement dans un sens donné qu'à ce même déplacement dans le sens opposé. On a invoqué plusieurs circuits neuroniques possibles pour expliquer ce comportement (voir p. 85).

Il n'y a pas encore de preuve patente du rôle joué par les cellules spécifiques d'une orientation dans les mécanismes de perception visuelle ; pourtant il est tentant de penser qu'elles représentent un des premiers niveaux de l'analyse des formes visuelles dans le cerveau. On peut légitimement se demander quelles cellules seraient mises en jeu, à ce premier niveau, par une forme visuelle très simple comme, par exemple, une tache sombre sur un fond lumineux. Une cellule dont le champ récepteur se trouve totalement en deçà ou totalement au-delà des limites d'une telle image ne sera nullement affectée par la présence de la figure, les cellules corticales ne tenant aucun compte des changements diffus de l'éclairement global de leurs champs récepteurs.

Les seules cellules mises en jeu seront celles pour lesquelles les bords du stimulus coupent le champ récepteur. Pour les cellules à symétrie circulaire, les plus activées seront celles pour lesquelles les limites de la partie centrale du champ récepteur sont tangentes au bord du stimulus (parce que dans ce cas, les subdivisions excitatrices et inhibitrices sont éclairées de façon très inégale). Pour les cellules spécifiques d'une orientation, les seules à êtres activées seront celles pour lesquelles l'orientation optimale est parallèle à la direction générale du bord du sti-

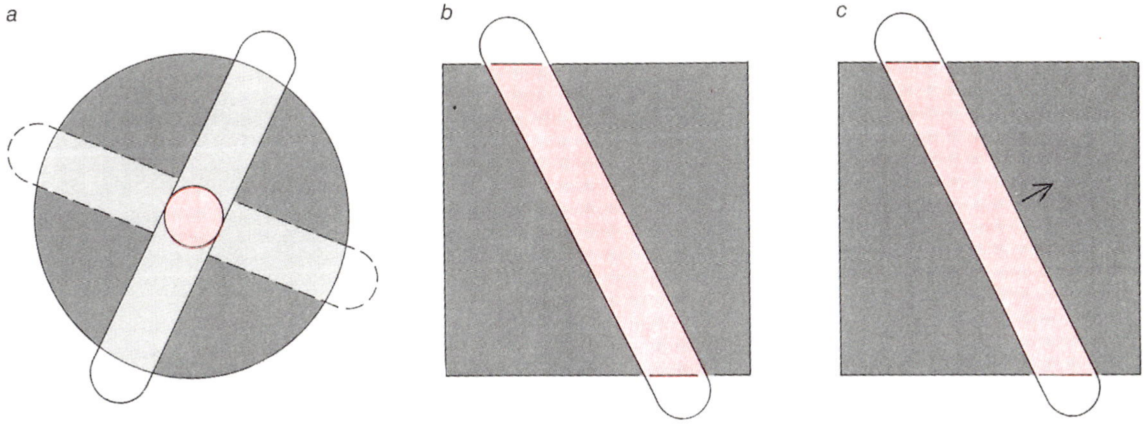

7. COMPARAISON DES CHAMPS RÉCEPTEURS de cellules situées à différents niveaux de la voie visuelle. (Le champ récepteur d'une cellule visuelle est la portion de l'espace dont l'illumination déclenche ou supprime l'activité de cette cellule particulière). Les cellules rétiniennes ganglionnaires et les neurones du corps genouillé latéral ont des champs récepteurs circulaires avec soit un centre excitateur et un pourtour inhibiteur *(a)*, soit l'arrangement inverse, un centre inhibiteur et un pourtour excitateur. Un disque lumineux présenté au centre provoque une réponse, comme toute barre lumineuse d'orientation quelconque pourvu qu'elle passe également par le centre. Dans le cortex visuel, on trouve une hiérarchie de neurones dont les réponses sont d'une complexité croissante. Les cellules corticales qui reçoivent des signaux en provenance directe du corps genouillé ont des champs récepteurs à symétrie circulaire. Cependant, les neurones du cortex situés plus en aval répondent uniquement aux stimulus ayant une orientation bien précise. Une cellule « simple » *(b)* ne répond à un tel stimulus linéaire que s'il est situé dans un endroit particulier du champ récepteur. Une cellule « complexe » *(c)* répond à une barre orientée dans une certaine direction, indépendamment de sa position dans le champ récepteur, et également si cette barre se déplace dans une direction bien précise.

mulus lumineux. Parmi celles-ci les cellules simples seront beaucoup plus sensibles aux variations de direction que les cellules complexes : elles ne seront bien excitées que lorsque le bord du stimulus tombe sur la ligne de partage entre région excitatrice et région inhibitrice. Il est important de remarquer que cette partie du cortex n'effectue que des opérations locales sur des portions de la forme générale. Comment la forme dans son ensemble est-elle analysée dans le cerveau ? Comment cette information est-elle traitée et synthétisée si elle l'est à des niveaux d'intégration plus élevés ? Ces questions restent toujours sans réponse.

La seconde fonction principale du cortex visuel du singe est de rassembler les informations en provenance des deux yeux. Dans les corps genouillés latéraux, un neurone répond à un stimulus provenant soit de l'œil gauche soit de l'œil droit mais en aucun cas des deux yeux à la fois. Ceci peut paraître surprenant, car chaque corps genouillé reçoit des fibres nerveuses des deux yeux, mais force est de constater que ces structures sont organisées de façon à préserver la séparation des fibres issues de chaque œil. Chaque corps genouillé est divisé en six couches, trois couches correspondant à l'œil gauche intercalées entre trois couches correspondant à l'œil droit. La moitié du champ visuel est cartographiée sur chacune de ces couches (les six cartes étant en relation topologique bien précise, de sorte que le long de tout axe radial traversant les six couches, les champs récepteurs de toutes les cellules rencontrées correspondent à des positions presque identiques dans le champ visuel). Puisqu'une couche donnée ne reçoit des informations que d'un seul œil, les cellules individuelles constituant cette couche sont nécessairement monoculaires.

Même au niveau du cortex visuel, les neurones sur lesquels se projettent les cellules du corps genouillé c'est-à-dire les neurones de champs récepteurs à symétrie circulaire de la couche IV sont (pour autant qu'on puisse le dire) tous strictement monoculaires, comme le sont également toutes les cellules simples. Ce n'est qu'au niveau des cellules complexes que les voies en provenance des deux yeux convergent et, même à ce stade, le mélange des informations reste incomplet. Ce mélange est tel que la moitié

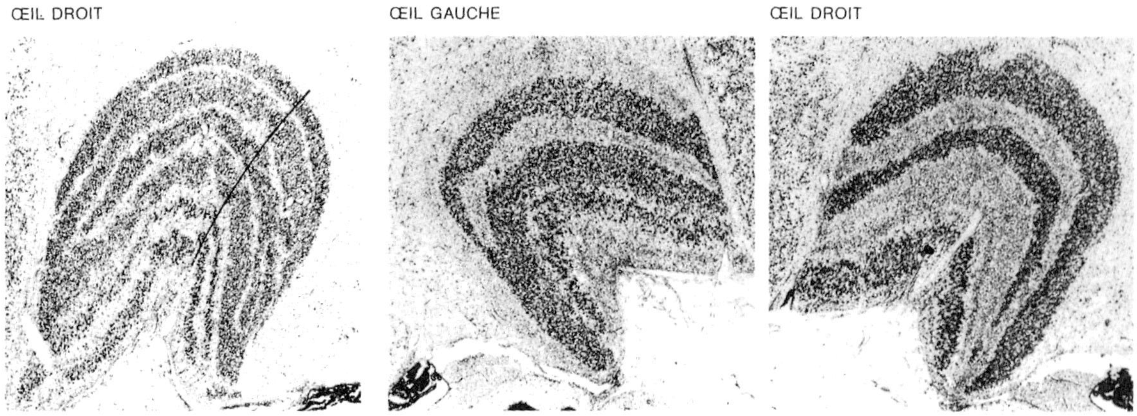

8. LE CORPS GENOUILLÉ LATÉRAL d'un Singe dont la vision est normale *(à gauche)* est une structure multi-couches dans laquelle les cellules des couches 1, 4, 6 *(de bas en haut)* reçoivent leurs informations de l'œil situé à l'opposé et celles des couches 2, 3, 5 reçoivent leurs informations de l'œil situé du même côté. Les neurones situés sur une même ligne perpendiculaire à la surface *(trait noir)* reçoivent des signaux en provenance de la même partie du champ visuel. La distribution de ces couches par rapport à chaque œil apparaît lorsqu'on observe les deux corps genouillés d'un animal qui ne voyait que de l'œil gauche *(photographies de droite)* : les cellules situées dans les trois couches innervées par l'œil droit sont atrophiées.

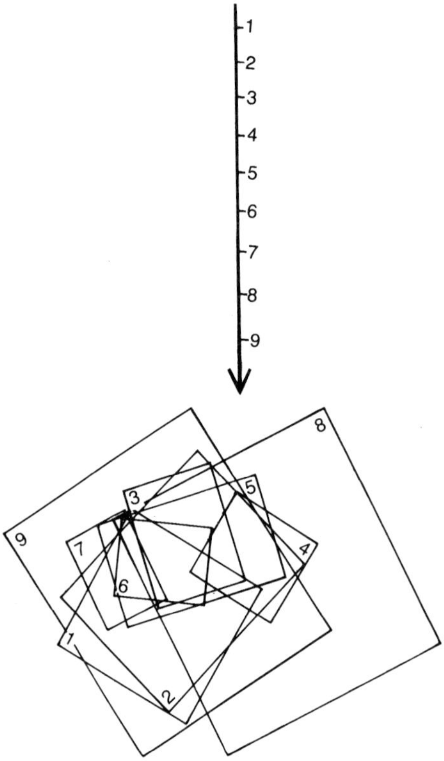

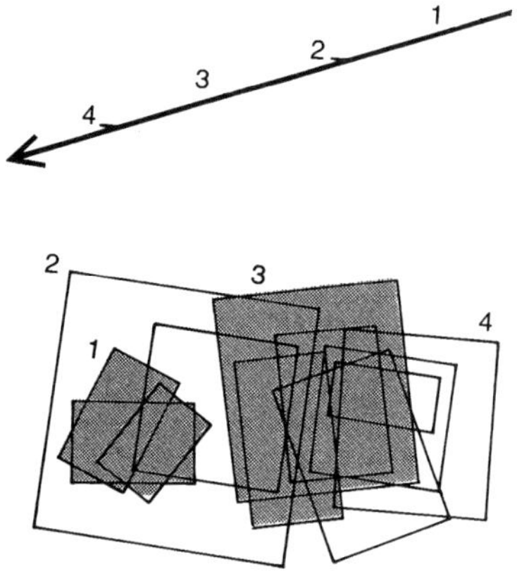

9. LES POSITIONS DES CHAMPS RÉCEPTEURS (numérotées de 1 à 9) des neurones corticaux, échantillonnés lors d'une descente de micro-électrode s'effectuant à peu près perpendiculairement à la surface corticale, sont pratiquement confondues mais leur dimension et leur position précise varient un peu *(à gauche)*. Lors d'une pénétration oblique *(à droite)*, deux à quatre cellules furent enregistrées tous les 100 micromètres en quatre endroits (numérotés de 1 à 4) et distants successivement de un millimètre les uns des autres. On note une certaine différence dans la taille et la position des champs récepteurs à l'intérieur de chaque groupe, mais s'y ajoute une dérive systématique entre les positions moyennes des champs récepteurs de chaque groupe successif.

environ des cellules complexes sont monoculaires, en ce sens qu'une cellule donnée n'est activée que par la stimulation d'un œil donné ; les autres cellules peuvent être activées indépendamment par les deux yeux.

Si on compare entre eux les champs récepteurs de l'œil droit et de l'œil gauche pour une cellule binoculaire (obtenus en stimulant d'abord un œil et ensuite l'autre), il apparaît que les deux champs ont des localisations, des degrés de complexité d'organisation et des orientations préférentielles identiques ; tout ce que l'on peut apprendre sur la cellule en stimulant un œil est confirmé par l'autre œil. Il n'existe qu'une exception : si on étudie successivement les réponses des deux yeux à des stimulations identiques, les deux réponses ne sont pas, en général, quantitativement égales ; dans de nombreux cas un œil est dominant, ce qui se traduit par une fréquence de décharge plus élevée pour cet œil.

On rencontre successivement tous les degrés de dominance oculaire en passant d'une cellule à l'autre, de la dominance absolue d'un œil au contrôle exclusif par l'autre, en passant par l'égalité. Chez le Singe, les cellules montrant une préférence marquée pour un œil sont un peu plus nombreuses que les cellules pour lesquelles les deux yeux déclenchent des réponses à peu près égales. Apparemment, une cellule binoculaire du cortex visuel primaire possède des connexions en provenance de chaque œil, qui sont qualitativement presque identiques, mais la densité des deux réseaux de connexions n'est pas obligatoirement la même.

Il est assez remarquable que les réseaux très élaborés, responsables de la spécificité d'orientation et de direction du mouvement mais aussi d'autres propriétés particulières, doivent exister en deux exemplaires parfaitement identiques. Il est peut-être plus surprenant encore qu'on puisse observer toutes ces propriétés chez l'animal nouveau-né. Le circuit est, dans sa plus grande partie, inné et probablement déterminé génétiquement (cependant, en ce qui concerne la propriété particulière de binocularité, le développement des connexions s'effectue surtout après la naissance).

Les couches corticales

Nous allons maintenant étudier la répartition des cellules dans le cortex. Les cellules de caractéristiques identiques — complexité d'organisation, position du champ récepteur, orientation et dominance oculaire — sont-elles regroupées ou dispersées de manière aléatoire ? D'après la description precédente il paraît évident que les cellules de complexité similaire ont tendance à être regroupées en couches, les cellules de champ récepteur à symétrie circulaire se situant dans la partie inférieure de la couche IV, les cellules simples juste au-dessus de celles-ci et les cellules complexes s'étageant dans les couches II, III, V et VI. Les cellules complexes peuvent être encore divisées en sous catégories propres à chaque couche et ce, en fonction de nombreux critères.

Les différences observées d'une couche à l'autre prirent une importance supplémentaire à la suite d'une découverte fondamentale, confirmée par plusieurs physiologistes et anatomistes durant ces dernières décennies, selon laquelle les fibres issues de couches particulières du cortex ont des destinations bien déterminées. Dans le cortex visuel, par exemple, la couche la plus profonde, la couche VI, se projette principalement (et peut-être uniquement) en retour sur le corps genouillé latéral ; la couche V se projette sur le colliculus supérieur, un relais visuel du mésencéphale ; les couches II et III envoient leurs fibres efférentes vers d'autres parties du cortex. Cette relation entre les couches et les lieux de projection mérite probablement d'être classée comme la troisième découverte majeure concernant l'organisation du cortex.

Une autre variable influant sur l'efficacité des stimulus est la position du champ récepteur dans le champ visuel réel. Dans notre description du corps genouillé latéral, nous avons mis en évidence le fait que, au sein de chaque couche, la moitié opposée du champ visuel se projetait sur une carte ordonnée. La projection du corps genouillé latéral vers le cortex visuel primaire conserve cet ordre, si bien qu'il existe une carte corticale du champ visuel. Étant donne cette cartographie très ordonnée, il n'est pas étonnant que, dans cette partie du cortex, les cellules voisines aient toujours des champs récepteurs très proches ; en fait, ces champs se recouvrent généralement. Si on implante une micro-électrode dans le cortex perpendiculairement à sa surface et si l'on enregistre l'activité, cellule par cellule (jusqu'à échantillonner 100 à 200 d'entre elles) en traversant des couches successives, on constate aussi que la plupart des champs récepteurs se recouvrent partiellement. La surface couverte par l'ensemble des champs est égale à plusieurs fois la taille de n'importe quel champ récepteur individuel.

La taille de ces champs récepteurs est assez

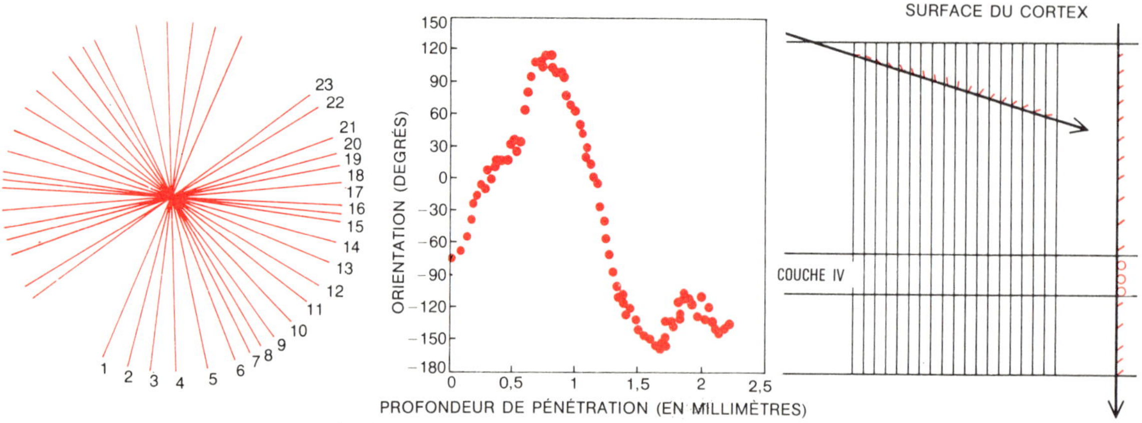

10. LES ORIENTATIONS PRÉFÉRÉES de vingt-trois neurones enregistrés lors d'une pénétration oblique dans le cortex à l'aide d'une micro-oélectrode sont reportées *(à gauche)*. L'orientation des stimulus les plus efficaces varie dans le sens inverse des aiguilles d'une montre. Les résultats d'une expérience similaire sont représentés au centre où, cependant, on observe plusieurs inversions dans la succession des orientations préférées. Un grand nombre de données provenant d'expériences identiques, ajouté au fait qu'une micro-électrode descendue perpendiculairement à la surface ne rencontre que des cellules préférant la même orientation (en dehors des cellules à symétrie circulaire de la couche IV qui n'ont pas d'orientation préférée), ont suggéré que le cortex est divisé en feuillets a peu près parallèles. Chaque feuillet contient les neurones qui ont une même spécificité d'orientation et apparaît en coupe perpendiculaire à la surface du cortex comme une colonne *(à droite)*.

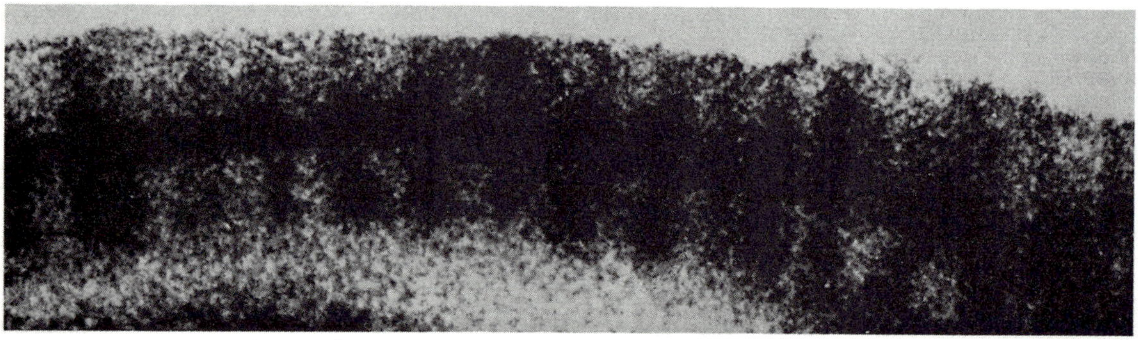

11. LES COLONNES D'ORIENTATION sont une structure anatomique qui apparaît dans une autoradiographie au désoxyglucose faite par les auteurs et Michael Stryker. Du désoxyglucose marqué au carbone 14 est injecté à un Singe ; il est incorporé surtout par les neurones actifs et le premier métabolite s'accumule dans les cellules. Immédiatement après l'injection, des réseaux de bandes verticales sont présentés à l'animal, ce qui provoque une accumulation de radioactivité dans les cellules les plus actives, c'est-à-dire celles qui « préfèrent » les lignes verticales ; dans cette section perpendiculaire à la surface, les régions actives sont des colonnes étroites séparées de 500 micromètres environ. La couche IV (qui n'a pas d'orientation préférée) est, comme prévu, uniformément radioactive.

variable ; elle dépend en partie de la couche ; en effet, les plus grands champs récepteurs se trouvent généralement dans les couches III, V et VI ; mais les variations les plus importantes dépendent de l'excentricité rétinienne, c'est-à-dire de la distance qui sépare le champ récepteur de l'axe du regard. Dans la portion de cortex au voisinage de la projection de l'axe du regard, la taille des champs récepteurs et la dispersion spatiale associée sont très petites en comparaison de la taille et du degré de dispersion trouvés dans la région corticale qui correspond à la vision périphérique. La superposi-

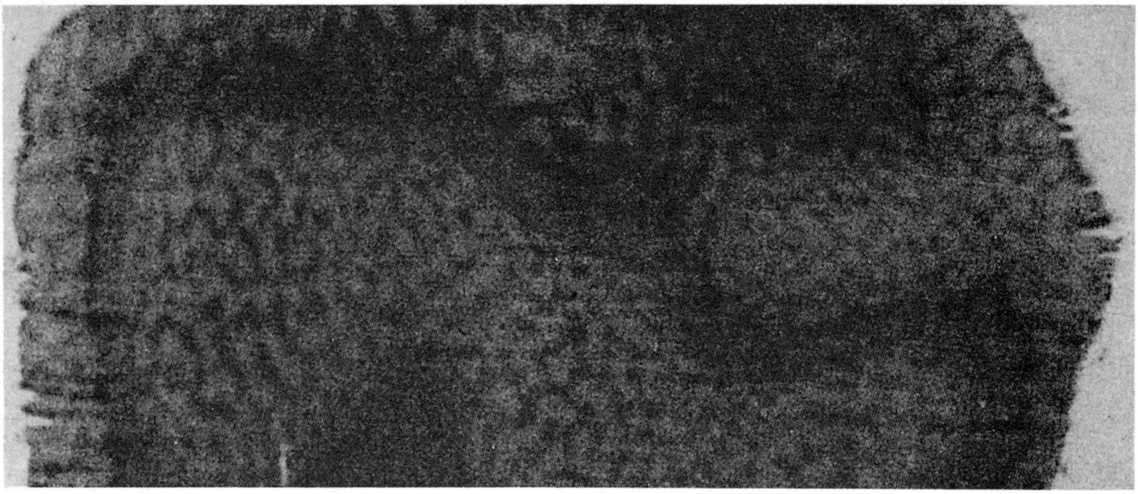

12. LE RÉSEAU DES FEUILLETS D'ORIENTATION, vu de dessus, est étonnamment complexe. Cette autoradiographie au désoxyglucose est une section tangente aux couches légèrement incurvées du cortex. Les régions les plus sombres correspondent au marquage continu de la couche IV. Dans les autres couches, les domaines d'orientation forment des bandes aux courbures compliquées, un peu semblables à la perspective aérienne des murs d'un labyrinthe, mais la distance d'une bande à l'autre est fixe.

tion des différents champs traversés au cours d'une exploration partant d'un point quelconque du cortex est appelée le « champ global » de ce point. La taille du champ global est évidemment fonction de l'excentricité.

Si l'électrode pénètre les couches de cellules suivant une direction oblique presque parallèle à la surface, il se superpose alors, à la dispersion intrinsèque des champs récepteurs, d'une cellule à l'autre, une dérive importante de la position des champs récepteurs, dérive dont la direction est fixée par la carte du champ de vision. On découvre alors une régularité intéressante : le déplacement de l'électrode de un ou deux millimètres environ correspond toujours à un déplacement sur la rétine suffisant pour que soit atteinte une région du cortex complètement différente. Dans ce cas, la distance entre les centres des champs globaux correspondant à deux neurones du cortex distants de deux millimètres est environ égale à la dimension moyenne du champ global. Ceci est vrai pour le cortex visuel primaire, quel que soit l'endroit où a lieu l'enregistrement. La dispersion et la taille des champs situés dans l'axe du regard sont très faibles, comme l'est également le déplacement rétinien correspondant à une progression d'un millimètre dans le cortex. Au fur et à mesure que l'excentricité augmente (c'est-à-dire plus on se dirige vers la périphérie du champ visuel), la taille, la dispersion intrinsèque et le déplacement des champs récepteurs augmentent parallèlement. En tout point du cortex, il semble qu'un îlot de tissu, d'à peu près un ou deux millimètres de côté, est de taille suffisante pour analyser une région du monde visuel équivalente à un “champ global”.

Ces observations nous renseignent sur la manière dont le cortex visuel résout un problème fondamental : comment analyser une scène vue en détail dans la partie centrale, et de façon plus grossière à la périphérie ? Dans la rétine, où le même problème se pose, le nombre de millimètres correspondant à un degré du champ visuel reste, pour des raisons optiques, à peu près constant. La rétine traite en détail les régions centrales par le biais d'une multitude de cellules ganglionnaires, dont chacune analyse une toute petite région du champ visuel central ; dans la partie centrale de la rétine, la couche de cellules ganglionnaires est épaisse, et elle s'amincit vers la périphérie. Le cortex au contraire semble être d'épaisseur égale en tout point. A son niveau, les contraintes optiques imposées à la rétine n'existent plus et par conséquent l'étendue de cortex traitant un problème donné peut être proportionnelle à l'importance de la tâche.

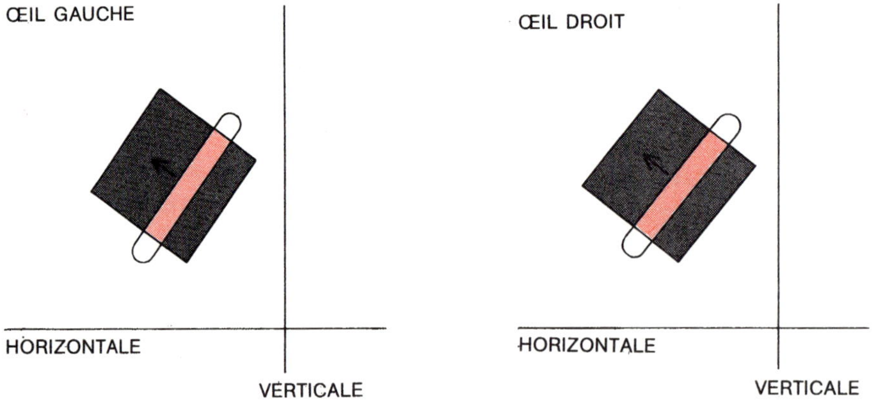

13. LES CELLULES BINOCULAIRES sont activées faiblement par l'un ou l'autre œil et plus fortement par les deux yeux en même temps. On a représenté les champs récepteurs (œil gauche et œil droit) d'une cellule complexe . L'intersection des méridiens horizontal et vertical définit le point de fixation. Les deux champs récepteurs sont identiques mais l'intensité de la réponse peut varier selon l'œil stimulé. La meilleure réponse pour un œil donné définit la dominance oculaire.

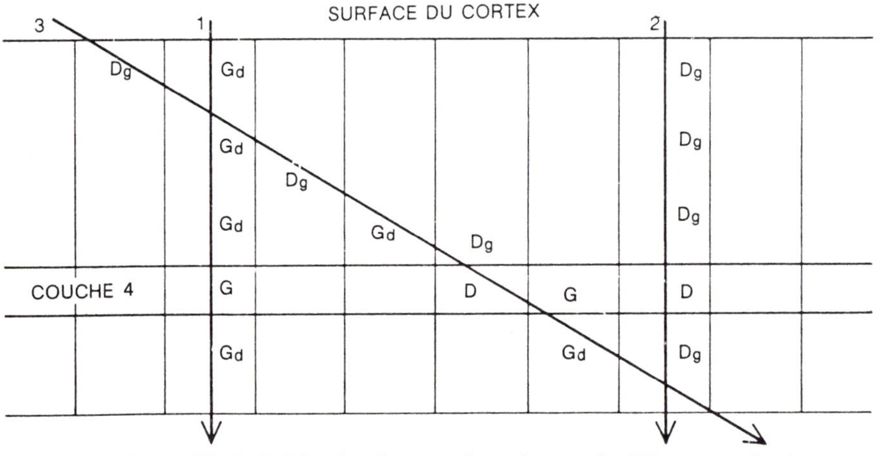

14. LES GROUPEMENTS DE CELLULES selon leur dominance oculaire ont éte mis en évidence par des études électrophysiologiques. Dans une pénétration verticale du cortex *(1)*, une micro-électrode rencontre uniquement des cellules répondant préférentiellement à l'œil gauche *(G_d)* et dans la couche IV des cellules activées seulement par l'œil ganche *(G)*. Dans une autre pénétration verticale *(2)*, les cellules enregistrées sont toutes dominées par l'œil droit *(D_g)* et dans la couche IV sont exclusivement activées par l'œil droit *(D)*. Une pénétration oblique *(3)* traverse régulièrement des régions alternativement dominées par un œil puis par l'autre. Des explorations répétées suggèrent que le cortex est subdivisé en feuillets de 400 micromètres de large et dont les pans sont perpendiculaires à la surface corticale et aux couches : ce sont les colonnes de dominance oculaire sur les coupes perpendiculaires à la surface du cortex.

Les mécanismes mis en jeu dans n'importe quel îlot d'un millimètre carré de cortex sont probablement les mêmes. Quelques milliers de fibres genouillées y pénètrent, donnant lieu à un traitement cortical de l'information ; puis celle-ci repart par quelque 50 000 fibres, et cette organisation est la même, qu'il s'agisse d'une petite partie du monde visuel représentée avec un grand luxe de détails ou au contraire d'une plus vaste région moins détaillée. Comme nous l'avons indiqué en introduction, l'uniformité du cortex est suggérée par l'aspect de coupes histologiques après coloration. Cela se confirme dans le détail, quand on examine l'architecture de plus près en s'intéressant plus spécialement aux propriétés d'orientation et de dominance oculaire.

Pour ce qui est de l'orientation, nos recherches sur la répartition des cellules seront faites exactement comme pour les positions des champs récepteurs, c'est-à-dire en comparant d'abord les propriétés de deux cellules voisines. Ces deux cellules sont presque toujours activées de façon optimale par la même orientation du stimulus. Si l'électrode est introduite perpendiculairement à la surface, toutes les cellules situées le long de la pénétration répondent sélectivement à des orientations quasiment identiques (sauf les cellules de la partie inférieure de la couche IV, qui n'ont pas d'orientation préférentielle). Avec deux électrodes perpendiculaires à la surface, séparées d'environ un millimètre, les deux orientations optimales observées sont cependant presque toujours différentes. Le cortex doit donc être divisé verticalement en différents compartiments a l'intérieur desquels l'orientation des champs récepteurs reste constante. Quand nous avons découvert ce système, il y a presque 20 ans, nous fûmes ravis parce qu'il s'accordait tout à fait bien avec le schéma d'organisation hiérarchisée que nous avions proposé pour expliquer comment les cellules complexes reçoivent des signaux provenant des cellules simples : l'existence de tels circuits implique des connexions entre cellules dont les champs récepteurs recouvrent la même région du monde visuel et qui sont sensibles à la même orientation. Il nous a paru très légitime que ces cellules étroitement connectées entre elles soient regroupées ensemble.

Si le cortex est découpé en petites régions où l'orientation des champs récepteurs reste constante, que peut-on dire de plus sur la forme tridimensionnelle de ces domaines, si ce n'est que leurs frontières sont perpendiculaires à la surface corticale? Les régions avoisinantes sont-elles reliées entre elles d'une manière systématique, ou bien les régions correspondant à chaque orientation possible sont-elles dispersées au hasard sur toute l'étendue du cortex? Pour étudier ces questions, nous avons commencé par de simples pénétrations obliques ou parallèles dans le cortex. Quand nous avons entrepris ce type d'expérience pour la première fois en 1961, le résultat fut si surprenant que nous avions du mal à le croire. Au lieu d'une suite d'orientations aléatoires nous avions trouvé une succession présentant un ordre stupéfiant. Chaque fois que l'électrode avançait, ne serait-ce que de 25 à 50 micromètres (millièmes de millimètre), l'orientation optimale changeait d'un petit pas angulaire de dix degrés en moyenne ; les pas se succédaient dans le même sens, soit dans le sens des aiguilles d'une montre, soit dans le sens inverse, jusqu'à décrire un angle total variant entre 90 et 270 degrés. De temps à autre, une telle séquence s'inversait brusquement, passant d'une progression dans le sens des aiguilles d'une montre à une progression en sens inverse (ou vice-versa). Ces renversements n'étaient aucunement prévisibles, survenant le plus souvent après des progressions régulières sur 90 à 270 degrés.

Depuis ces premières observations, nous avons trouvé une organisation similaire chez presque tous les Singes. Ou bien on observe une progression régulière de l'orientation, ou, moins fréquemment, on rencontre des domaines dans lesquels l'orientation reste constante. Les changements successifs d'orientation sont suffisamment faibles pour qu'il soit difficile d'affirmer que les domaines d'orientation constante ont une largeur finie et quantifiée ; il se pourrait que l'orientation optimale change continûment au fur et à mesure que l'électrode progresse dans le cortex.

La détermination de la forme tridimensionnelle de ces partitions en domaines corticaux avait pour nous un intérêt supplémentaire. Du seul point de vue de la géométrie, l'existence de changements d'orientation faibles ou nuls, lors d'une pénétration horizontale ou tangentielle, révélait une organisation en feuillets perpendiculaires à la surface, parallèles entre eux et regroupant les cellules ayant même spécificité d'orientation. Ces tranches de tissu ne seraient pas nécessairement planes, comme des tranches de pain ; vues de dessus, elles pourraient bien former des circonvolutions, ce qui expliquerait alors les inversions de sens dans la suite des directions optimales d'orientation observées. L'enregistrement d'un grand nombre de cellules au cours de plusieurs pénétrations parallèles de microélectrodes semblait confirmer cette hypothèse, mais il n'était possible d'explorer, avec la microélectrode, qu'une toute petite région de cerveau.

Le cerveau et son activité

Heureusement, une méthode anatomique idéale pour nos recherches fut mise au point juste au bon moment. Ce fut la technique d'analyse de l'activité cérébrale par le 2-désoxyglucose, élaborée par Louis Sokoloff et son équipe de l'Institut américain de la Santé mentale. La méthode repose sur le fait que les cellules du cerveau dépendent principalement du glucose comme source d'énergie métabolique et que le composé

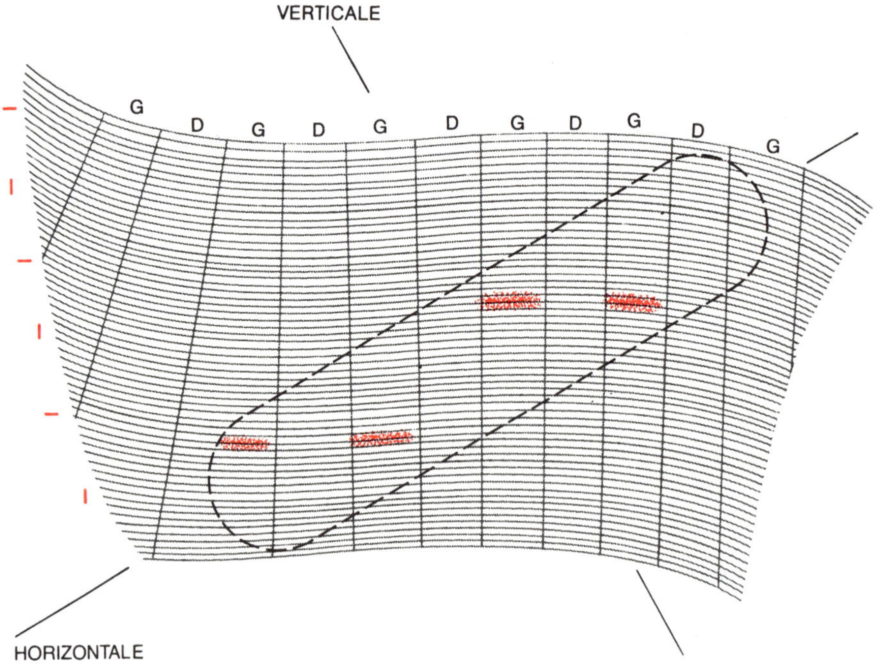

15. LA DISTRIBUTION THÉORIQUE DE L'ACTIVITÉ CORTICALE à la suite de l'excitation de l'œil gauche par une barre horizontale située dans le quadrant supérieur gauche du champ visuel est indiquée par des taches colorées dans cette représentation schématique d'une portion du cortex droit vu en plan. La surface corticale qui reçoit des informations de l'objet placé dans le champ visuel est à l'intérieur de la zone délimitée par le trait pointillé. Avec cette disposition en colonnes d'orientation et en colonnes de dominance oculaire, les cellules actives seront celles qui répondent le mieux à des stimulus presque horizontaux provenant de l'œil gauche.

2-désoxyglucose, de structure très proche, peut, dans une certaine mesure, être pris pour du glucose. Quand du désoxyglucose est injecté à un animal, il est absorbé activement par les neurones comme si c'était du glucose. Plus le neurone est actif, plus l'absorption est importante. Le composé commence à être métabolisé mais, pour des raisons bien connues des biochimistes, la dégradation s'arrête à la production d'un métabolite incapable de traverser la membrane cellulaire et qui s'accumule à l'intérieur de la cellule.

La méthode de Louis Sokoloff consiste à injecter à un animal du désoxyglucose préalablement marqué avec un isotope radioactif, le carbone 14, et à programmer une stimulation afin d'activer certains neurones. Puis on analyse immédiatement la radioactivité du cerveau qui révèle les aires actives où les cellules ont incorporé du désoxyglucose en quantité plus importante que les aires au repos. La manière habituelle de procéder dans cette expérience consiste à découper le cerveau en tranches très fines (comme on le ferait pour un examen au microscope) et à disposer ces lamelles sur des plaques photographiques sensibles aux désintégrations radioactives. Quand les plaques sont développées, on repère les régions qui se trouvaient en contact avec l'élément radioactif par des amas sombres de grains d'argent. En collaboration avec Michael Stryker, nous avons adapté la méthode de Sokoloff à notre problème, en injectant à un animal anesthésié du désoxyglucose, puis en faisant osciller de droite à gauche et de gauche à droite à environ 1,5 mètre de l'animal un dessin fait de bandes verticales noires et blanches, et ce pendant 45 minutes. Nous avons ensuite découpé le cerveau en tranches, soit perpendiculaires, soit parallèles à la surface du cortex.

Les autoradiographies ont rapidement confirmé les résultats physiologiques. Les coupes effectuées perpendiculairement à la surface ont révélé d'étroites colonnes de radioactivité, espacées d'environ 570 micromètres (en gros, tous les demi-millimètres), sur toute l'épaisseur du cortex. D'une manière évidente, ces colonnes correspondaient aux régions regroupant les cellules

16. LA DISTRIBUTION FONCTIONNELLE DE L'ACTIVITÉ CORTICALE est obtenue en montrant des rayures verticales à l'œil gauche uniquement. L'autoradiographie au désoxyglucose représentée ici sur une coupe tangentielle, provient des couches externes du cortex. Le réseau des taches sombres de radioactivité, régulièrement espacées, correspond aux intersections des bandes de dominance oculaire et des bandes d'orientation. La microphotographie est agrandie huit fois environ.

sensibles aux lignes verticales. La partie la plus profonde de la couche IV était uniformément radioactive comme on pouvait s'y attendre, puisqu'on savait que les cellules de cette couche ont des champs récepteurs à symétrie circulaire et n'ont pas d'orientation préférée.

Les coupes effectuées parallèlement à la surface ont révélé un réseau de bandes périodiques, d'une complexité inattendue, souvent en tourbillon, la plupart du temps avec des branches se divisant et se rejoignant et parfois disposées régulièrement en parallèle. Le plus frappant était la constance, sur tout le cortex, de la distance séparant deux bandes entre elles. Ceci concordait avec la conception d'un cortex uniforme. En outre, la distance entre les feuillets corroborait l'hypothèse selon laquelle la « machinerie corticale » doit se répéter au moins tous les millimètres. Si, par exemple, dix millimètres représentaient le passage d'une verticale à l'autre (180 degrés) de grandes parties du champ visuel ne seraient pas complètement analysées par des cellules sensibles à une orientation donnée, ce qui rendrait la représentation du monde visuel imprécise et très étrange.

La dominance oculaire

La dominance oculaire sera la dernière variable dont nous étudierons l'architecture. Les études par micro-électrode montrent que des cellules voisines préfèrent presque toujours répondre à la stimulation du même œil. Si, lors de pénétrations verticales, la première cellule rencontrée présente une préférence pour l'œil droit, toutes les autres cellules s'étageant jusqu'en bas de la couche VI auront la même préférence ; si la première cellule préfère l'œil gauche, il en sera de même pour toutes les autres. Les différentes pénétrations privilégiaient ainsi un œil ou l'autre avec une probabilité égale. (Puisque les cellules de la couche IV sont monoculaires, il ne s'agit pas dans leur cas de la préférence d'un œil mais du monopole de cet œil.) Si la pénétration était oblique ou horizontale on trouvait, en alternance, les préférences œil droit-œil gauche avec une inversion tous les demi-millimètres. Nous avons ainsi montré que le cortex est divisé une deuxième fois en régions fonctionnelles séparées par des frontières verticales s'étendant à travers toute l'épaisseur corticale. Le système de dominance oculaire est apparemment tout à fait indépendant du système d'orientation, car au cours des pénétrations obliques ou tangentielles, les deux séquences relatives à chaque système ne semblaient pas liées.

Le principe de ces colonnes de dominance oculaire, puisque tel est leur nom, paraît assez simple. Les terminaisons des fibres genouillées, les unes en provenance de l'œil gauche, les autres de l'œil droit, se regroupent à leur entrée dans le cortex, de telle façon qu'elles restent séparées dans la couche IV. Ceci a pour résultat des îlots représentant l'œil gauche ou l'œil droit à des intervalles d'environ un demi-millimètre. Un neurone situé au-dessus ou au-dessous de la

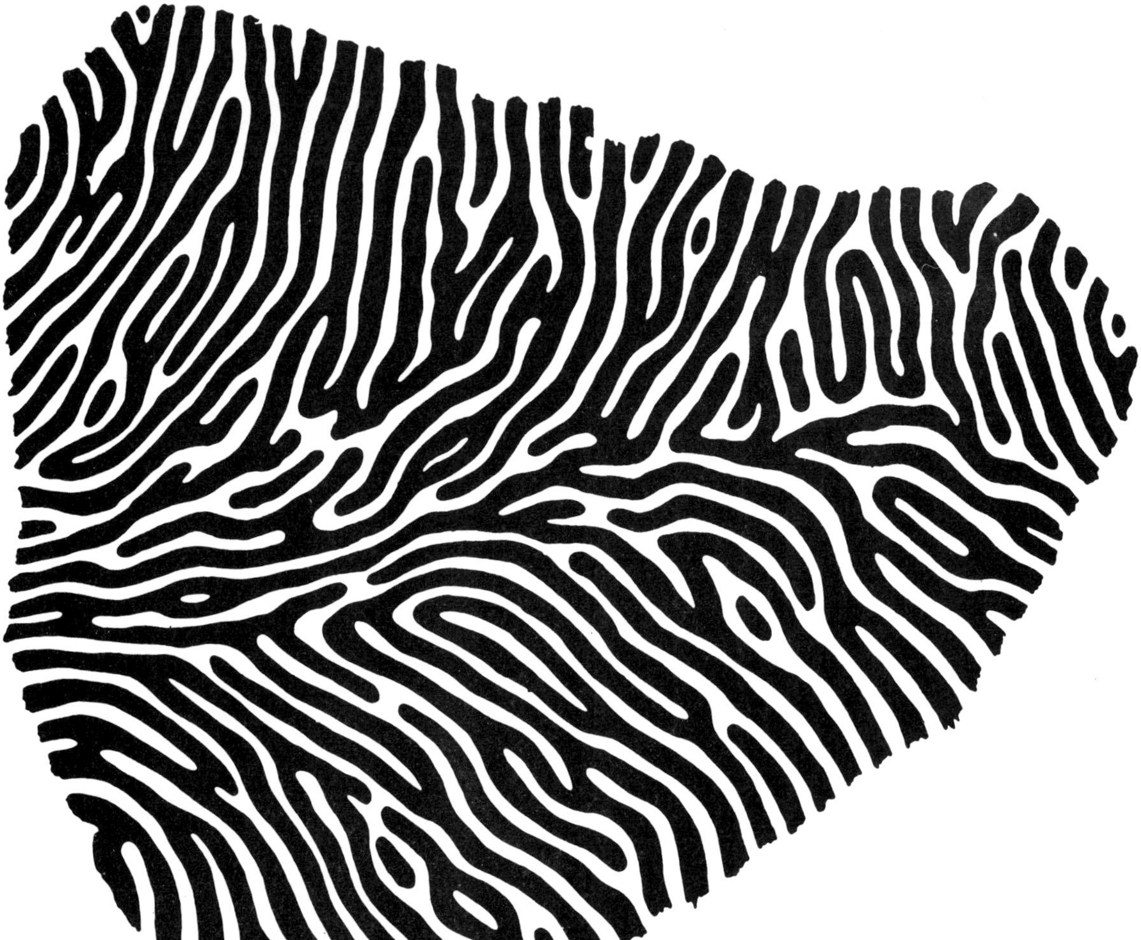

17. LA RECONSTITUTION des bandes de dominance oculaire sur le cortex visuel droit a été réalisée par les auteurs et Simon Le Vay à partir d'une série de coupes histologiques colorées à l'aide d'une méthode de réduction des grains d'argent mise au point par Simon Le Vay. Le bord gauche représente la frontière médiale du lobe occipital, où le cortex s'invagine en profondeur, le bord supérieur est légèrement en retrait de la scissure lunaire *(voir la figure 3 p. 103)* et la fovéa est représentée à l'extrémité droite.

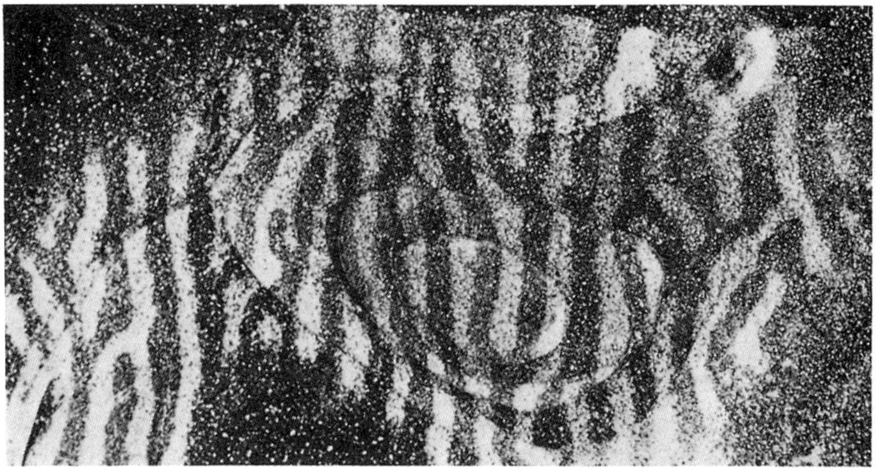

18. LA CONFIRMATION ANATOMIQUE des bandes de dominance oculaire fut obtenue grâce à différentes colorations histologiques et à des autoradiographies utilisant le transport axonique, comme celle montrée sur la figure 1. Cet assemblage d'autoradiographies visualisant l'organisation en bandes sur une surface de cent millimètres carrés, a été obtenu en accolant et superposant des coupes successives effectuées dans la couche IV. Une de ces coupes est représentée sur la figure 2.

couche IV reçoit des connexions en provenance de cette même couche, dans une région d'un millimètre de rayon. Les connexions probablement les plus influentes sont issues de la région de la couche IV la plus proche du neurone, qui est ainsi vraisemblablement dominé par l'œil ayant le monopole de la région considérée de la couche IV.

Nous étions très curieux de savoir à quoi pouvaient ressembler, en représentation dimensionnelle, ces régions dominées par l'œil gauche et l'œil droit ; plusieurs dispositions géométriques pouvaient expliquer l'aspect en feuillets suggéré par la physiologie. Une premiere réponse nous fut apportée par des études utilisant la technique de dégénérescence à l'argent, mise au point par Walle Nauta et permettant de cartographier les connexions. Depuis, nous avons trouvé trois autres méthodes anatomiques permettant de montrer l'existence de ces colonnes.

Une méthode particulièrement efficace (parce qu'elle permet la visualisation des colonnes sur la totalité du cortex visuel primaire d'un même animal) s'appuie sur le phénomène de transport axonal. La méthode consiste à injecter un acide aminé, marqué au carbone radioactif, dans une zone du tissu nerveux. Un corps cellulaire absorbe l'acide aminé, l'incorpore probablement dans une protéine, puis le transporte le long de l'axone jusqu'aux terminaisons nerveuses. Quand nous injectons ce produit dans l'œil d'un singe, les cellules ganglionnaires de la rétine l'incorporent et le transportent dans leurs axones, les fibres du nerf optique. Ainsi nous avons pu préciser les destinations de ces fibres dans le noyau genouillé latéral en plaçant les coupes de tissu dans une émulsion argentique, puis en développant l'émulsion : le marqueur radioactif ressortait alors aisément dans les trois couches complémentaires de chacun des deux corps genouillés.

Normalement, cette méthode ne permet pas de tracer une voie trans-synaptique. Cependant nous voulions reconstituer la voie visuelle sur toute sa longueur jusqu'au cortex. En 1971, Bernice Grafstein découvrit qu'à la suite d'une injection suffisamment importante dans l'œil d'une Souris, une partie de l'élément radioactif s'échappait des terminaisons du nerf optique, était alors incorporée par les cellules du corps genouillé et transportée par leurs axones jusqu'au cortex. Nous avons alors espéré qu'une injection similaire chez un Singe, combinée à une autoradiographie, ferait apparaître les terminaisons genouillées en provenance d'un œil dans la couche IV du cortex visuel.

Notre premier essai donna malheureusement des résultats négatifs avec seulement des traces infimes de grains d'argent dans la couche IV. Ce ne fut qu'après plusieurs semaines que nous nous sommes rendu compte que nous pouvions tirer bénéfice, en microscopie à fond noir, des propriétés de dispersion de la lumière par les grains d'argent et ainsi augmenter la sensibilité de la méthode. Nous avons emprunté un condenseur à fond noir et avons alors regardé notre première coupe au microscope : les îlots de marqueur répartis périodiquement dans la couche IV scintillaient dans toute leur splendeur (voir la figure 1) !

L'étape suivante consistait à visualiser le réseau dans un plan en sectionnant le cortex parallèlement à la surface. Le cortex du singe présente une certaine courbure et donc une coupe, parallèle à la surface et passant par la couche IV, a pour intersection avec cette couche, un cercle ou un ovale, alors qu'une coupe effectuée en dessous de la couche IV donne un anneau. La superposition des ovales et des anneaux, à partir des coupes successives, permet de reconstituer l'arrangement cellulaire sur une large étendue du cortex.

A partir de ces reconstructions, il apparut clairement que la structure générale était composée de bandes parallèles représentant les terminaisons provenant de l'œil injecté, séparées par des bandes vides correspondant à l'autre œil. Les rayures ne sont pas aussi régulières que celles d'un papier peint (mais souvenons-nous de temps en temps qu'il s'agit après tout de biologie!). Ici et là, une bande se ramifie ou se termine là où une bande correspondant à l'autre œil se divise à son tour. Les irrégularités les plus impor-

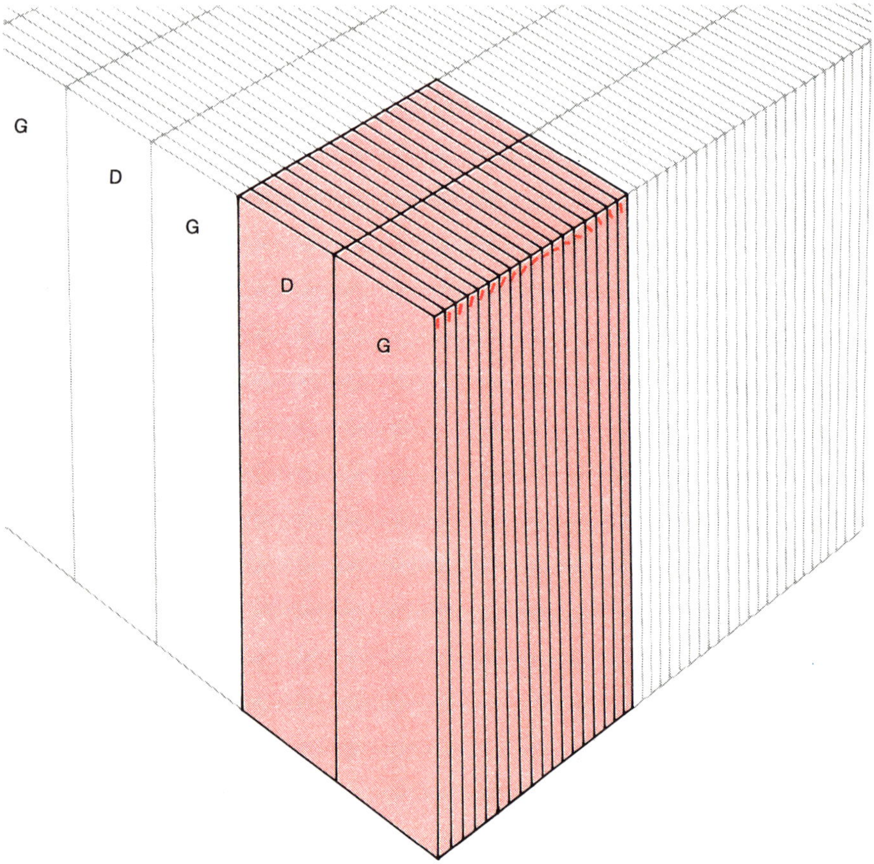

19. UN ILOT DE CORTEX d'un millimètre carré de surface, et de deux millimètres d'épaisseur *(fond clair)* peut être considéré comme l'élément de base du cortex visuel primaire. Il contient un ensemble de feuillets qui correspondent à toutes les orientations possibles et un ensemble de feuillets de dominance oculaire alternativement gauche et droite ; ce module est reproduit périodiquement au travers de toute l'aire visuelle primaire. Les limites (œil gauche, œil droit, orientations horizontales, verticales, obliques) sont choisies arbitrairement et la représentation des feuillets sous forme de plans orthogonaux est ici une schématisation très simplificatrice.

tantes sont situées dans les régions de la projection de l'axe du regard sur la ligne d'horizon. Les rayures semblent toujours perpendiculaires à la frontière séparant le cortex visuel primaire de l'aire voisine, l'aire 18 ; à cet endroit, le schéma prend un aspect plus régulier. Des règles aussi générales semblent s'appliquer à tous les cerveaux de Macaque, bien que les détails de l'organisation varient d'un individu à l'autre et même d'un hémisphère à l'autre chez le même individu.

Les bandes prises deux par deux ont une largeur constante d'environ 800 micromètres sur tout le cortex visuel primaire, ce qui souligne une fois encore son uniformité. Ces largeurs s'accordent de nouveau parfaitement avec l'hypothèse selon laquelle toute la «machinerie» nécessaire à la prise en compte d'une région de la taille d'un champ global doit être contenue dans un millimètre carré de cortex. Les deux techniques —marquage au désoxyglucose et transport d'acide aminé — présentent le grand avantage d'être mutuellement compatibles, ce qui nous permet de les utiliser simultanément, l'une pour repérer les feuillets d'orientation et l'autre pour visualiser les feuillets de dominance oculaire. Le nombre de cerveaux étudiés jusqu'à présent est trop limité pour permettre des conclusions définitives, mais les deux systèmes semblent organisés indépendamment, ni parallèles, ni perpendiculaires, mais s'entrecoupant complètement au hasard.

La fonction remplie par les colonnes de dominance oculaire reste un mystère. Nous savons qu'il existe, sur toute l'étendue de la partie binoculaire des champs visuels, des neurones représentant tous les degrés de préférence oculaire ; il est possible qu'un système de maillage entre les cellules corticales garantisse une distribution uniforme de la dominance oculaire pour qu'aucun des deux yeux ne soit localement favorisé. Pourquoi retrouve-t-on partout tous les degrés de préférence oculaire ? Nous pensons que cette question complexe doit être reliée aux mécanismes de perception stéréoscopique de la profondeur.

Dans l'état actuel de nos connaissances sur le cortex visuel primaire, il est évident que l'on peut considérer un îlot d'environ un millimètre carré de surface et de deux millimètres d'épaisseur comme un élément de base du cortex. Connaître l'organisation de ce petit morceau de tissu, c'est connaître l'organisation de toute l'aire 17. Le cortex tout entier n'est vraisemblablement qu'un pavage répétant un module élémentaire. Bien sûr, cette unité de base ne doit pas être considérée comme un îlot distinct séparable. Décider qu'une suite de feuillets d'orientation débute par un feuillet représentant une orientation verticale, horizontale ou oblique est aussi arbitraire que décrire le début d'une séquence de dominance oculaire comme des appariements de domaines gauche-droite ou droite-gauche. La même remarque s'applique à la description d'un cristal élémentaire de sodium ou de n'importe quel motif répétitif, comme celui d'un papier peint.

Mais alors, à quoi ressemble réellement la projection d'une scène visuelle sur le cortex visuel ? Supposons qu'un animal fixe un point quelconque de l'espace et que le seul objet présent dans le champ visuel soit une ligne droite passant au-dessus et un peu à gauche du point de fixation du regard. Imaginons que l'on puisse regarder le cortex à découvert du dessus et que les cellules actives deviennent des points lumineux : que verra-t-on alors ? Pour rendre le problème plus intéressant, nous allons supposer également que la forme est vue par un seul œil. Étant donné le type d'architecture que nous venons de décrire, la projection n'est pas une droite mais plutôt un réseau de taches régulièrement espacées (voir figure 18). Il est possible de vérifier directement cette hypothèse en montrant un réseau de lignes verticales à un singe dont un œil est fermé puis en effectuant une autoradiographie au désoxyglucose. L'image produite est prévisible : c'est un réseau de taches régulièrement espacées, produites simplement par l'intersection des deux systèmes de colonnes. Quels doivent être la surprise et même l'ahurissement d'un minuscule observateur regardant, dans le cerveau, une telle représentation du monde extérieur !

Pour quelles raisons l'Évolution s'est-elle donné la peine de créer une architecture d'une telle complexité ? C'est une question qui ne cesse de nous fasciner. La réponse peut-être la plus plausible est que les systèmes en colonnes permettent de représenter plus de deux dimensions sur une surface bidimensionnelle. Le cortex manipule au moins quatre groupes de variables : deux pour les coordonnées x et y du champ visuel, un pour l'orientation et un pour les différents degrés de préférence oculaire. Les deux coordonnées spatiales désignent la position dans le champ visuel ; les deux autres variables sont représentées en découpant le cortex en des subdivisions si petites que l'on peut avoir toutes les orientations et toutes les préférences oculaires possibles, en se déplaçant dans le champ visuel sur une distance négligeable comparée à la résolution de cette partie du monde visuel.

La stratégie de la subdivision du cortex en petits compartiments verticaux n'est sûrement pas limitée à l'aire visuelle primaire. De telles subdivisions ont été décrites pour la première fois dans l'aire somato-sensorielle par Vernon Mountcastle de l'Université Johns Hopkins, environ dix ans avant le début de nos travaux sur l'aire visuelle. Comme nous l'avons fait remarquer dans l'introduction, l'aspect essentiel de l'aire somato-sensorielle est qu'elle représente la moitié opposée du corps, mais il existe, superposé, un double système à compartiments avec des zones où les neurones répondent aux mouvements des articulations ou aux pressions de la peau et d'autres zones où ils répondent au toucher ou au déplacement des poils : comme dans le cas des colonnes visuelles, une gamme complète des spécificités (une zone pour chaque type de neurone) s'étend sur une distance d'à peu près un millimètre. Ces subdivisions sont analogues aux colonnes de dominance oculaire, dans la mesure où elles sont déterminées en premier lieu par les voies afférentes corticales (en provenance de l'œil gauche ou l'œil droit, des récepteurs des couches profondes ou bien des récepteurs des couches superficielles de la peau) plutôt que par les connexions intracorticales qui sont responsables de la spécificité d'orientation et du système correspondant de feuillets d'orientation.

Les subdivisions en colonnes associées aux systèmes visuels et somato-sensoriels sont les mieux connues, mais il semble qu'il existerait également des partitions verticales similaires dans d'autres régions : dans plusieurs régions visuelles plus hautes dans la hiérarchie du traitement, dans les régions sensorielles pariétales étudiées récemment par Vernon Mountcastle, ainsi que la région auditive dans laquelle Thomas Imig, H. Adriàn et John Brugge et leurs collègues ont trouvé des subdivisions où les deux oreilles semblent ajouter alternativement leur propre information ou entrer en compétition.

La plupart de ces systèmes bien définis physiologiquement n'ont pas jusqu'à présent de correspondants anatomiques (à l'exception des systèmes visuels). Néanmoins, au cours de ces dernières années, plusieurs anatomistes ont montré que les interconnexions entre deux régions du cortex (par exemple entre l'aire somato-sensorielle d'un côté et l'aire correspondante de l'autre hémisphère) se terminent en groupements de périodicité régulière d'environ un millimètre. Dans ce cas, la structure de ces colonnes est évidente mais leur rôle physiologique n'est pas encore élucidé. Cependant, il apparaît clairement qu'une organisation en fins réseaux périodiques est une caractéristique générale de l'architecture du cortex cérébral. En fait, cette observation primordiale, due à Vernon Mountcastle, pourrait être la quatrième grande découverte dans l'organisation corticale.

Il serait certainement faux de prétendre que cette analyse du cortex visuel épuise le sujet. Des propriétés comme la couleur, le mouvement, le relief sont aussi traitées dans le cortex, mais il est encore difficile d'établir comment et jusqu'à quel point. A partir de nos travaux sur le relief et des études sur la couleur menées par Semir Zeki du Collège universitaire de Londres, nous possédons des indications selon lesquelles des aires corticales hautement spécialisées, sur lesquelles se projette, directement ou indirectement, l'aire visuelle primaire, ont pour fonction de manipuler ces variables ; mais il reste beaucoup de chemin à parcourir avant de comprendre en quoi consiste le traitement.

Que se passe-t-il en aval de l'aire visuelle primaire et comment l'information relative à l'orientation est-elle exploitée à des stades plus élevés ? Peut-on imaginer que l'on trouvera en bout de chaîne une cellule ne répondant très spécifiquement qu'à une information précise, par exemple “ma grand-mère” ? (Nous ignorons pourquoi c'est toujours ce même exemple qui est donné). Nous ne croyons pas que de telles cellules existent mais nous n'avons pas d'autres suggestions à présenter. Heureusement, une spéculation théorique sur les mécanismes du fonctionnement cérébral n'est pas le seul exercice auquel les chercheurs peuvent se livrer. L'exploration électrophysiologique est bien plus passionnante et instructive.

A une époque assez récente, on examinait avec effroi les millions de neurones distribués dans les différentes couches du cortex, en se demandant s'il viendrait un jour ou l'on aurait la moindre idée de leurs fonctions. Travaillaient-ils en parallèle comme les cellules du foie ou du rein, réalisant en masse leur objectif, ou étaient-ils chacun affectés à une fonction particulière ? Pour le cortex visuel, la réponse est connue dans ses grandes lignes : des stimulus particuliers excitent ou inhibent des neurones. Des groupes de neurones réalisent des transformations particulières. Il semble raisonnable de penser que, si les secrets d'un petit nombre d'aires comme le cortex visuel viennent à être percés, d'autres régions à leur tour perdront leurs mystères.

Art, illusion et système visuel

9

Le cerveau traite les informations sur la forme, la couleur et l'espace suivant trois voies indépendantes Cette répartition explique comment certaines images induisent dans le cerveau des effets visuels surprenants.

Margaret Livingstone

Voir est infiniment plus complexe qu'on ne l'imagine. Les films vidéo et les récepteurs de télévision sont des objets familiers qui nous incitent à penser que la vision n'est qu'un moyen, parmi d'autres, d'obtenir des images. Cette impression est erronée : si les appareils photographiques et les caméras savent enregistrer ce qu'ils « voient », ils sont incapables d'interpréter ou d'identifier ces images. Nul système vidéo, nulle caméra numérique, quel que soit son degré de perfectionnement, ne peut, comme le système visuel humain, donner un sens à une infinie variété d'images. L'aptitude du cerveau à traiter simultanément des quantités énormes d'informations autorise ces performances.

Des résultats récents dont ceux que j'ai obtenus avec mon collègue D. Hubel suggèrent que les signaux visuels ne sont pas traités par un système hiérarchique unique mais répartis, à l'intérieur du cerveau, dans au moins trois systèmes de traitement dont les fonctions sont distinctes. Un premier système semble traiter l'information sur la perception des formes, un second l'information sur les couleurs et un troisième l'information sur le mouvement, la localisation et l'organisation spatiale. Il semble que ce mode particulier de traitement de l'information lumineuse permette d'expliquer certains des effets visuels créés par des artistes ou des dessinateurs.

L'idée que le système visuel traite l'information suivant plusieurs voies séparées n'est guère nouvelle ; dès le milieu du XIXe siècle, des chercheurs observèrent que le nerf optique se divise en plusieurs branches après avoir quitté l'œil. Il peut sembler étrange que la vision ne soit pas un processus simple, mais à plusieurs voies — étrange que la perception de la forme, de la couleur, de la localisation et du mouvement d'un objet soient traitées par différentes parties du cerveau — et pourtant les études anatomiques, physiologiques et psychologiques confirment cet état de chose.

Le fait que la forme d'un objet, sa couleur, sa position et son mouvement apparaissent unifiés — alors que chaque composant est analysé séparément — n'est pas un phénomène de perception si rare que cela : lorsqu'on écoute parler quelqu'un, on entend la voix de cette personne et on voit bouger ses lèvres sans être conscient du fait que les deux sensations sont traitées indépendamment.

Le mécanisme de la vision

L'information concernant la couleur, qui naît de l'existence de trois sortes de cônes, n'est pas très précise mais ultérieurement la sélectivité est accrue par comparaison, c'est-à-dire par soustraction, des signaux provenant des trois types de cônes. Comme l'intensité du signal émis par un cône est proportionnelle à l'intensité lumineuse sur une gamme de longueurs d'onde assez étendue, l'intensité de ce signal n'est pas très révélatrice de la couleur de la lumière, le résultat de la

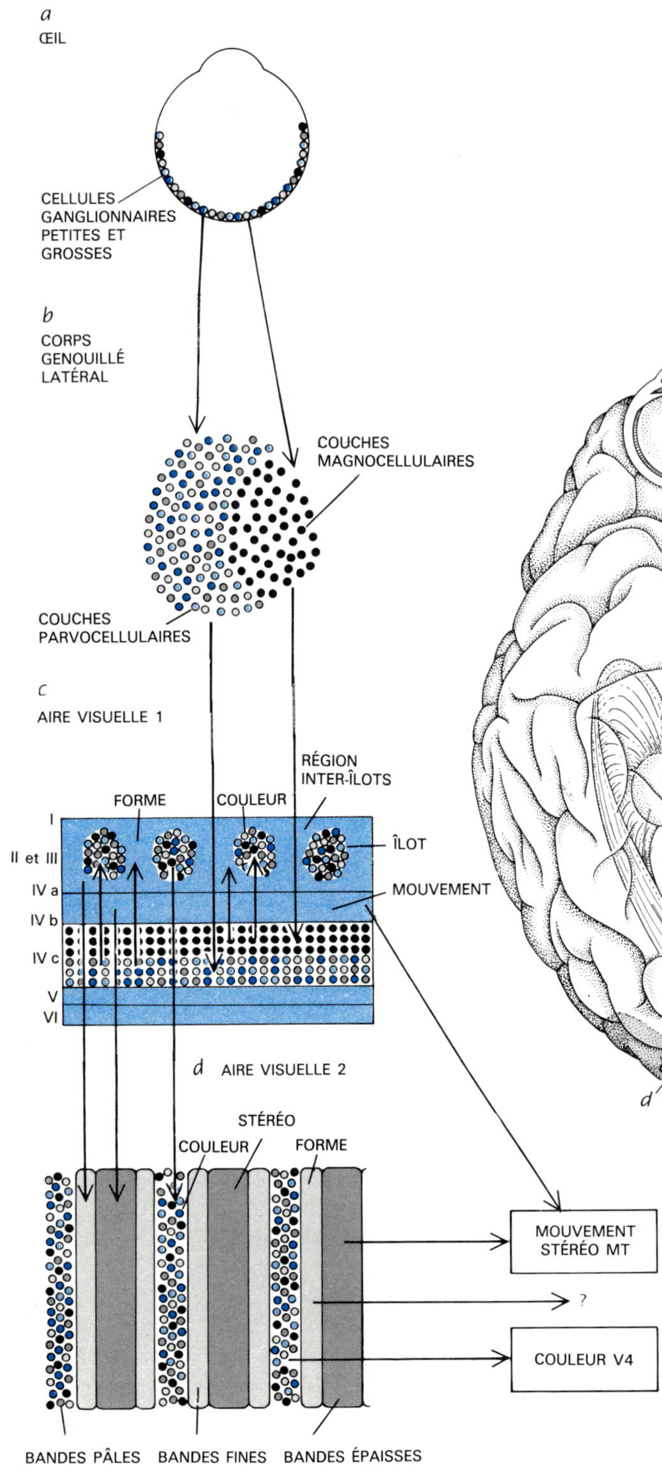
a
ŒIL
CELLULES GANGLIONNAIRES PETITES ET GROSSES
b
CORPS GENOUILLÉ LATÉRAL
COUCHES MAGNOCELLULAIRES
COUCHES PARVOCELLULAIRES
c
AIRE VISUELLE 1
RÉGION INTER-ÎLOTS
FORME
COULEUR
ÎLOT
I
II et III
IV a
IV b
IV c
V
VI
MOUVEMENT
d
AIRE VISUELLE 2
STÉRÉO
COULEUR
FORME
MOUVEMENT STÉRÉO MT
?
COULEUR V4
BANDES PÂLES
BANDES FINES
BANDES ÉPAISSES

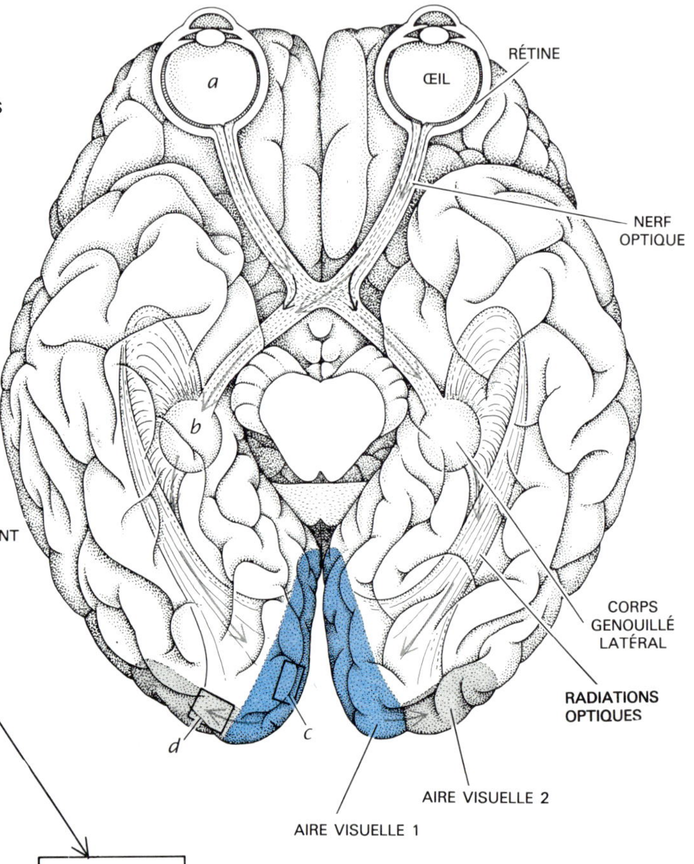
a
ŒIL
RÉTINE
NERF OPTIQUE
b
CORPS GENOUILLÉ LATÉRAL
RADIATIONS OPTIQUES
d
c
AIRE VISUELLE 2
AIRE VISUELLE 1

comparaison entre les signaux émis par des types de cônes différents est plus significatif.

Quand par exemple les cônes sensibles au rouge émettent des signaux puissants, comparés à ceux des cônes bleus et des cônes verts, on perçoit la couleur rouge ; quand les signaux émanant des cônes rouges et verts sont égaux alors que ceux des cônes bleus sont faibles, le résultat est la perception du jaune et ainsi de suite. La comparaison des longueurs d'onde est le fait de neurones dont la fréquence d'émission est augmentée par les signaux provenant d'une certaine sorte de cônes et diminué par les signaux d'une autre sorte. La couleur perçue dépend du résultat de la soustraction.

Quand les niveaux de lumière sont trop bas pour stimuler les cônes, par exemple dans la vision nocturne, ce sont les bâtonnets, plus sensibles, qui entrent en jeu. Cependant, comme il n'existe qu'une seule sorte de bâtonnets, il ne peut y avoir de comparaison entre les différentes longueurs d'onde et nous sommes complètement insensibles aux couleurs en lumière faible.

Avant de quitter l'œil et de passer dans le cerveau, les signaux électriques émanant des cellules photoréceptrices sont traités par une deuxième série de neurones, puis transmis à une couche interne de cellules rétiniennes, appelées cellules ganglionnaires. La couche de cellules ganglionnaires constitue la première division majeure des voies visuelles. Cette couche contient deux types de cellules imbriquées, qui diffèrent par leur taille (les grandes et les petites) et par la façon dont elles traitent l'information issue des cônes. Les grandes cellules ne distinguent pas les signaux émis par les différents types de cônes ; elles ne font qu'additionner l'information reçue des trois types. Comme elles n'ont aucune sélectivité quant à la couleur, elles ne la « voient » pas.

Les petites cellules ganglionnaires au contraire différencient bien les trois types de cônes puisqu'elles soustraient les informations qu'elles en reçoivent, et elles engendrent un signal contenant l'information sur les couleurs. Une cellule ganglionnaire «rouge-moins-vert», par exemple, répond seulement à la lumière rouge, même quand elle reçoit l'information provenant des différents types de cônes. Il en résulte que les signaux émis par ces petites cellules ganglionnaires dépendent plus de la couleur que ceux qu'elles reçoivent des cônes.

Les cellules ganglionnaires envoient leurs signaux dans le nerf optique qui relie l'œil à deux groupes de neurones, de la taille d'une cacahuète, profondément enfoncés dans le cerveau : les corps genouillés latéraux. Ceux-ci, comme la couche de cellules ganglionnaires, se composent de deux classes de neurones qui diffèrent, à la fois par la taille et par la nature de l'information qu'elles transmettent. Toutefois, à l'opposé de ce qui se passe dans la couche ganglionnaire de la rétine, ces deux classes de cellules ne sont pas entremêlées, mais réparties dans les zones distinctes. La zone des petites cellules (parvocellulaire) des corps genouillés — couches 3, 4, 5 et 6 — recoit les signaux émis par les petites cellules ganglionnaires et la zone des grandes cellules (magnocellulaire) — couches 1 et 2 — reçoit ceux des grandes cellules ganglionnaires (voir la figure 8 p. 118).

1. LE SYSTÈME VISUEL HUMAIN est composé de trois voies distinctes. La lumière qui pénètre dans l'œil frappe la rétine (*a*) où elle déclenche des impulsions électriques qui se propagent le long du nerf optique jusqu'au cerveau. La première division dans le traitement de l'information est apparente dans les corps genouillés latéraux (*b*) où les petites cellules de parvosystème traitent l'information sur le contraste des couleurs et les grandes cellules du magnosystème sur le contraste de luminance. A partir des cellules du magnosystème, l'information est envoyée à la couche IVb de l'aire visuelle V1 (*c*) puis aux bandes épaisses de l'aire visuelle V2 (*d*). Là, l'analyse des signaux fournit l'information concernant le mouvement et la profondeur. Les signaux provenant du parvosystème sont envoyés aux régions inter-îlots de l'aire visuelle V1 puis aux bandes pâles de l'aire visuelle V2 où ils sont analysés pour donner l'information concernant les formes. Les signaux issus des deux systèmes sont combinés dans les îlots chromatiques, d'où est extraite l'information sur la couleur et la luminance. Ils passent ensuite aux bandes fines de l'aire visuelle V2 et, de là, à l'aire visuelle V4.

Trois voies hautement spécialisées

Il ressort de travaux effectués dans divers laboratoires que ces deux voies, appelées parvosystème et magnosystème, diffèrent non seulement par leur sélectivité chromatique, mais aussi par leur sensibilité aux contrastes, leur résolution temporelle et leur acuité. Le magnosystème est plus sensible aux contrastes de luminance et a une réponse plus rapide et une acuité plus faible que le parvosystème. Ces différences frappantes entre les propriétés de la réponse visuelle des deux subdivisions suggèrent qu'elles ont des fonctions tout à fait différentes, mais pour les comprendre il faut les considérer dans le cadre des niveaux plus élevés du système visuel.

2. L'AUTO-PORTRAIT DE MATISSE reproduit ci-dessus montre que les ombres peuvent avoir n'importe quelle teinte ; elles doivent seulement être plus sombres que le reste de la surface pour donner une impression de profondeur. L'usage de la couleur verte pour ombrer le visage (*à gauche*) bien qu'insolite, semble normal à cause de l'effet tridimensionnel ainsi créé. Dans la photographie noir et blanc du tableau (*à droite*), on vérifie que les ombres sont effectivement plus sombres que le reste du visage.

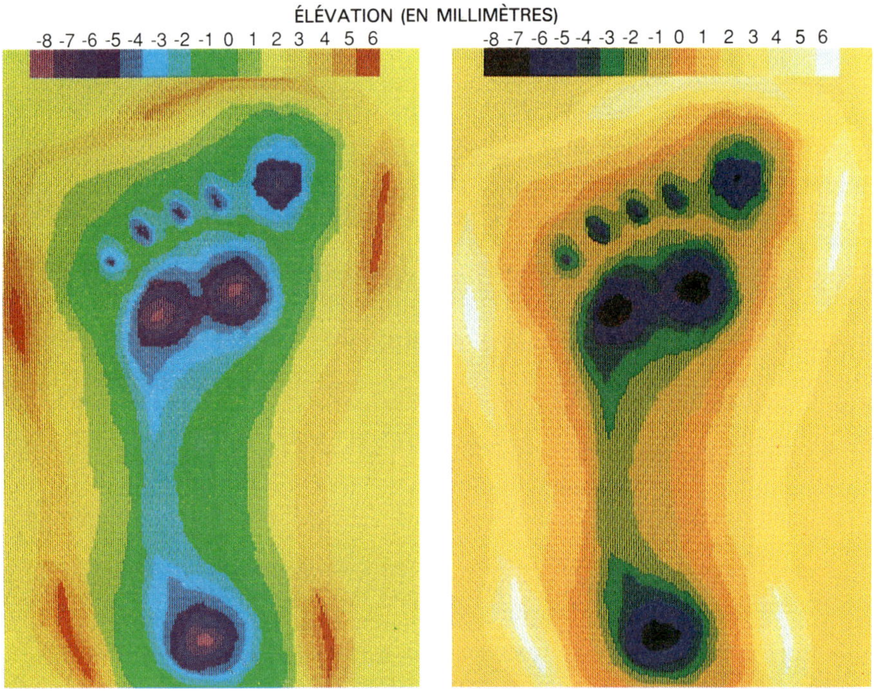

3. LES CARTES AVEC COURBES DE NIVEAU sont souvent en couleur, ce qui facilite la quantification d'une valeur associée à un point par rapport à une échelle graduée. La plupart de ces cartes utilisent des échelles de couleurs dans le spectre visible, où le rouge représente les valeurs élevées et le violet les valeurs basses (*à gauche*). L'inconvénient d'une telle échelle est que la forme de l'objet n'est pas toujours évidente à première vue. On peut y remédier (*à droite*) en utilisant une gamme de couleurs fondées sur la luminance, où le degré de luminance marque la troisième coordonnée, l'élévation, dont l'échelle est en haut. Avec des courbes de niveau fondées sur la luminance, on détermine d'un coup d'œil aussi bien les valeurs que la forme globale de l'objet.

Des corps genouillés latéraux, les signaux nerveux vont vers l'aire visuelle corticale primaire (aire visuelle V1). Cette aire est une feuille de neurones repliée, de la taille d'une carte de crédit (mais trois fois plus épaisse) et située tout à l'arrière du cerveau. On peut suivre le trajet des impulsions électriques jusqu'à la couche médiane de l'aire visuelle V1, où la ségrégation de l'information subsiste : les signaux provenant du magnosystème sont envoyés dans la moitié supérieure de cette couche, et les signaux provenant du parvosystème dans la moitié inférieure.

L'étape qui suit cette ségrégation fonctionnelle majeure de l'information n'a été clarifiée que récemment. Des chercheurs ont établi que l'information est traitée dans des canaux séparés à des niveaux encore plus élevés du cerveau ; on a, par exemple, démontré la ségrégation des différentes fonctions visuelles dans des régions situées au-delà de l'aire visuelle V1. Semir Zeki, de University College à Londres, a mis en évidence dans le lobe temporal médian de certains Singes, une aire possédant une proportion élevée de cellules sensibles au mouvement ou à la profondeur stéréoscopique. Il a trouvé également une seconde aire, appelée aire visuelle V4, qui semble jouer un rôle particulier dans la perception des couleurs. Ce n'est que récemment que la relation entre la ségrégation fonctionnelle dans ces aires visuelles plus élevées et les subdivisions des corps genouillés a été clarifiée. Les recherches menées par D. Hubel et moi-même sur ces niveaux intermédiaires nous ont permis de compléter le puzzle.

Margaret Wong-Riley, de l'Université de San Francisco, apporta une contribution majeure en 1978 : elle trouva qu'en appliquant à l'aire visuelle V1 un colorant révélateur d'une enzyme mitochondriale, la cytochrome oxydase, on obtenait, dans les couches supérieures, une image faite de régions alternativement claires et sombres. Les régions sombres apparurent à l'observateur sous la forme d'ovoïdes légèrement irréguliers, de 0,2 millimètre de diamètre, et disposés selon une mosaïque semi-régulière.

On appellera ces ovoïdes des « îlots chromatiques » et les régions environnantes, « les régions inter-îlots ». Ces subdivisions identifiées il était possible d'examiner les connexions ainsi que les caractéristiques de la réponse de chaque subdivision. Les deux voies, qui apparaissent clairement à des niveaux inférieurs, semblent, à ce stade, se recombiner en trois subdivisions : l'espace inter-îlots recevant les signaux issus du parvosystème, la couche IVb qui reçoit les signaux provenant du magnosystème et les îlots qui semblent recevoir des signaux des deux systèmes.

Nous avons testé la réponse visuelle des cellules de chacune des trois subdivisions de l'aire visuelle V1 afin de déterminer les types de stimuli prépondérants. Nous avons mesuré les réponses spécifiques des différents neurones en fonction de la forme, de la position, de la distance, du mouvement, de la couleur, de la luminance et de la taille des objets. Nous avons constaté des différences considérables entre ces neurones. Les îlots contiennent des cellules très sensibles à la couleur ou à la luminance, mais pas du tout à la forme ou au mouvement. Les cellules de l'espace inter-îlots sont sensibles à l'orientation mais non à la couleur ou au mouvement. Par exemple, une cellule de l'espace inter-îlots réagit au stimulus engendré par une barre verticale, mais ne tient pas compte de son mouvement ni du fait qu'elle soit noire, blanche ou colorée : le seul critère déterminant est que la barre est verticale ; cette même cellule ne répondra pas à la présence de barres orientées différemment. De même, les cellules de la couche IVb ne sont pas sensibles à la couleur mais à l'orientation et au mouvement; une cellule de ce système, par exemple, répondra soit à la présence de barres horizontales qui se déplacent vers le haut, soit à la présence de barres verticales qui bougent horizontalement, mais non aux deux.

La ségrégation subsiste

Nous nous sommes ensuite concentrés sur l'aire visuelle V2, une région du cortex adjacente à l'aire visuelle V1 et qui reçoit des signaux provenant des trois voies de l'aire visuelle V1. Avec la même coloration des mitochondries que pour l'aire visuelle V2, nous avons trouvé que cette aire se divisait aussi en trois zones. Ici, cependant, les subdivisions sont caractérisées par trois sortes de bandes alternées que nous appelons bandes pâles, bandes fines et bandes épaisses, en fonction de leur réaction au colorant.

En mesurant les réponses des cellules des différentes bandes à des stimuli visuels variés, nous avons obtenu les résultats suivants : les îlots de l'aire visuelle V1, sensibles à la couleur, envoient l'information aux bandes fines de l'aire visuelle V2, lesquelles poursuivent le traitement de l'information sur la couleur. L'espace inter-îlots, sensible à l'orientation, envoie ses signaux aux bandes pâles qui traitent l'information d'une façon telle que l'on pense qu'elles analysent la forme. Le magnosystème envoie les signaux d'entrée aux bandes épaisses, qui analysent l'information relative à la profondeur stéréoscopique.

S. Zeki et son collègue Stuart Shipp ainsi que John Maunsell et David van Essen, de l'Institut de technologie de Californie, ont accumulé des faits qui tendent à prouver que les trois cheminements restent séparés à des niveaux plus élevés encore du cortex cérébral. Ils ont trouvé que les bandes épaisses se projettent dans l'aire temporale médiane (MT), une région qui traite l'information relative au mouvement et à la vision stéréoscopique (capacité d'évaluer la profondeur en fonction des différences entre les images reçues par les deux rétines) et que les bandes fines se projettent vers une aire spécialisée dans la couleur, l'aire visuelle V4, mais ils n'ont pas encore de certitude quant au trajet des signaux en provenance des bandes pâles.

L'identification des trois voies

La neurobiologie clinique confirme l'idée selon laquelle les informations relatives à la couleur, au mouvement et à la forme sont convoyées le long des canaux distincts. Des lésions localisées du cerveau, résultant de traumatismes, peuvent entraîner des cécités hautement spécifiques, telles que la perte de l'aptitude à reconnaître les visages ou la perte de vision des couleurs sans perte de la perception des formes. La cécité corticale aux couleurs est un syndrome rare, résultant de lésions d'une aire cérébrale qui pourrait correspondre à l'aire visuelle V4. Comme le système îlots véhicule l'information relative à la couleur et aussi à la luminance, certains malades dont le système de perception des couleurs est endommagé, peuvent avoir des difficultés à distinguer les nuances de gris. Tel était le cas d'une patiente qui se plaignait de l'aspect délavé des couleurs et à qui la neige immaculée paraissait grise et sale.

Sur la base de ces découvertes physiologiques et anatomiques, on peut résumer les fonctions probables des trois subdivisions du système visuel comme suit : le système « parvo-inter-îlots-raies pâles » traite une information à haute résolution sur les contours formés par les contrastes entre couleurs. Dans les premiers éléments de ce système les neurones sont sensibles à la couleur, mais aux niveaux supérieurs les neurones réagissent aux limites entre zones présentant des contrastes de couleur, sans transmettre aucune information sur les couleurs elles-mêmes. Comme la plus grande partie de l'information concernant la forme des objets peut être représentée par leurs contours, nous soupçonnons que ce système joue aussi un role dans la perception des formes ; sa lenteur et sa résolution élevée incitent à penser qu'il est probablement adapté à l'examen en détail d'objets stationnaires.

Le système « îlots-bandes fines-V4 » traite l'information concernant les couleurs et les niveaux de gris, mais non le mouvement, la distinction des formes ou la profondeur. Ce système dont l'acuité est bien inférieure à celle du système inter-îlots, permet la perception des couleurs, mais non pas des fins détails.

Le système « magno-IVb-raies épaisses-MT » transmet l'information sur le mouvement et la profondeur stéréoscopique. Dans ce système les neurones ont un temps de réponse très court mais l'intensité des réponses décroît rapidement, même quand le stimulus est maintenu, ce qui rend le système particulièrement sensible aux stimuli en mouvement. Par conséquent ce système est efficace pour la détection du mouvement mais inadapté à l'examen détaillé d'images fixes. De plus il se révèle insensible aux couleurs : il ne peut reconnaître les limites d'une image lorsqu'elles ne sont visibles que par une différence de couleur.

Les cellules du parvosystème distinguent le rouge du vert quelle que soit l'intensité relative des deux couleurs. D'un autre côté, les cellules du magnosystème, insensible aux couleurs, ressemblent de par leur fonctionnement à une photographie noir et blanc : elles transmettent l'information sur la luminance des surfaces mais non sur leurs couleurs. Pour une paire de couleurs quelconque, il existe une valeur particulière du rapport de leurs luminances pour laquelle, dans une photographie noir et blanc, ces deux couleurs, par exemple le rouge et le vert donneront la même nuance de gris ; aussi une éventuelle limite n'apparaîtra pas.

De façon similaire, pour une certaine valeur de la luminance relative entre le rouge et le vert, ces couleurs apparaîtront identiques au magnosystème : le rouge et le vert sont alors appelés isoluminants. Une limite entre deux couleurs isoluminantes présente un contraste de couleurs, mais non de luminances. La valeur exacte du rapport de luminance qui rend une limite entre deux couleurs invisible pour le magnosystème varie d'une personne à l'autre, tout comme des films noir et blanc différents peuvent avoir des sensibilités différentes pour une même couleur.

L'apport de la psychologie expérimentale

Le fait que le système visuel soit divisé en trois parties possédant chacune des caractéristiques tout à fait différentes, nous a conduits, D. Hubel et moi-même à supposer que de telles différences pourraient se refléter dans la perception humaine. Nous avons entrepris de vérifier cette hypothèse en examinant les quatre propriétés qui différencient les magno- et parvosystèmes à leurs stades les plus précoces : la couleur, la sensibilité au contraste, l'acuité et la rapidité. Nous voulions savoir, par exemple, si la perception du mouvement et de la profondeur sont sensibles à la couleur ou au contraste et si leur résolution spatiale basse est associée à une résolution temporelle élevée. Une revue de la littérature psychologique couvrant plus d'un siècle de recherches nous a fourni des réponses s'accordant à merveille avec la ségrégation fonctionnelle suggérée par les données anatomiques et physiologiques.

Une de nos questions avait déjà trouvé réponse grâce à Patrick Cavanagh, Christopher Tyler et Olga Favreau, de l'Université de Montréal, qui avaient démontré que les couleurs ne jouaient aucun rôle dans la perception du mouvement. Ils avaient observé qu'en faisant défiler des bandes rouges et vertes sur un écran de télévision, puis en les ajustant de telle sorte qu'elles soient isolumineuses, les bandes semblaient se déplacer beaucoup moins vite ou même plus du tout. D'autres tests révélèrent que la perception du mouvement est également caractérisée par une acuité faible, une sensibilité élevée

4. LES ŒUVRES D'*OP ART* semblent tressauter, comme si les couleurs bougeaient ou étaient instables, phénomène en relation avec la luminance. On peut le voir dans la peinture de Mondrian *Broadway Boogie Woogie*, où les raies jaunes créent un faible contraste de luminance par rapport au fond blanc cassé. L'impression de mouvement est réduite du fait de la moins grande capacité du cerveau à assigner une position stable aux raies jaunes qui semblent alors bouger de manière aléatoire.

5. LES OMBRES peuvent créer une forte impression de profondeur, comme le démontre cette image synthétisée par ordinateur (*à gauche*). Quand les ombres sont produites par un contraste de couleurs au lieu d'un contraste de luminance (*à droite*), l'impression de forme dans l'espace est atténuée et l'image devient presque impossible à voir. Cet effet suggère que la perception de la profondeur est une fonction du magnosystème, insensible aux couleurs ; cette perception est le fait des petites cellules du parvosystème.

aux contrastes et une réponse temporelle rapide. Toutes ces observations s'accordent avec l'idée que la perception du mouvement est principalement une fonction du magnosystème et non du parvosystème.

Cary Lu et Derek Fender, de l'Institut de technologie de Californie, réalisèrent une série d'expériences apparentées, dans lesquelles ils examinèrent la sensibilité aux couleurs de la stéréopsis. A cause de l'écart entre les yeux, une scène tridimensionnelle projette des images légèrement différentes sur les deux rétines, et le système visuel interprète ces différences en termes de distances. C. Lu et D. Fender trouvèrent que les personnes testées ne percevaient plus la profondeur d'une image tridimensionnelle quand les stimuli stéréoscopiques étaient isoluminants. Ceci suggère que la perception du relief, comme la perception du mouvement, est insensible aux couleurs. D'autres aspects de la stéréopsis confirment aussi les caractéristiques du magnosystème.

Cette découverte nous conduisit à conclure que ces deux fonctions sont probablement assumées presque exclusivement par le magnosystème. Nous nous sommes demandé si d'autres caractéristiques de la vision présenteraient des ensembles similaires de propriétés spécifiques. La stéréopsis est le critère de perception de la profondeur le plus souvent étudié par les physiologistes de la vision, probablement parce qu'il est facilement quantifiable. Mais elle n'est pas le seul critère de profondeur et n'est pas essentielle pour sa perception comme on peut le vérifier rapidement en fermant un œil. Si une photographie ou une peinture vous donne une quelconque impression de profondeur, c'est nécessairement que vous ignorez ou négligez l'information venant de la stéréopsis, qui vous dit qu'en fait l'image est plate. C'est pourquoi, comme l'avait remarqué Léonard de Vinci, on augmente l'impression de profondeur d'un tableau en ne le regardant que d'un seul œil.

Nous voulions savoir si d'autres critères de profondeur non stéréoscopiques pouvaient être également insensibles aux couleurs. Cette catégorie comprend les indications données par la perspective et la taille relative des objets, le mouvement relatif des objets (quand on bouge la tête d'un côté et de l'autre, l'image d'objets proches se déplace davantage sur la rétine que celle d'objets

6. LA TOUR DE BABEL, par M. Escher, démontre l'effet de contraste de luminance sur la perception de la profondeur. Des couleurs ayant des niveaux de luminance différents, dans le cas présenté ici, il n'y a que deux couleurs, le bleu et le noir (*à gauche*), font que l'on perçoit une image nettement tridimensionnelle. Mais quand le noir est remplacé (*à droite*) par une nuance de vert d'une luminance proche de celle du bleu, l'effet tridimensionnel est perdu : les détails et les contours de l'image deviennent alors très difficiles à distinguer. Pour vous convaincre que les deux images sont absolument identiques, regardez-les à travers un morceau de verre ou de plastique bleu.

lointains), les ombres (voir p. 157) et les gradations dans les textures. Nous avons trouvé que tous ces processus étaient également insensibles à la couleur, ce qui nous a conduits à suspecter que le magnosystème transporte la plus grande partie de l'information relative à la profondeur.

Psychologie expérimentale et théorie de la forme (*Gestalt*)

La répartition des ombres est un facteur important dans la perception de la profondeur et de la forme, c'est pourquoi il est tellement difficile de voir les bosses sur une piste de ski quand le ciel est couvert. En lumière naturelle, les ombres se distinguent plus par leur luminance que par leur couleur. En conséquence la partie du système visuel qui reconnaît les formes d'après leurs ombres n'est pas nécessairement insensible aux couleurs, mais n'a certainement aucun besoin de cette information. Cela a été démontré par P. Cavanagh et son collègue, Yvan LeClerc dans une série d'expériences qui ont montré qu'une ombre peut être de n'importe quelle couleur. Le seul fait qu'elle soit plus sombre que le reste de la surface suffit pour donner une sensation de relief.

Nous nous sommes demandé pourquoi le magnosystème devrait réagir à la fois au mouvement et aux nombreux critères utilisés pour apprécier les distances et les positions relatives des objets dans l'espace. Pourquoi cet assortiment particulier de fonctions serait-il assumé par un système unique ? L'école de pensée née à la fin du siècle dernier et connue sous le nom de psychologie de la forme donne une réponse possible. La plupart des images renferment un riche assortiment d'éléments visuels : des arêtes d'orientations diverses formées par de multiples surfaces, des couleurs et des textures homogènes. La perception exige que ces éléments variés soient organisés de telle façon que ceux qui sont apparentés (c'est-à-dire appartiennent à un objet unique) soient regroupés.

Les psychologues de la Gestalt suggérèrent qu'une telle organisation est possible, car le cerveau utilise certaines propriétés visuelles pour regrouper les parties d'une image, et aussi pour séparer les images l'une de l'autre et de leur arrière-plan. Au nombre de ces propriétés on trouve : la direction et la vitesse de déplacement (des éléments qui se meuvent de conserve font vraisemblablement partie du même objet) ; la colinéarité (une maison vue derrière un fil téléphonique n'apparaît pas coupée en deux pour autant) ; la profondeur (deux bords contigus ne semblent pas nécessairement appartenir au même objet à moins d'être situés à distances égales de l'observateur) et la luminosité et la texture des surfaces (des surfaces appartenant au même objet ont d'ordinaire les mêmes propriétés de texture).

Le fait que toutes ces fonctions sont inopérantes en cas d'isoluminance nous suggère que les aptitudes à relier les parties d'une scène, à distinguer une figure sur un fond et à percevoir correctement la disposition relative des objets dans l'espace pourraient bien être toutes prises en charge par le magnosystème. Nous pouvons supposer que le magnosystème combine les propriétés visuelles d'un objet de manière telle qu'il soit capable de percevoir l'image comme un tout, laissant ainsi le parvosystème totalement disponible pour la vision des détails.

De la théorie à la pratique

Quelles sont les retombées de ces idées dans le domaine de l'art et de la création graphique (stylistes, décorateurs, architectes, etc.) ? Bien que beaucoup des phénomènes que j'ai décrits n'aient été clarifiés que récemment du point de vue neurobiologique, de nombreux artistes et

7. LA FUSION DE COULEURS intervient quand le grain d'une image ou le pas d'un réseau sont trop fins pour être distingués par le système des couleurs à basse résolution. Les peintures pointillistes, tel ce tableau de Seurat (*à gauche*), produisent cet effet quand leurs points sont assez gros pour être vus par le système des formes, mais trop fins pour le système des couleurs. Si on examine le tableau de très près (*à droite*), les deux systèmes peuvent alors distinguer les points et les couleurs ne se mélangent plus.

8. LA POSITION IMPRÉCISE des couleurs dans de nombreuses aquarelles, telle que *La mère et l'enfant* de Picasso, n'empêche pas d'attribuer les différentes couleurs aux objets de l'image. Les couleurs paraissent s'ajuster aux contours plus étroitement qu'elles ne le font en réalité, car le système des couleurs a une acuité trois ou quatre fois plus faible que celui des formes. La technique est plus efficace avec les aquarelles et les pastels, dont les tons pâles ne créent pas de fort contraste avec le fond.

créateurs graphiques semblent avoir une conscience empirique des principes sous-jacents. Peut-être qu'en comprenant le mode de traitement de l'information visuelle par le cerveau, ces créateurs auront-ils encore plus de facilité pour donner à certains effets particuliers recherchés une intensité maximale.

Certains des effets propres à l'*Op(tical) Art,* par exemple, sont probablement dus à des combinaisons de couleurs, qui activent fortement le parvosystème, mais ne constituent que de faibles stimuli pour le magnosystème. Un objet de même luminance que son arrière-plan paraît vibrant et instable : le parvosystème en indique la forme mais le magnosystème est incapable d'en distinguer les bords et donc ne peut transmettre ni le mouvement, ni la position de l'objet. Par conséquent celui-ci semble sauter en tous sens, dériver ou vibrer sur la toile.

Les mots-clés des affiches publicitaires sont souvent dans une couleur de même luminance que le fond. Bien que cela rende le texte plus difficile à lire, on peut tenter d'expliquer ce choix de couleurs en imaginant que l'apparence bizarre et tressautante créée par l'isoluminance attire l'attention du spectateur. Que ce fait soit accidentel, empirique ou délibéré, il en résulte que le lecteur doit passer plus de temps à lire ces mots pour déchiffrer le message.

Les mêmes principes s'appliquent à la mode vestimentaire. L'impression globale donnée par la coupe d'un vêtement peut être influencée par des lignes, qu'elles soient tracées dans l'étoffe ou produites par une disposition particulière, mais les lignes doivent présenter un contraste de luminance pour produire un effet ; plus le contraste de luminance est élevé, plus l'effet est notable. Au contraire, les motifs n'interféreront pas avec la forme d'un vêtement si leurs couleurs ont même luminance.

Par exemple, des raies horizontales sur un vêtement ne feront pas apparaître une personne plus petite et plus corpulente si elles ont à peu près la même luminance ou sont rapprochées. En combinant une chemise vert pomme avec des pantalons bleu roi, on obtient une limite horizontale vibrante et criarde qui ne contribuera guère à renforcer l'impression donnée par la coupe ou à attirer le regard. Si maintenant ces mêmes pantalons sont combinés avec une chemise de teinte voisine mais plus clair ou plus sombre, comme le bleu ciel ou le bleu marine, alors l'œil est attiré par la zone de démarcation, ce qui produit un effet d'ensemble moins « vertical ».

Le système « îlots » sélectif de la couleur a une acuité plusieurs fois inférieure au système « inter-îlots ». Ce pouvoir de résolution inférieur rend compte d'un phénomène connu depuis au moins un siècle : deux couleurs peuvent avoir l'une sur l'autre des effets entièrement opposés, en fonction de leur disposition dans l'espace. Quand deux couleurs différentes sont juxtaposées, elles ont normalement tendance à s'opposer, de telle sorte que chacune ressemble moins à l'autre (c'est-à-dire que chaque couleur tend vers la complémentaire de l'autre). D'un autre côté, quand deux couleurs sont entremêlées dans un fin réseau, on a l'effet opposé : elles arrivent à se mélanger, à se fondre dans une seule. Nous croyons que la fusion survient lorsque le réseau est trop serré pour le pouvoir de résolution du système des couleurs.

La technique pointilliste de l'imprimerie

Un effet similaire est bien connu : dans les illustrations des magazines les points microscopiques qui forment l'image se fondent, car l'œil humain est incapable de discerner ces petits points aussi bien avec le système des formes qu'avec celui des couleurs. Le phénomène devient perceptible uniquement lorsque le réseau, c'est-à-dire les coups de pinceaux dans un tableau impressionniste ou les points dans une peinture pointilliste, est trop fin pour être résolu par le système des couleurs, mais assez grand pour être

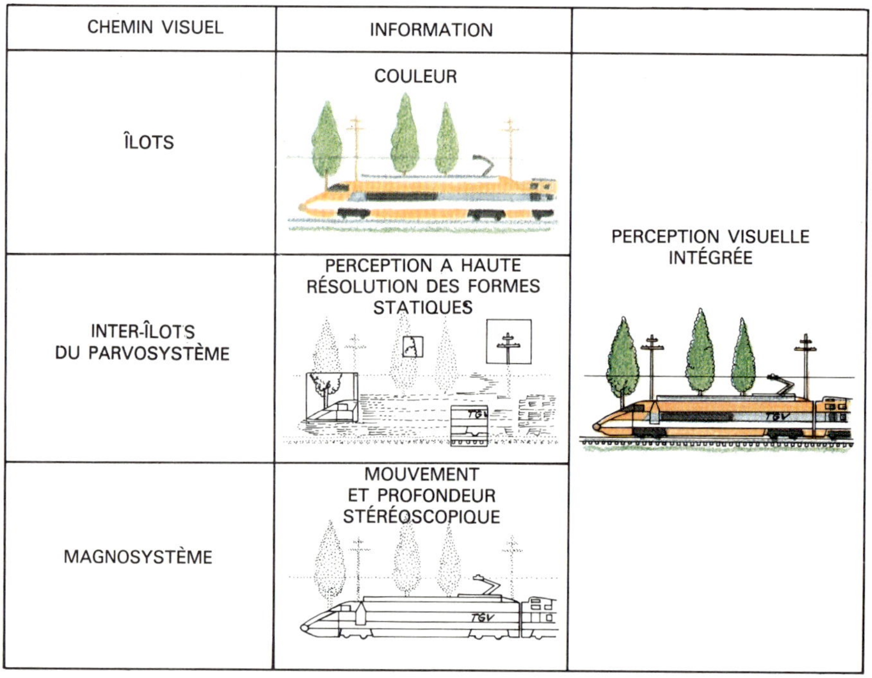

9. LA VISION constitue un système à trois voies. La couleur est traitée par la voie « îlots », la perception des formes statiques par la voie « parvo-inter-îlots », et le mouvement et la profondeur par la voie « magnosystème ». Le résultat final est intégré de telle facon que l'on voit un monde tridimensionnel unifié.

résolu par le système des formes. L'observateur voit alors les coups de pinceaux ou les points individuels, mais les couleurs ne s'en mélangent pas moins. Il existe donc une gamme relativement étroite de tailles possibles pour le motif élémentaire, qui permettront de distinguer le réseau de points constituant le dessin sans qu'on puisse pour autant identifier nettement les différentes zones colorées. Cette plage est définie par la différence de résolution entre le système des couleurs et le système des formes. On observe ainsi les couleurs se mêler, sans que le dessin en soit affecté, dans des tissus à la trame très fine tels que les tissus comportant des filets de couleur ou les tweeds.

L'industrie de la télévision tire parti du faible pouvoir de résolution du système des couleurs en transmettant la partie colorée d'une image avec une définition plus faible que la partie noir et blanc, réduisant ainsi la quantité totale d'informations à transmettre. L'acuité inférieure du système des couleurs explique aussi pourquoi de nombreux artistes, travaillant à l'aquarelle ou au pastel, peuvent appliquer la couleur sans grande precision sur une surface esquissée tout en produisant le même effet visuel que ne le ferait un coloriage minutieux.

Des applications multiples pour améliorer la visibilité

Des connaissances sur la ségrégation des fonctions du système visuel pourraient être utiles aux artistes, aux publicitaires et aux créateurs graphiques, mais pourraient être également utilisées pour la conception de systèmes de surveillance, le développement de méthodes visant à augmenter la visibilité d'images floues, faiblement contrastées ou brouillées et pour la conception de systèmes vidéo destinés à la robotique ou à la navigation automatique.

Le fait que le magnosystème soit sensible aux contrastes entre couleurs, au mouvement et à la stéréopsis montre qu'on pourrait augmenter la visibilité d'objets difficilement perceptibles en introduisant soit un mouvement (en bougeant l'objet ou l'observateur), soit en utilisant la stéréopsis (en regardant simultanément deux images de la même scène prises à partir de positions différentes).

Une telle approche pourrait permettre aux médecins radiologues d'interpréter des images floues, comme celles produites par les rayons X, avec une précision accrue.

Jusqu'à récemment, seuls quelques aspects de la psychologie de la perception et de l'esthétique pouvaient être corrélés avec les connaissances sur le mode de traitement de l'information par le cerveau.

Cette situation est aujourd'hui en train de changer, tandis que la recherche sur la vision vit une période passionnante de son histoire. Art, psychologie et neurobiologie contribuent à un processus d'enrichissement mutuel par un échange multilatéral d'informations fondé sur une meilleure connaissance du fonctionnement cérébral.

Les mécanismes cérébraux de l'attention visuelle

10

Le cerveau décide d'accorder plus ou moins d'importance aux objets perçus, d'être plus ou moins attentif. On étudie les mécanismes nerveux de l'attention chez le Singe en enregistrant l'activité des cellules du cerveau qui réagissent aux stimuli visuels.

Robert Wurtz, Michael Goldberg et David Robinson

La vie est une accumulation de sensations visuelles, auditives, olfactives, tactiles et gustatives parmi lesquelles nous sélectionnons certaines informations qui nous permettent d'agir, tandis que nous nous désintéressons de toutes les autres. Nous négligeons ainsi les sensations que les vêtements provoquent sur la peau alors que nous réagissons immédiatement à la présence d'un insecte qui circule sur la peau. Dans une réunion mondaine, nous sommes capables de ne pas entendre le bruit de fond, même intense, pour nous concentrer sur la voix de notre interlocuteur. Cette faculté de sélectionner les objets pertinents de l'environnement s'appelle l'attention, si bien décrite par William James : « Chacun sait ce qu'est l'attention : c'est la prise en compte par l'esprit, sous une forme claire et précise, d'un seul objet ou d'une seule suite d'idées parmi plusieurs possibles, la focalisation et la concentration de la conscience en sont des manifestations. Cette faculté nécessite que l'on renonce à certaines choses pour s'occuper efficacement des autres. »

Le mécanisme de l'attention visuelle, c'est-à-dire le processus de sélection des objets pertinents du monde visible, présente un intérêt particulier pour le psychologue et le physiologiste, car il se traduit par un phénomène concomitant mesurable : le mouvement des yeux. En effet, la sensibilité de la rétine à la lumière n'est pas uniforme ; la rétine comporte une zone minuscule, la *fovea centralis,* ou fovéa, qui correspond au centre du champ visuel et où la densité de cellules photosensibles est maximale. Cette zone analyse ainsi les images plus finement que ne le fait la périphérie de la rétine. Le cerveau commande les mouvements des yeux dans leur orbite afin de concentrer le pouvoir analytique supérieur de la fovéa sur les objets qu'il juge intéressants. Quand vous lisez ces mots, votre regard saute d'un groupe de mots au suivant de telle façon que leur image soit toujours sur la fovéa ; chaque mouvement s'appelle une saccade et la durée de chaque saccade est généralement inférieure à 50 millisecondes. La plus grande partie de l'enregistrement des informations visuelles se produit dans les intervalles entre les saccades, lorsque le regard fixe une cible visuelle.

Puisque le processus de l'attention visuelle est très étroitement relié aux saccades, se demander ce que regarde une personne est à peu près équivalent à s'interroger sur les caractéristiques de ses mouvements oculaires. Le psychologue russe Alfred Yarbus a enregistré la répartition des mouvements oculaires de sujets pendant qu'ils regardaient des images et il a montré que les sujets tendaient à fixer les caractères les plus importants de l'image. Cependant, on peut également noter l'existence d'objets vus « du coin de l'œil » : c'est la vision « périphérique ». Michael Posner et ses collègues de l'Université de l'Oregon ont mesuré le temps nécessaire à un sujet pour qu'il réagisse à une lumière cible en pressant sur un bouton et ils ont utilisé ces mesures pour évaluer la qualité de l'attention portée à la lumière cible par le sujet. Les sujets qui savent d'avance où apparaîtra la cible lumineuse ont tendance à réagir plus rapidement, même quand on leur demande expressément de ne pas y diriger les yeux par une saccade.

Derrière l'œil, les cellules nerveuses

En fonction de ces remarques sur l'attention visuelle, on peut concevoir des expériences ayant pour but de rechercher les mécanismes nerveux sous-jacents. Tout d'abord, l'attention visuelle passe par la sélection d'un objet percu dans le champ visuel au détriment d'autres objets. D'autre part, cette sélection ne doit pas empêcher de localiser l'objet : on doit savoir où se touve l'objet auquel on prête attention. Enfin, la nature de l'attention portée à l'objet sélectionné a peu d'importance : on peut contempler un objet, l'atteindre ou simplement le remarquer ; dans chacun de ces trois cas, on y a porté attention.

Nous avons recherché l'activité nerveuse qui remplit ces trois conditions en enregistrant l'activité électrique spécifique des cellules nerveuses cérébrales chez le Singe rhésus. Nous avons fait ces enregistrements à des moments où les singes étaient vigilants, capables de bouger les yeux, et attentifs aux stimuli visuels ; nous avons fait l'hypothèse que, pour ces études, le Singe constitue un modèle satisfaisant des phénomènes qui ont lieu chez l'Homme. Nous pensons que cette hypothèse est juste car l'acuité visuelle, la perception de la couleur, la perception de la profondeur et les caractéristiques des saccades chez le Singe ressemblent à celles observées chez l'Homme. En outre, les régions du cerveau du Singe qui interviennent dans la vision et les mouvements oculaires sont très comparables aux régions correspondantes dans le cerveau humain, tant par leur localisation cérébrale que par leur structure anatomique. C'est pourquoi nous espérons que les résultats de ces expériences portant sur l'anatomie, la physiologie et le comportement du Singe nous permettront de mieux comprendre les mécanismes cérébraux du comportement humain.

L'activité des neurones cérébraux est dépendante des phénomènes dits « d'attention visuelle ». Pour l'étudier, nous avons effectué nos enregistrements unitaires en utilisant des micro-électrodes extracellulaires, leur pointe étant très proche de la membrane du neurone.

Supposons qu'une cellule nerveuse engendre une série de potentiels d'action lorsqu'un point lumineux frappe une certaine partie de la rétine. Même si la cellule décharge sporadiquement lorsque cette partie de la rétine ne perçoit pas de lumière, on peut néanmoins conclure que cette cellule intervient dans les mécanismes nerveux responsables soit de la perception visuelle soit des actions liées à la vision. Supposons maintenant qu'une cellule nerveuse décharge de façon intense et prévisible, avant un mouvement donné du corps : on en déduira que cette cellule joue un rôle dans ce mouvement.

Pour étudier la relation entre l'activité des cellules nerveuses et le comportement du singe, nous faisons préalablement subir aux animaux un entraînement consistant en une suite d'exercices visuels : chaque singe apprend tout d'abord à manœuvrer un levier qui fait apparaître un point lumineux sur un écran situé en face de lui. Quelques secondes après son apparition, ce point s'affaiblit et reste faible pendant une demi-seconde. Le singe est récompensé lorsqu'il relâche le levier pendant que le point est moins lumineux. Le point est si petit et son affaiblissement si subtil que le singe doit fixer le point avec sa fovéa (les personnes qui essaient de faire cette épreuve dans notre laboratoire opèrent toujours ainsi). En fait, le singe est si absorbé à regarder ce « point de fixation » qu'il déplace rarement les yeux en saccades pour observer d'autres points lumineux que nous faisons apparaître ailleurs sur l'écran. Cependant, si nous déplaçons le point de fixation, le singe bouge généralement les yeux par une saccade, de la position initiale à la nouvelle position du point de fixation.

Après que le singe a appris ces premiers rudiments, on lui fait une anesthésie générale et on le prépare chirurgicalement pour les enregistrements neurophysiologiques : on implante un dispositif qui réduit les mouvements de la tête, des détecteurs qui mesurent les mouvements oculaires et une « chambre » par laquelle on introduira dans le cerveau des micro-électrodes pour enregistrer l'activité unitaire des cellules nerveuses. Puis, au début de chaque journée d'expérimentation, on sort le singe de sa cage et on le fait grimper dans l'appareil expérimental, ce qu'il fait en général sans difficulté. Nous étudions généralement plusieurs centaines de cellules de chaque singe sur une période de plusieurs mois. Fort heureusement, le cerveau est insensible à la douleur ; cette propriété est souvent mise à profit afin d'accroître la précision de certaines interventions chirurgicales (comme par exemple le

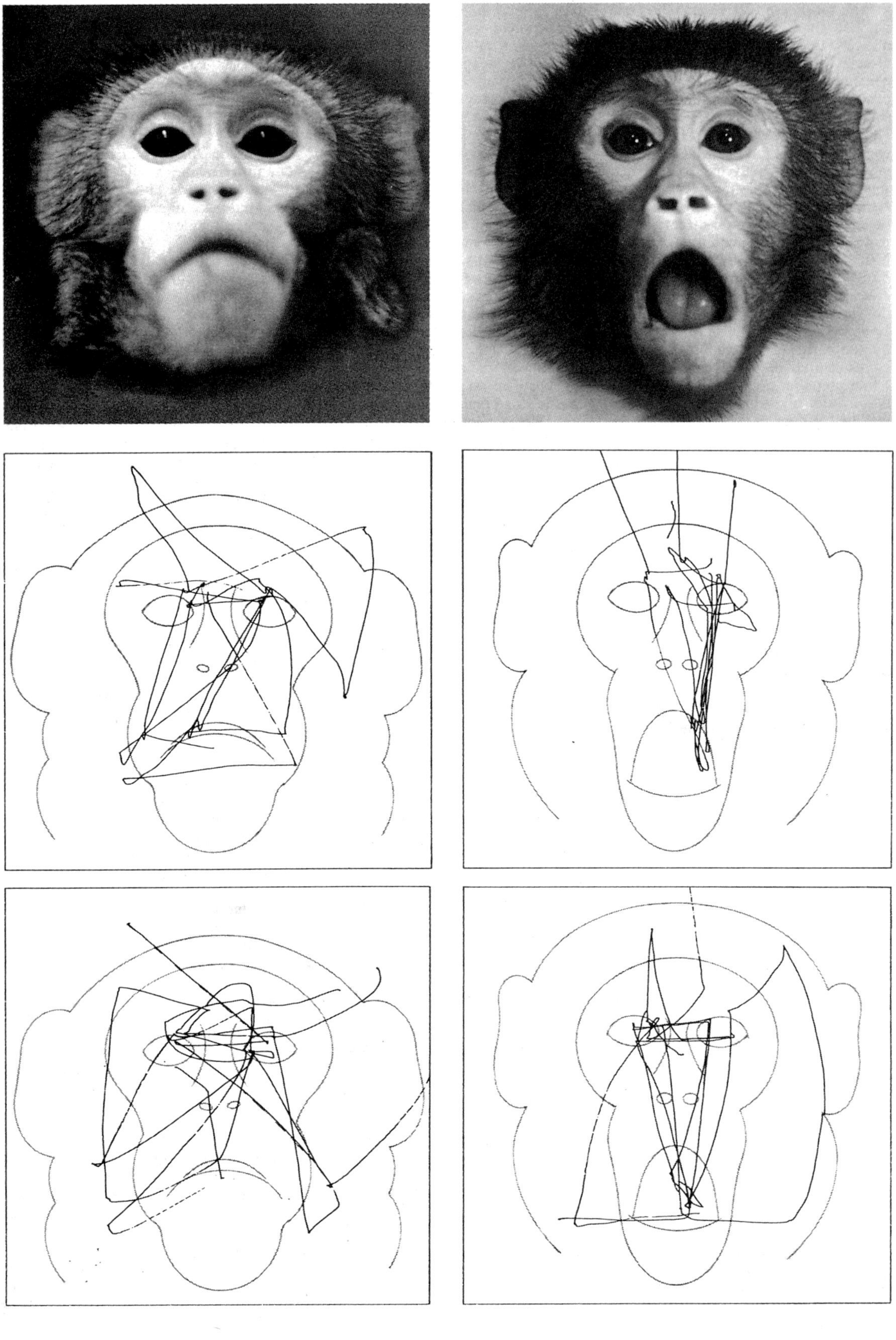

1. LES MOUVEMENTS OCULAIRES exécutés par les singes Rhésus alors qu'ils regardaient des images de visages d'autres singes révèlent certaines caractéristiques de l'attention visuelle. On a présenté deux photographies de singes (*photographies du haut*) pendant huit secondes chacune, à des singes appelés Joe et B.F. L'un des visages était plus ou moins dénué d'expression et l'autre exprimait ce qu'on appelle la menace avec la bouche ouverte : cette bouche ouverte a beaucoup retenu l'attention. Les fixations visuelles de Joe *(figures du milieu)* et celles de B.F. *(figures du bas)* étaient généralement commandées par des mouvements oculaires rapides ou saccadés. Les fixations suivaient les traits saillants de la face.

traitement de l'épilepsie), où l'on stimule électriquement le cerveau pour enregistrer les réactions du patient.

Le champ récepteur des neurones du colliculus supérieur

Chez le Singe comme chez l'Homme, le nerf optique se divise en deux grandes voies. L'une d'elles conduit au corps genouillé latéral, un amas de cellules nerveuses dont les axones se prolongent dans le cortex strié ; ce dernier constitue la partie postérieure du cortex cérébral et c'est là que débute l'analyse du monde visible en ce qui concerne les couleurs, la forme, le mouvement et la profondeur.

La deuxième grande voie, (le tractus optique principal chez les non-mammaliens), conduit au colliculus supérieur, une zone située au-dessus du tronc cérébral chez les Mammifères. Le colliculus supérieur est l'équivalent du toit optique des Vertébrés inférieurs, la partie du cerveau qui reçoit les axones du nerf optique au sommet du tronc cérébral. Chez les animaux comme la Grenouille et les Poissons, le toit optique est la plus importante des zones jouant un rôle dans la vision.

Nous avons débuté notre travail par l'étude des cellules du colliculus supérieur. On savait déjà que ces cellules, comme la grande majorité des cellules du cerveau qui réagissent aux stimuli visuels, réagissent non pas à la lumière diffuse mais à la lumière qui frappe une zone spécifique de la rétine. On dresse la carte de cette région, appelée champ récepteur de la cellule, en mesurant comment réagissent ces cellules nerveuses quand des points lumineux apparaissent en des endroits variables de l'écran, alors que le singe regarde le point de fixation. Comme le singe conserve le regard fixe, nous avons supposé que la position des points lumineux sur l'écran est une mesure de la position de l'image du point sur la rétine du singe par rapport à la fovéa. Les cellules nerveuses ne déchargent que pour certaines localisations des points lumineux.

Les cellules du colliculus supérieur sont activées par des points lumineux apparaissant à n'importe quel endroit d'une grande partie du champ visuel : leur image est perçue par des cellules réceptrices d'une grande partie de la rétine. Le champ récepteur d'une cellule proche de la fovéa enregistre les objets contenus dans un angle de 4 degrés de champ visuel ; sur la rétine, loin de la fovéa, le diamètre de ce champ peut atteindre 20 degrés (l'épaisseur de l'index, bras

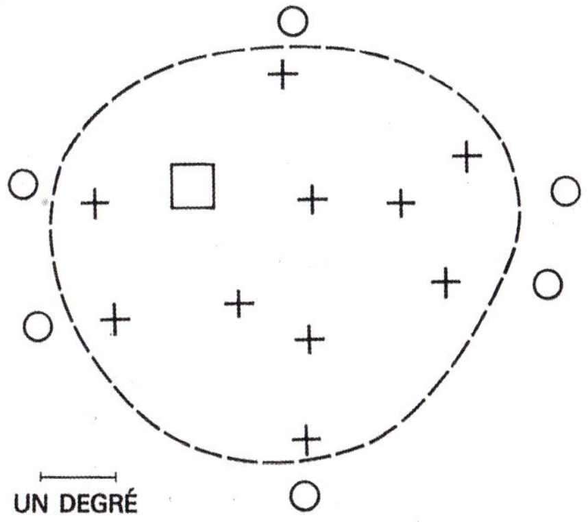

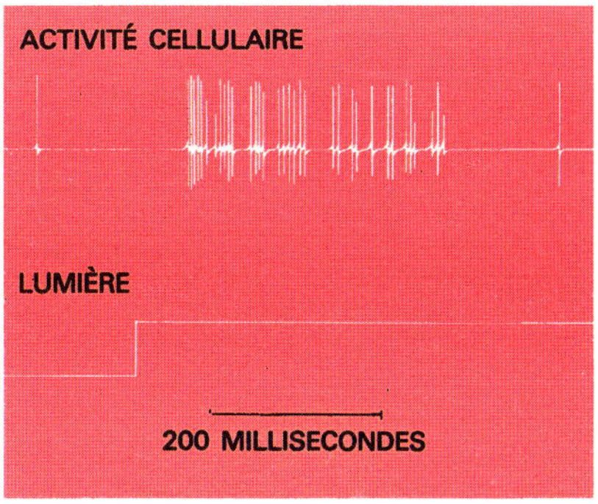

2. LE CHAMP RÉCEPTEUR de la cellule nerveuse est la partie du champ visuel à laquelle la cellule est sensible. La figure de gauche représente la cartographie d'un champ récepteur ; les signes plus indiquent les endroits où le point lumineux périphérique provoque une augmentation de la décharge électrique de la cellule. Les cercles repèrent les endroits où les points lumineux ne déclenchent pas d'augmentation ni de diminution. On notera que ce champ n'a pas la structure concentrique de ceux du corps genouillé latéral. La réaction de la cellule à un point lumineux situé dans la partie repérée par un carré figure à droite.

tendu, correspond à un angle d'environ un degré).

Lors de l'établissement des cartes de champs récepteurs des cellules nerveuses, nous avons fait une constatation fortuite : chaque fois que, par erreur, le singe jetait un coup d'œil à un point lumineux situé dans le champ récepteur de la cellule dont nous enregistrions l'activité, la réaction de la cellule était beaucoup plus intense que si le singe avait continué de fixer le point de fixation. Nous avons donc modifié l'expérience et récompensé le singe pour ces saccades et observé que de nombreuses cellules nerveuses situées dans le colliculus supérieur déchargent plus intensément et plus régulièrement lorsque le point lumineux situé dans le champ récepteur de la cellule est la cible d'un mouvement oculaire. En fait, la moitié des cellules du colliculus supérieur qui réagissent habituellement à tous les stimuli visuels réagissent dans ces conditions de façon plus intense. Les réactions amplifiées débutent généralement environ 50 millisecondes après l'apparition du point lumineux sur l'écran, le mouvement oculaire en direction du point ayant lieu un peu plus tard, environ 200 millisecondes après l'apparition du point.

Le singe avait certainement conscience du point lumineux puisque ses yeux se dirigeaient dans la direction du point. En outre, la décharge intense des cellules du colliculus supérieur incite à penser que l'activité d'autres cellules cérébrales (comme celles vers lesquelles les cellules du colliculus supérieur projettent leurs axones) est modifiée. Cette réaction accrue faisait-elle alors partie du processus nerveux qui permet à l'esprit de « prendre possession d'un objet » ?

La préparation des mouvements oculaires

Pour répondre à cette question, il nous fallait résoudre plusieurs problèmes et tout d'abord répondre à la question préliminaire suivante : la réaction accrue des cellules nerveuses correspondait-elle à un stimulus visuel ou s'agissait-il seulement d'une activité précédant un mouvement oculaire spontané ? Nous avons démontré que la réaction nécessitait un stimulus car, lorsque les yeux des singes se déplaçaient par saccades dans l'obscurité totale, les cellules ne déchargeaient pas. La réaction accrue n'était donc pas simplement un événement précédant le mouvement de l'œil mais une modulation de la réaction aux stimuli visuels.

Il nous fallait ensuite savoir si la réponse accrue n'était pas due à une saccade suivante ayant pour cible un autre stimulus. On pouvait, en effet, penser que l'effort nécessaire pour exécuter un mouvement oculaire augmente l'excitabilité de toutes les cellules cérébrales qui répondent aux stimuli visuels. Nous avons testé cette hypothèse en présentant au singe simultanément deux points, l'un dans le champ récepteur de la cellule que nous enregistrions, l'autre bien en dehors. Lorsque le singe déplaçait les yeux vers le point situé dans le champ récepteur, la cellule nerveuse anticipait la saccade en réagissant avec plus d'intensité et lorsque le singe déplaçait les yeux vers le point en dehors du champ, la réaction de la cellule n'était pas augmentée. La réaction est donc sélective dans l'espace : elle est liée aux stimuli localisés dans une partie spécifique du champ visuel.

Enfin, il nous fallait savoir si la réponse accrue avait seulement lieu quand le singe réagissait au stimulus d'une façon particulière, c'est-à-dire en faisant du stimulus la cible de la saccade. Nous avons alors collaboré avec Charles Mohler et conçu une expérience dans laquelle les singes réagissaient différemment à la présence de points lumineux : dans cette expérience, le singe commençait encore par presser un levier qui faisait apparaître une tache lumineuse périphérique mais, dans ce cas, la dimension de la tache était bien supérieure à celle du point lumineux ; le singe était récompensé lorsqu'il relâchait le levier quand la tache périphérique ou le point de fixation s'affaiblissaient. Le point de fixation était assez petit et le degré de l'affaiblissement assez peu

3. LA RÉACTION DU COLLICULUS SUPÉRIEUR à l'apparition d'un point lumineux sur l'écran dépend de l'attitude du singe vis-à-vis de ce point. Dans les expériences schématisées sur cette figure, on enregistrait l'activité d'une cellule du colliculus supérieur et l'on projetait une tache lumineuse dans le champ récepteur de la cellule. En *(a)*, le singe reste attentif au point lumineux central (le point de fixation) sans s'occuper de la tache stimulus ; les cellules nerveuses étudiées réagissent à la présence du point par quelques décharges groupées de potentiels d'action. En *(b)*, le point lumineux périphérique constitue la cible d'une saccade ; l'activité de la cellule est plus prononcée. Dans deux expériences ultérieures avec les singes, on n'est pas arrivé à reproduire l'augmentation de l'activité nerveuse. En *(c)*, le point lumineux extérieur au champ récepteur de la cellule constitue la cible de la saccade. En *(d)*, il n'y a pas de saccade mais le singe prête attention au point situé dans le champ récepteur en relâchant le levier quand le point lumineux s'affaiblit.

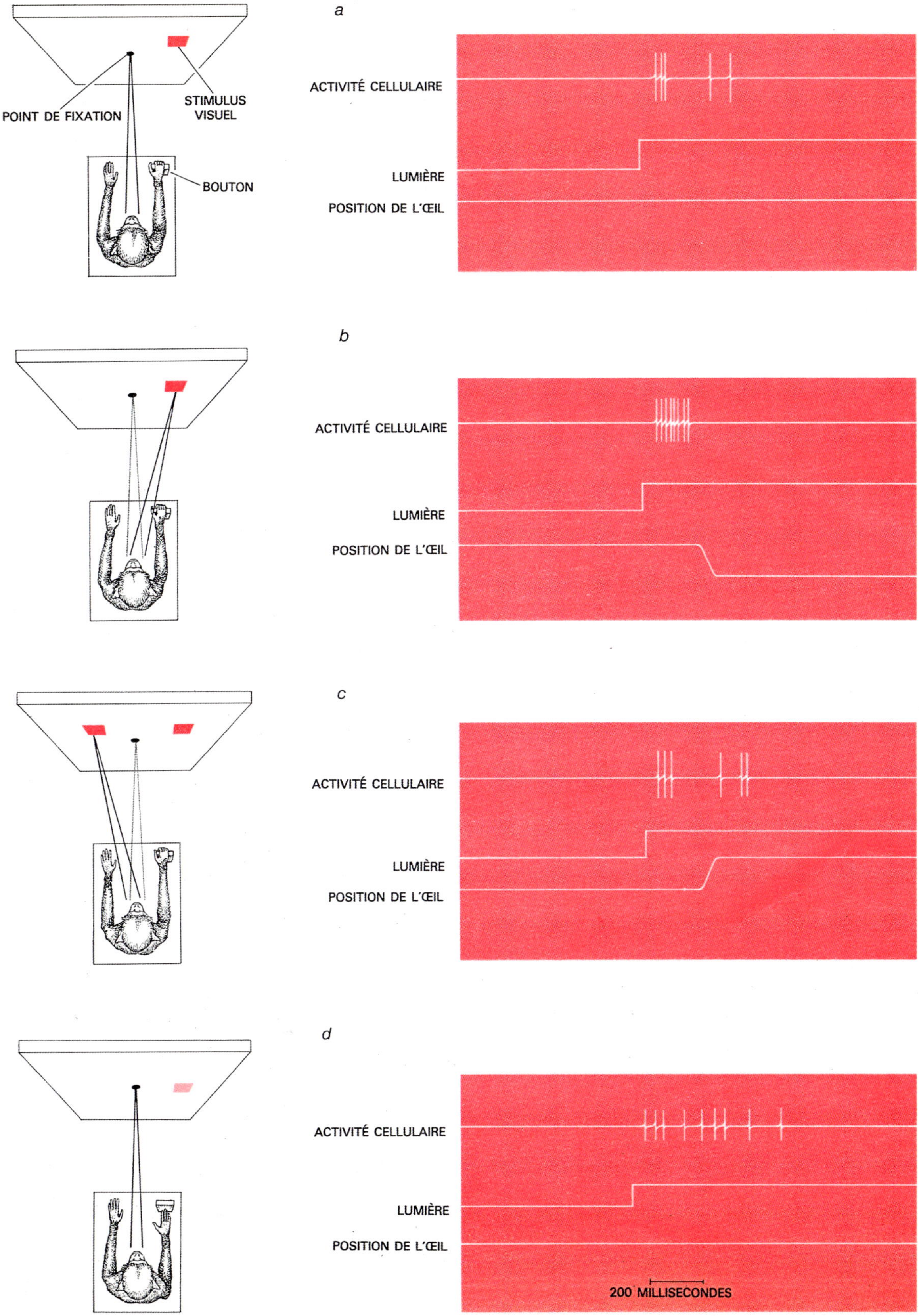
a
POINT DE FIXATION
STIMULUS VISUEL
BOUTON
ACTIVITÉ CELLULAIRE
LUMIÈRE
POSITION DE L'ŒIL
b
ACTIVITÉ CELLULAIRE
LUMIÈRE
POSITION DE L'ŒIL
c
ACTIVITÉ CELLULAIRE
LUMIÈRE
POSITION DE L'ŒIL
d
ACTIVITÉ CELLULAIRE
LUMIÈRE
POSITION DE L'ŒIL
200 MILLISECONDES

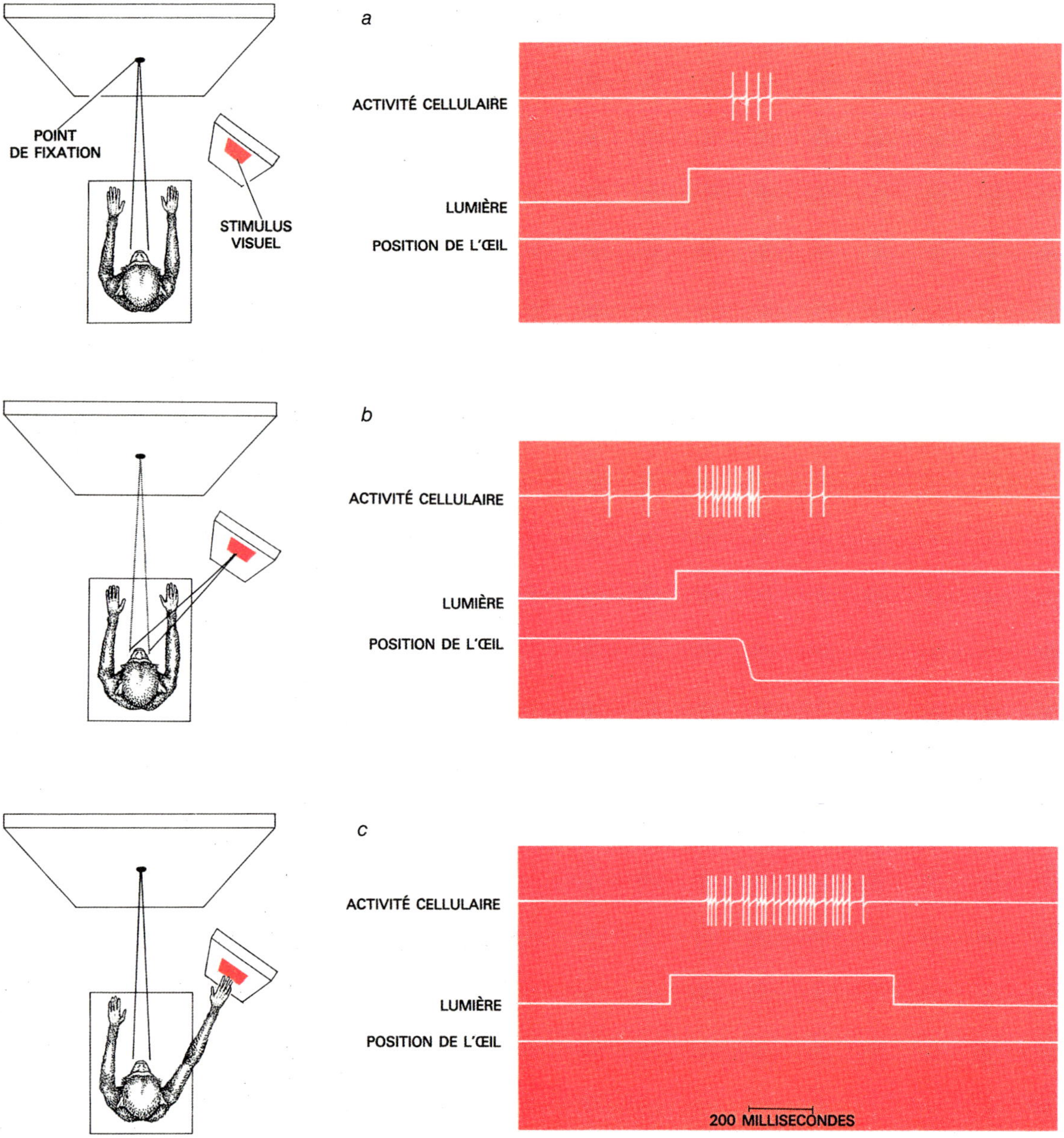

4. L'ACTIVITÉ DU CORTEX PARIÉTAL POSTÉRIEUR diffère de celle du colliculus supérieur (et aussi de celle du cortex strié et du champ oculaire frontal) : les cellules du cortex pariétal postérieur présentent une activité accrue lorsque le singe prête attention au point lumineux quelle que soit la manière dont il y prête attention. En *a*, le singe ne réagit pas et la cellule pariétale postérieure n'émet que quelques potentiels d'action. En *b*, le point est la cible d'une saccade et l'activité de la cellule est supérieure. En *c*, le singe touche le point stimulus et à nouveau l'activité de la cellule s'en trouve accrue.

important pour que le singe ne perçoive son affaiblissement qu'avec la fovéa. Au contraire, l'affaiblissement de la tache périphérique était facilement perceptible même quand l'animal n'en avait conscience que par la partie périphérique de la rétine. Ainsi, le singe avait-il plutôt tendance à regarder le point de fixation et, lorsqu'il réagissait à l'affaiblissement de la tache périphérique, nous pouvions déduire qu'il avait perçu cette tache sans bouger les yeux.

Cette expérience fut concluante : les cellules du colliculus supérieur qui présentaient une réaction accrue lorsque le singe faisait du point lumineux la cible d'un mouvement oculaire ne réagissaient plus lorsque, dans notre expérience, le singe faisait attention à la tache lumineuse en relâchant le levier (c'est-à-dire sans fixer la tache) : cette réaction accrue du colliculus supérieur n'était donc pas un phénomène directement lié à l'attention visuelle mais elle faisait partie des processus nerveux impliqués dans le déclenchement du mouvement oculaire (la saccade).

Le cortex strié

L'étude de la seconde grande voie visuelle, qui conduit au cortex cérébral, a fourni des résultats très différents. La décharge des cellules du cortex strié n'était que très légèrement augmentée quand le point lumineux situé dans leur champ récepteur était la cible de la saccade. On observait également une légère augmentation de la décharge lors d'une saccade en direction d'une autre partie du champ visuel ; en outre, la réaction avait aussi lieu lorsque le singe portait son attention sur la tache lumineuse et relâchait le levier sans faire de mouvement oculaire. Comme la réaction accrue du cortex strié est la même pour toutes les saccades, on ne peut pas en déduire que la saccade est dirigée vers le stimulus d'un champ récepteur donné. Ainsi, cette réaction accrue n'est pas sélective pour une zone de l'espace et n'est donc pas liée à l'attention visuelle. Nous supposons que cette réaction est simplement liée au degré de vigilance du singe et que l'état de vigilance amplifie également le traitement cérébral de tous les stimuli.

Les résultats de ces deux séries d'expériences confirment les différences constatées par d'autres travaux entre les deux voies visuelles. Dans le cortex strié, l'activité nerveuse dépend beaucoup de la répartition de la lumière qui atteint la rétine : les cellules réagissent plus intensément aux fentes lumineuses localisées en des endroits particuliers du champ visuel et orientées selon certaines directions. En outre, l'activation de certaines cellules n'a lieu que lorsque ces fentes se déplacent dans certaines directions ou lorsqu'elles ont certaines couleurs. D'après nos expériences, nous savons que ces diverses réactions sont pratiquement les mêmes que ces motifs visuels soient la cible de la saccade

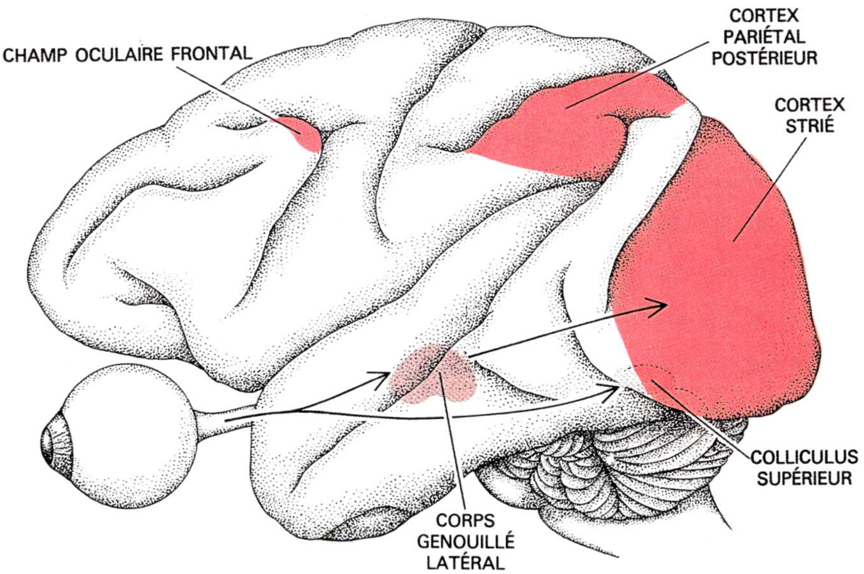

5. PLUSIEURS ZONES DU CERVEAU du Singe rhésus comportent des cellules dont l'activité électrique est modifiée par des stimuli lumineux (de tels stimuli sont par exemple des points lumineux apparaissant sur un écran que regarde le singe). Le colliculus supérieur recoit directement des signaux de la rétine ; il en est de même pour le corps géniculé latéral qui communique avec le cortex strié. Deux autres zones corticales étudiées par les auteurs réagissent également aux stimuli visuels : le champ oculaire frontal et le cortex pariétal postérieur (corps genouillé et colliculus sont vus en transparence).

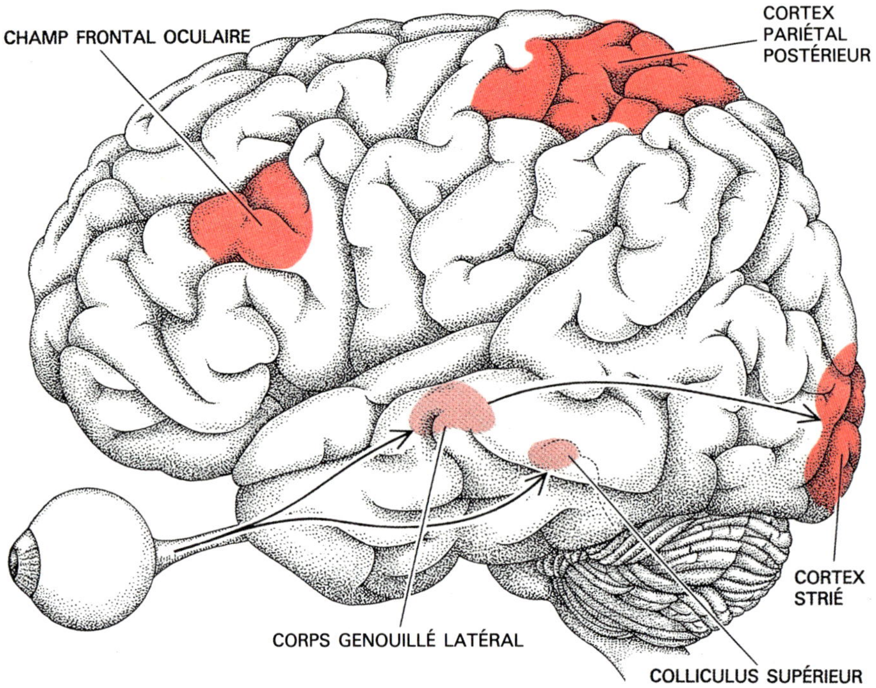

6. LES CERVEAUX de l'Homme et du Singe comportent des zones comparables en ce qui concerne l'attention visuelle. Parmi celles-ci, le colliculus supérieur, le corps genouillé latéral et le cortex strié de l'Homme sont remarquablement semblables à leurs équivalents chez le Singe. La grande extension prise par le cortex cérébral dans le cerveau humain signifie cependant que le champ oculaire frontal et le cortex pariétal postérieur ne sont pas nettement délimités.

ou qu'elles indiquent au singe de relâcher le levier. En d'autres termes, le cortex strié, la zone du cortex cérébral extrêmement sensible aux détails perçus, ne réagit pas en fonction de la pertinence des détails des objets observés par les singes.

Il en va différemment pour le colliculus supérieur : les cellules qui réagissent aux stimuli visuels exécutent des tâches précises et simples ; leur activation ne nécessite généralement qu'un petit point lumineux dans une partie relativement grande du champ visuel ; cependant, la réaction des cellules est nettement augmentée lorsque le singe fait du point lumineux la cible d'une saccade. Ce traitement visuel semble rudimentaire, mais les cellules sont sensibles à la pertinence du stimulus.

Les expériences suivantes de notre étude montrèrent que certaines cellules du cortex cérébral réagissent aux stimuli visuels de la même manière que les cellules du colliculus supérieur. Ces dernières cellules sont situées dans une zone du lobe frontal, à l'avant du cortex moteur, une région importante pour la commande des mouvements du corps. Au XIXe siècle, le physiologiste écossais David Ferrier montra que, chez le Singe, la stimulation électrique de cette zone du cortex provoque des mouvements oculaires et il l'appela le champ oculaire frontal. On a considéré pendant longtemps que le champ oculaire frontal

7. DES AUTOPORTRAITS réalisés par l'artiste allemand Anton Räderscheidt montrent que le cortex pariétal postérieur intervient dans les mécanismes cérébraux de l'attention visuelle. Le premier autoportrait *(en haut à gauche)* a été fait deux mois après un accident vasculaire cérébral qui avait endommagé le cortex pariétal droit du peintre. La moitié du visage a été omise et la moitié du papier est restée vierge. Il semble que l'artiste ait été incapable de prêter attention à la moitié gauche du monde. Le deuxième autoportrait (*en haut à droite*) a été exécuté trois mois et demie après cet accident, le troisième (*en bas à gauche*) six mois après et le guatrième (*en bas à droite*) neuf mois après l'accident. Les autoportraits ont été rassemblés par Richard Jung de l'Université de Fribourg et ils sont reproduits avec l'aimable autorisation de la veuve du peintre, Gisele Räderscheidt.

contrôlait les mouvements oculaires de la même facon que le cortex moteur voisin contrôlait les mouvements du reste du corps. Emilio Bizzi, de l'Institut américain de la Santé mentale, enregistra l'activité des cellules nerveuses dans le champ oculaire frontal : aucune ne déchargeait systématiquement avant les mouvements oculaires spontanés du singe. Quelques cellules déchargeaient pendant et après les mouvements oculaires, mais ces cellules ne pouvaient être à l'origine des mouvements oculaires.

Les cellules de la saccade

Dans notre étude du champ oculaire frontal, nous avons constaté que la plupart des cellules de cette zone déchargent en réaction à de petits points lumineux apparaissant n'importe où dans un champ récepteur dont la taille est environ égale au quart du champ visuel total (un champ récepteur de cette taille est supérieur au champ récepteur des cellules du colliculus supérieur et bien supérieur encore au champ récepteur des cellules du cortex strié). Les cellules nerveuses du champ oculaire frontal ne présentaient pas de réaction anticipée aux saccades spontanées dans l'obscurité ; en revanche, elles réagissaient plus intensément lorsque le point lumineux d'un champ récepteur d'une cellule donnée était la cible d'une saccade. Ainsi, ces cellules ne présentent de réaction accrue ni avant une saccade dirigeant le regard vers un point hors du champ récepteur de cette cellule ni avant que le singe porte attention au point sans faire de saccade.

Ces cellules nerveuses, comme celles du colliculus supérieur, ne participent pas véritablement au phénomène de l'attention visuelle. La raison est identique dans les deux cas : l'attention peut être dissociée des mouvements oculaires, mais la réaction accrue des cellules est toujours liée aux saccades. Cependant, les cellules nerveuses étudiées dans le champ oculaire frontal rendent sans doute compte des observations de Ferrier : quand nous appliquons un potentiel électrique faible à une cellule du champ oculaire frontal qui réagit aux stimuli visuels, une saccade déplace les yeux vers le centre du champ récepteur de la cellule stimulée. Nous supposons donc que ces cellules fournissent les informations visuelles aux mécanismes nerveux responsables de mouvements oculaires : la stimulation électrique se propage selon cette voie de communication et les yeux du singe se déplacent en une saccade comme si une cible visuelle les y avait incités.

Les cellules du cortex pariétal postérieur

Si le colliculus supérieur, le cortex strié et le champ oculaire frontal ne jouent aucun rôle dans l'attention visuelle, qu'est-ce qui la déclenche ? Les observations cliniques tendent à faire penser qu'une partie du cortex cérébral, le cortex pariétal postérieur, joue un rôle important : les patients atteints de lésions du cortex pariétal postérieur droit ont en effet tendance à ignorer les objets situés dans la moitié gauche du champ visuel ; ils voient les objets sans toutefois leur prêter attention. Cette déficience se manifeste de façon très nette dans une série d'autoportraits exécutés par le peintre allemand Anton Räderscheidt, après qu'un accident vasculaire cérébral lui eut lésé le cortex pariétal postérieur droit. Dans un autoportrait exécuté au début de son rétablissement, tout le côté gauche du visage manque.

Au cours d'expériences réalisées sur des singes, Juhani Hyvärinen et ses collègues de l'Université de Helsinki ont montré que les cellule, du cortex pariétal postérieur sont actives lorsque le comportement du singe fait intervenir la vue, par exemple lorsque le singe cherche à saisir un objet ou lorsqu'il suit des yeux le mouvement d'un objet. D'autre part, Vernon Mountcastle et ses collègues de l'Université Johns Hopkins ont montré que les cellules du cortex pariétal postérieur déchargent immédiatement avant les mouvements oculaires ; aussi V. Mountcastle a-t-il avancé l'hypothèse que l'activité de ces cellules est en relation avec l'attention visuelle. A partir de ces travaux et d'observations cliniques, nous avons décidé, avec Gregory Stanton et Catherine Bushnell, d'étudier plus particulièrement le cortex pariétal postérieur. Nous avons constaté que les cellules du cortex pariétal postérieur ont des champs récepteurs similaires aux champs récepteurs des cellules des champ

8. CES SCHÉMAS d'activité accrue dans les zones cérébrales réagissant aux stimuli visuels résultent de nos expériences : des stimuli visuels activent les voies qui conduisent, à travers le corps genouillé latéral au cortex strié (*a*). Des stimuli visuels devenus la cible d'une saccade activent de préférence le colliculus supérieur, le champ oculaire frontal et le cortex pariétal postérieur (*b*). Des stimuli visuels auxquels le singe porte son attention activent de préférence le cortex pariétal postérieur (*c*). Ainsi, le cortex pariétal postérieur serait, en partie, la structure cérébrale responsable de l'attention visuelle.

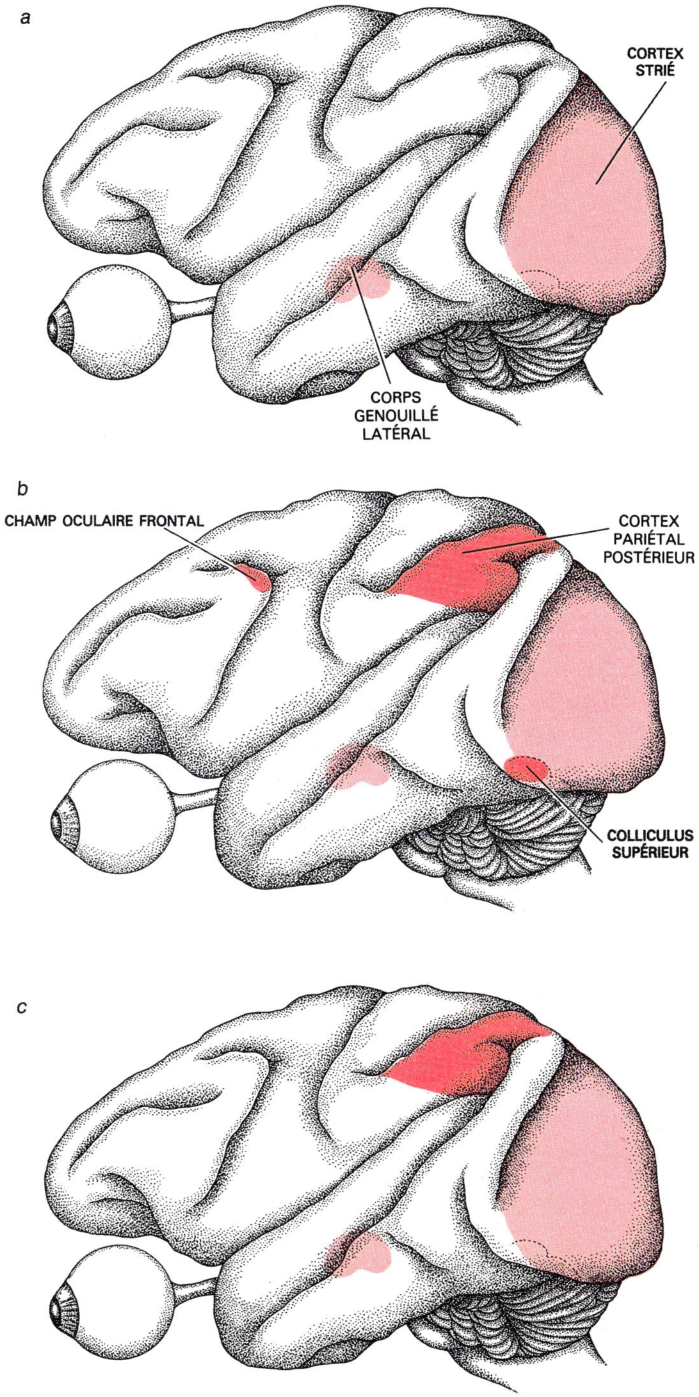
a
CORTEX
STRIÉ
CORPS
GENOUILLÉ
LATÉRAL
b
CHAMP OCULAIRE FRONTAL
CORTEX
PARIÉTAL
POSTÉRIEUR
COLLICULUS
SUPÉRIEUR
c

oculaires frontaux ; elles réagissent cependant plus fortement aux stimuli de grande taille, par exemple aux points lumineux d'un diamètre de cinq degrés environ.

Lorsque de tels stimuli visuels constituaient, pour les singes, la cible d'une saccade, les cellules du cortex pariétal postérieur réagissaient plus intensément. Cette amplification de la réponse était spatialement sélective pour une région de l'espace : nous l'avons observée lorsque la saccade était dirigée vers un stimulus situé dans le champ récepteur de la cellule, mais pas lorsque la saccade se dirigeait ailleurs. En ce sens, la réaction accrue ressemblait à celle que nous avons observée dans le colliculus supérieur et le champ oculaire frontal.

Nous avons alors refait l'expérience dans laquelle le singe regarde intensément un point de fixation et prête attention à l'affaiblissement d'un stimulus périphérique en relâchant un levier : nous avons constaté une réaction accrue des cellules du cortex pariétal postérieur. Pour confirmer que cet accroissement est indépendant des mouvements oculaires, nous avons mis au point une autre expérience : comme auparavant, le singe devait regarder le point de fixation. Dans certains essais le point de fixation s'affaiblissait, et le singe devait relâcher le levier pour gagner sa récompense. Dans d'autres épreuves, le singe devait toucher au panneau illuminé sans quitter des yeux le point de fixation. Lorsque le panneau était dans le champ récepteur de la cellule que nous enregistrions, la réponse de cette cellule était accrue ; cette activité était aussi intense que lorsque le singe avait fait une saccade en direction du panneau.

Le siège de la vigilance

La réaction amplifiée des cellules du cortex pariétal postérieur est donc sélective dans l'espace et indépendante de la réaction comportementale du singe à l'égard du stimulus. Cette propriété la distingue nettement de la réaction accrue des cellules du colliculus supérieur et du champ oculaire frontal. Elle rend également compte des observations cliniques qui tendent à montrer que le cortex pariétal postérieur intervient dans le phénomène d'attention visuelle.

Le phénomène de réaction accrue permet de rendre compte du mécanisme nerveux par lequel le singe sélectionne les objets du monde visible et en fait des cibles pour les saccades. La rétine envoie à des relais cérébraux un message codé qui décrit le monde visible. Lorsque le singe est vigilant mais ne fait attention à rien en particulier, la réaction des cellules nerveuses de ces relais est relativement uniforme. En revanche, dès que le singe porte son attention sur certains objets, les cellules nerveuses du cortex pariétal postérieur dont le champ récepteur reçoit l'image de l'objet commencent à décharger plus intensément. Quand le singe décide de faire une saccade en direction de l'objet pour l'examiner plus minutieusement, les cellules du colliculus supérieur et du champ oculaire frontal qui enregistrent la présence de l'objet déchargent également intensément. L'activité uniforme des zones visuelles est modifiée par la stimulation de la réaction et les cellules nerveuses réagissant à un objet deviennent plus actives que les cellules nerveuses réagissant aux autres objets. Ce changement apparaît même quand l'objet sélectionné n'est pas plus frappant que le reste du champ visuel. La seule différence réside dans le fait que le singe a décidé de porter son attention sur l'objet sélectionné.

Nous ignorons ce qui provoque cette réaction et, dans l'ignorance, nous sommes tentés de penser que cet accroissement de la réaction correspond à l'attention visuelle. Il reste cependant possible que cet accroissement soit seulement en relation avec l'attention visuelle. Cela signifie qu'il pourrait accompagner l'attention visuelle comme le fait un mouvement du globe oculaire, sans participer au mécanisme nerveux dont le résultat est l'attention visuelle. La mise en évidence d'un accroissement de l'activité cérébrale en relation avec l'attention visuelle signifie néanmoins que nous avons au moins commencé à traduire un concept psychologique en termes physiologiques.

Les ombres et la perception des formes

11

Les ombres révèlent la nature tridimensionnelle des formes. Pour en simplifier l'interprétation, le cerveau considère que toute image n'est éclairée que par une seule source de lumière.

Vilayanur Ramachandran

Notre expérience visuelle du monde est fondée sur des images à deux dimensions, sur la combinaison changeante d'intensités et de couleurs dans le plan d'une couche cellulaire de la rétine. Et cependant nous percevons le relief et la profondeur.

Ceci est possible parce que le cerveau est capable de reconstruire la troisième dimension à partir de la disparité stéréoscopique mais également à partir d'indices fournis par l'image rétinienne comme les ombres, la perspective ou le masquage relatif d'un objet par celui qui est devant.

De tous les mécanismes utilisés par le système visuel pour reconstituer une image du monde à trois dimensions, celui se chargeant de l'interprétation des ombres est probablement le plus primitif. En effet, chez de nombreuses espèces animales, les parties ventrales du corps ont évolué vers des couleurs claires, probablement parce que ces espèces sont ainsi moins visibles des prédateurs. Ce processus de « désombrage » atténue la lisibilité des ombres avec au moins deux avantages : la réduction du contraste avec l'environnement immédiat et « l'aplatissement » de la forme perçue de l'animal. La généralisation de cette propriété, en particulier chez les Poissons, illustre l'importance des ombres dans la perception des formes en trois dimensions.

Si les peintres utilisent depuis longtemps les ombres pour donner de saisissantes impressions de profondeur, les psychologues ne se sont guère intéressés aux mécanismes cérébraux d'interprétation des ombres. Nous avons mis au point des expériences destinées à l'élucidation de certains de ces mécanismes.

Nous avons d'abord constitué, à l'aide d'un ordinateur, une série d'images synthétiques. Chacune de ces images est composée d'un certain nombre de figures simples, disposées de telle façon que seules de légères nuances dans la répartition des ombres donnent une impression de relief. Nous avons choisi des figures et des dispositions simples, afin de dégager les mécanismes de base de l'interprétation des ombres, indépendamment de tout autre mécanisme d'ordre supérieur susceptible d'intervenir dans la vision du relief.

Les figures utilisées sont des disques partiellement ombrés, donnant une sensation de relief (voir la figure 1*a*). On les perçoit toutefois soit comme s'ils étaient protubérants (comme des œufs), soit comme s'ils étaient en creux (comme les alvéoles d'une boîte à œufs). Cette ambiguité provient de ce que le cerveau, ignorant la position de la source lumineuse, interprète les ombres de différentes façons ; on peut ainsi « inverser » à volonté le relief de ces figures en modifiant mentalement l'angle d'éclairage.

On constate avec surprise que quand on inverse mentalement le relief d'une des figures, le relief de toutes les autres s'inverse également. Ce phénomène est important, car il y a deux interprétations possibles : soit nous avons tendance à voir toutes les figures d'un même ensemble avec le même type de relief (en l'occurrence toutes concaves ou toutes convexes), soit la perception

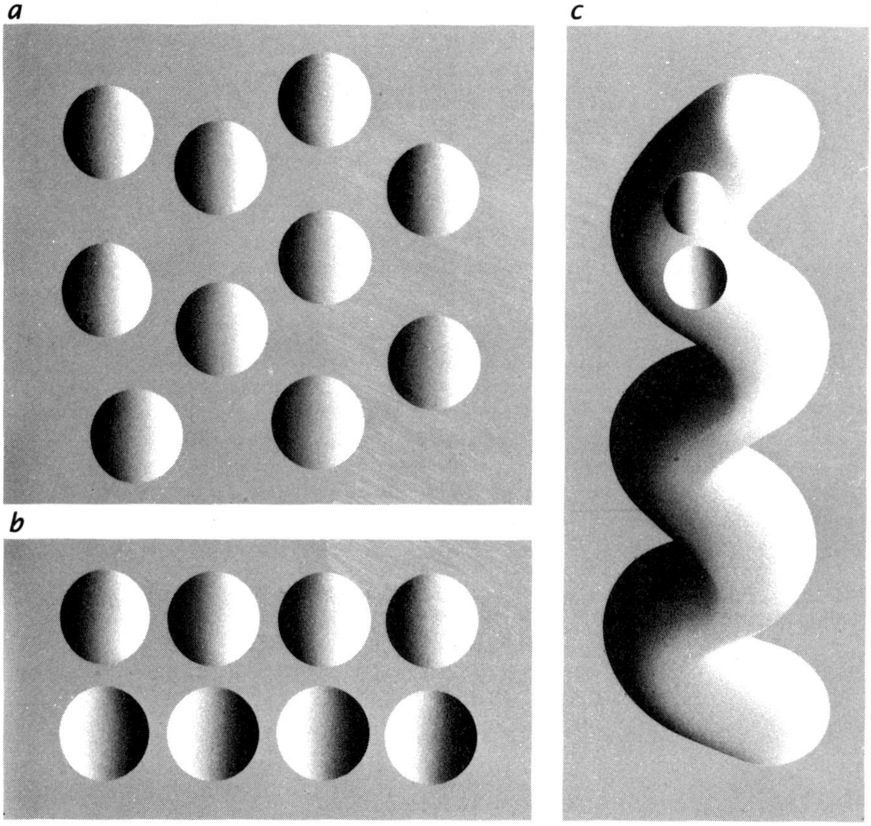

1. SPHÈRES OU CAVITÉS ? Votre réponse dépend de la direction d'où vous semble venir l'éclairage. On peut ainsi inverser le relief des différentes formes (*a*) en déplaçant mentalement la source de lumière de gauche à droite. Dans l'autre série (*b*), le relief de chaque rangée est ambigu, mais dès que l'on voit une rangée convexe, l'autre apparaît aussitôt, par comparaison, concave, et inversement. Il est pratiquement impossible de les voir simultanément convexes ou concaves. Le dessin plus complexe (*c*) donne l'impression d'un boudin éclairé par la droite. L'interprétation des deux disques se conforme au schéma général d'éclairage : celui du haut paraît saillant et celui du bas en creux. Cette dernière expérience a été réalisée par l'auteur, Dorothy Kleffner et Steven Cobb.

du relief est une conséquence d'un mécanisme plus général, le cerveau admettant tacitement que l'ensemble de l'image n'est éclairé que par une seule source de lumière, d'où une interprétation identique des différentes ombres. Pour tester ces hypothèses, nous avons mis au point un assemblage de deux rangées de figures deux à deux symétriques (voir la figure 1*b*). Dans ce cas, la symétrie des formes provoque une symétrie du relief perçu : si les figures d'une des rangées apparaissent convexes, celles de l'autre rangée semblent automatiquement concaves.

Une source lumineuse unique

Cette expérience apporte deux enseignements. D'une part, l'interprétation des formes à partir des ombres n'est pas purement locale, mais globale, et fait appel à une grande partie du champ visuel, sinon à sa totalité. D'autre part, il semble que le système visuel considère *a priori* que la scène est éclairée par une source lumineuse unique ; cela est naturel, car le cerveau humain s'est développé dans un environnement où le Soleil fut longtemps la seule source de lumière.

Ces constatations sont confirmées par des dessins plus complexes représentant un tube ondulé blanc, éclairé latéralement (voir la figure 1*c*). Cette forme apparaît presque toujours convexe, peut-être en raison de certains indices subtils, comme le masquage d'une partie du tube par une autre, ou parce que l'on a tendance à interpréter de telles formes comme étant convexes. Curieusement le relief des deux

a *b*

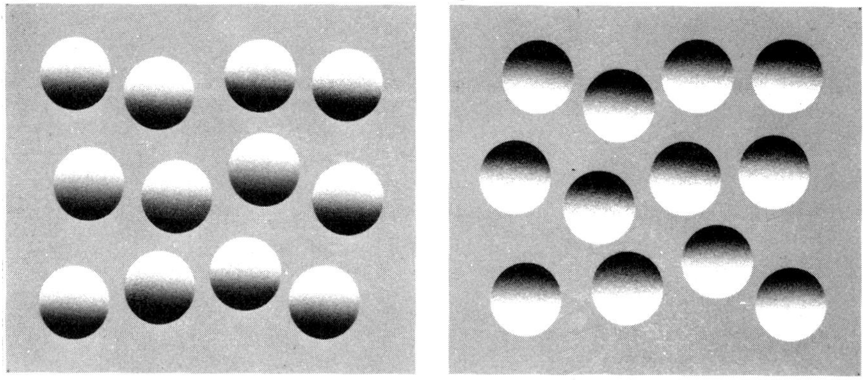

2. LE CERVEAU ADMET GÉNÉRALEMENT que la lumière vient du haut. C'est pour cette raison que les objets du groupe *a* paraissent convexes, et ceux du groupe *b* concaves. Si l'on tourne la page d'un demi-tour, les reliefs s'inversent. On obtient le même résultat en remettant la page à l'endroit, mais en se tenant la tête en bas. C'est donc la position de la page par rapport à la rétine qui intervient dans la détermination du sens de l'éclairage, et non sa position par rapport à l'environnement.

disques superposés au tube n'est plus ambigu : l'un est clairement en relief et l'autre en creux. Il semble que lorsque certains détails d'un objet permettent au cerveau de déterminer la direction de la source de lumière, on interprète ensuite le relief du reste de l'image conformément à ce type d'éclairage.

Non seulement le système visuel suppose que la source de lumière est unique, mais aussi que cette lumière (comme le bon exemple) vient d'en haut. Pour s'en rendre compte, il suffit de regarder la figure 2, où deux groupes de disques ombrés sont identiques, à la différence près que certains sont orientés vers le haut et les autres vers le bas. Toutes les personnes à qui on présente ces dessins interprètent ceux de la série *a* comme des sphères, et ceux de la série *b* comme des cavités. Toutefois, quand on tourne la page d'un demi-tour, le relief s'inverse : ce sont les dessins de la série *b* qui semblent saillants et ceux de la série *a* qui semblent creux (vous pouvez, pour vous amuser, découper la figure et la poser sur un plateau de tourne-disques ; tournez alors le plateau de plus en plus vite, jusqu'au moment où vous ne percevez plus l'inversion du relief).

Cette expérience confirme que pour le cerveau, la lumière vient d'en-haut. Comment le cerveau identifie-t-il le haut et le bas de l'image par rapport à la position de la rétine, ou par rapport au monde extérieur ? Pour le savoir, réalisez l'expérience suivante : allongez-vous sur le dos de façon à laisser pendre votre tête à l'envers, au bord du lit ; puis demandez à quelqu'un de vous présenter l'image de la figure 2 en la tenant à l'endroit. Les dessins du groupe *a* sembleront alors concaves et ceux du groupe *b* sembleront convexes, exactement comme lorsque l'on tient la page à l'envers avec la tête à l'endroit. Le cerveau n'identifie donc pas le haut et le bas de l'image par rapport à l'environnement, mais par rapport à l'orientation de la rétine. Ainsi la connaissance objective du haut et du bas ne modifie pas la perception du relief.

Le rôle des contours

Les ombres proprement dites ne donnent qu'une faible impression du relief quand elles ne sont pas délimitées par un trait suffisamment net, et la plupart des dessins ne reproduisent pas les subtils dégradés des ombres véritables. Le simple fait d'entourer une zone d'ombre par un cercle, en revanche, crée tout d'un coup la sensation saisissante d'une surface sphérique. Quel est donc le rôle exact des contours des zones d'ombre dans l'interprétation des formes tridimensionnelles à partir des ombres ?

Pour étudier cette nouvelle question, nous avons dessiné des objets dont les ombres sont les mêmes, mais les contours différents (voir la figure 3) et vérifié, en déplaçant une cellule photoélectrique sur l'image, que les gradients de luminosité des objets étaient identiques. Or les images perçues semblent très différentes : en l'occurrence, celle du haut fait penser à trois cylindres juxtaposés, tandis que celle du bas ressemble à une bande de tôle ondulée. Les contours supérieur et inférieur des surfaces jouent donc un rôle déterminant dans leur perception par le système visuel.

Lorsque l'interprétation des ombres est difficile, le tracé des contours aide à lever l'ambiguïté pour l'ensemble de l'image, et l'emplacement supposé de la source de lumière se déplace pour se conformer à la nouvelle image perçue. Le dessin du haut de la figure 4, par exemple, semble éclairé perpendiculairement au plan de la page, tandis que dans le dessin du bas, la lumière semble provenir de la gauche ou de la droite, selon que la figure apparaît concave ou convexe. Il est remarquable qu'un simple contour modifie tant la perception d'une image. L'expérience suivante montre qu'on obtient des effets comparables avec des contours fictifs : un exemple typique est celui de quatre disques gris amputés d'une lunule, comme si on avait « croqué » un morceau (voir la figure 4). On a l'impression de voir un grand disque clair au milieu, recouvrant partiellement les disques gris ; on discerne même un trait peu appuyé, mais fictif, entre les contours des « morsures » des disques gris.

Remplaçons maintenant l'arrière-plan de cette figure par un autre, dont la luminosité varie de haut en bas. Cette nouvelle image semble d'abord plate, mais au bout d'un certain temps, l'intérieur du disque fictif semble se bomber et se rapprocher de l'observateur, au point même de se détacher du fond pour donner l'impression d'une sphère flottante : un tel contour imaginaire est plus frappant qu'un contour réel ! Ce phénomène n'est pas totalement expliqué, mais il semble que le cerveau considère que les recouvrements sont une preuve plus solide de l'existence d'un objet qu'un contour réel ; c'est logique : le trait figurant un tel contour ne pourrait-il pas représenter une boucle de fil très fin, ou une bulle de savon transparente ?

Cette expérience, comme la précédente, montre le rapport direct et fondamental entre les contours, réels ou imaginaires, et l'interprétation des formes tridimensionnelles à partir des ombres. En effet, si le système visuel se contentait d'analyser rigoureusement la forme et la luminosité des ombres (comme certains programmes de reconnaissance par ordinateur), on ne verrait pas une sphère, puisque l'ombre est inchangée de part et d'autre de ce contour. Le système visuel perçoit une sphère parce que les ombres et le contour imaginaire renforcent tous deux cette impression.

Pour déterminer la forme des objets, le système visuel se fonde également sur les variations de réflectivité des surfaces, c'est-à-dire sur la

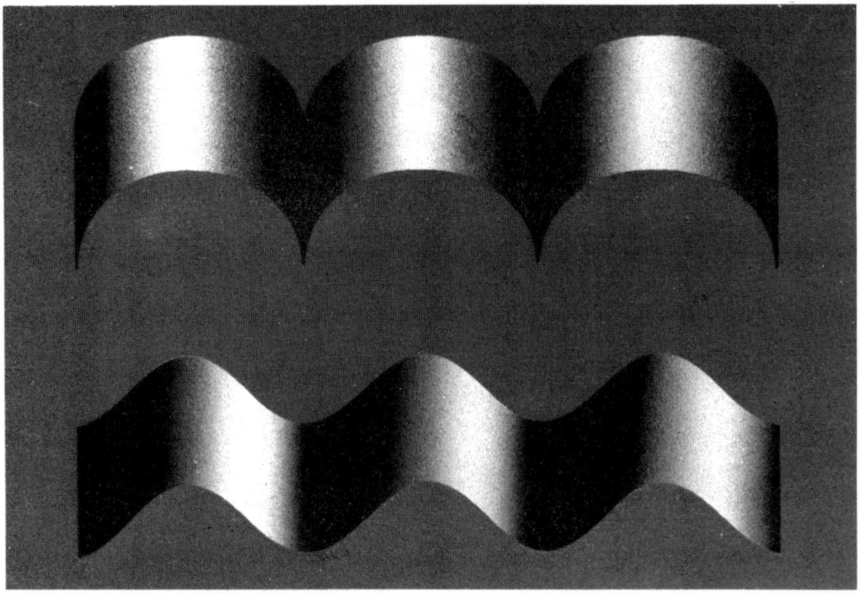

3. LES CONTOURS modifient l'interprétation des surfaces ombrées. Ainsi, sur cette photo, l'intensité des noirs et des blancs varie de façon identique sur les deux images, mais celle du haut fait penser à trois cylindres éclairés perpendiculairement au plan de la page, et celle du bas à une plaque de tôle ondulée éclairée de la gauche ou de la droite.

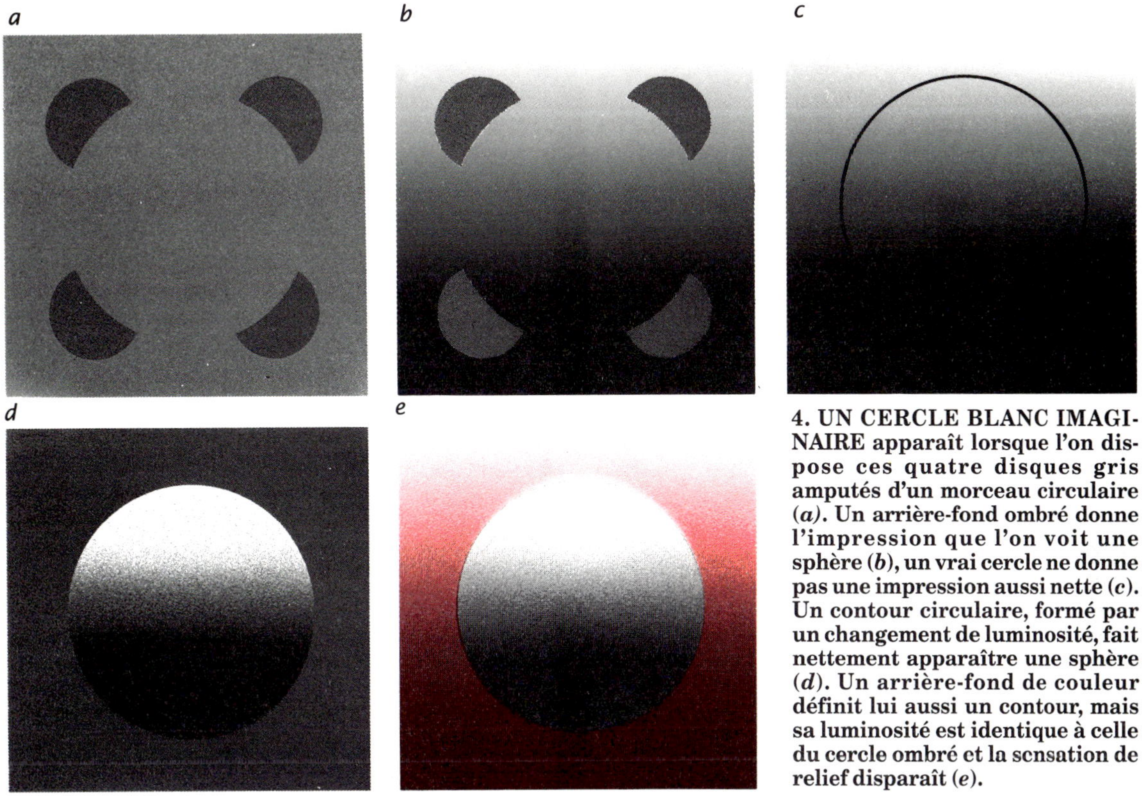

4. UN CERCLE BLANC IMAGINAIRE apparaît lorsque l'on dispose ces quatre disques gris amputés d'un morceau circulaire (*a*). Un arrière-fond ombré donne l'impression que l'on voit une sphère (*b*), un vrai cercle ne donne pas une impression aussi nette (*c*). Un contour circulaire, formé par un changement de luminosité, fait nettement apparaître une sphère (*d*). Un arrière-fond de couleur définit lui aussi un contour, mais sa luminosité est identique à celle du cercle ombré et la sensation de relief disparaît (*e*).

proportion de la lumière réfléchie. Quand on déplace une cellule photoélectrique sur un dessin, on enregistre généralement une nette variation de luminosité lorsqu'on atteint le bord d'un objet. Que se passe-t-il lorsque les contours ne sont pas définis par des changements de luminosité, mais par des changements de couleur ? Pour le savoir, nous avons repris un dessin de « sphère » classique, en remplaçant le fond gris homogène par un fond coloré où le gradient de luminosité est le même que celui sur la sphère elle-même.

Le résultat est sans appel : l'impression de relief disparaît complètement, l'ancienne sphère paraissant complètement aplatie, alors même que son contour est parfaitement marqué par la différence de couleurs. Il semble donc que le système de reconstitution des formes tridimensionnelles à partir des ombres ne tienne pas compte des contours définis par des différences de couleurs. Ce phénomène est peut-être un héritage de nos lointains ancêtres lémuriens : complètement nocturnes et dépourvus de vision des couleurs, ils ne percevaient les reliefs qu'à partir des contrastes lumineux.

Le traitement des images par le cerveau

Toutes ces expériences montrent que le cerveau reconstitue la forme des objets à partir de leurs contours et de leurs ombres. Quel usage fait-il de ces formes ? Un des éléments importants de la perception visuelle est la faculté de distinguer les objets de leur arrière-fond. Même dans un ensemble d'éléments disposés au hasard, le système visuel identifie aisément les différents constituants des objets : sur une photographie très contrastée, par exemple, on reconnaît facilement un dalmatien sur un fond blanc à taches noires (voir la figure 5 *a*). De même, on détecte rapidement une série de traits parmi un ensemble de traits orientés de façon quelconque. En revanche, il est impossible de regrouper mentalement un ensemble de lettres imprimées à l'envers, disséminées parmi des lettres normales.

Anne Treisman, de l'Université de Californie, Bela Julesz, des Laboratoires *AT&T Bell,* et Jacob Beck, de l'Université de l'Oregon, ont, les premiers, étudié les regroupements d'objets et découvert plusieurs principes importants.

D'abord ils ont montré que, dans un premier temps, le système visuel extrait des attributs élémentaires que B. Julesz appelle des textons : ce sont, par exemple, la couleur, l'orientation des contours ou la direction des mouvements. Après que le système visuel a identifié ces traits élémentaires, il les regroupe pour former des objets. Selon J. Beck, seuls des traits élémentaires sont ainsi regroupés par le système visuel ; les chiffres et les lettres, par exemple, sont trop complexes pour être de tels attributs élémentaires.

En ce qui concerne les objets tridimensionnels, les expériences montrent que même des formes définies uniquement par leurs ombres peuvent servir d'attributs élémentaires pour la perception visuelle. Dans une image formée d'un mélange de bosses et de creux, par exemple, le système visuel regroupe mentalement toutes les bosses en un ensemble homogène dont le plan semble plus rapproché que celui de l'ensemble des creux, qui forme l'arrière fond (voir la figure 6).

L'analyse de cette image semble montrer que le système visuel traite une image en trois étapes. Dans la première, qui dure plusieurs secondes, le système visuel effectue un certain nombre de « calculs » afin d'identifier les formes tridimensionnelles. Puis lorsque les formes convexes sont identifiées et détachées du reste, on a la nette sensation de pouvoir garder indéfiniment le contact avec elles, afin de les grouper avec des formes similaires. Enfin quand ce regroupement est effectué, les objets sélectionnés sont nettement isolés des éléments inutiles de l'arrière-plan. L'extraction et le regroupement des textons, qu'on présente généralement comme une opération unique, fait appel à plusieurs facultés de perception bien distinctes, dont la synergie permet de dégager des formes de l'arrière-plan.

Nous nous sommes demandé si ce regroupement mental des objets n'était pas établi sur une base de nouveaux attributs plus simples que les critères tridimensionnels. En effet, comme les formes convexes se distinguent des formes concaves par des éléments simples telle que l'orientation du gradient de luminance, on pouvait supposer que le regroupement s'effectuait par rapport à ce dernier critère. Pour tester cette hypothèse, nous avons dessiné un ensemble d'objets de même polarité de luminance que dans l'exemple précédent, mais sans aucune indication relative au relief. Il s'avère alors pratiquement impossible de regrouper mentalement les objets : même en les fixant un par un, on ne peut les séparer du reste. Il est donc clair que le regroupement des objets se fait d'après leur forme suggérée.

Nous avons indiqué que l'impression de relief est beaucoup plus nette lorsque la scène semble éclairée par le haut plutôt que par le côté. De même, un éclairage par le haut facilite beaucoup le regroupement des formes et leur séparation du reste de l'image. Vérifiez-le en tournant le groupe *a* de la figure 6 d'un quart de tour. L'effet est saisissant : on constate une diminution de la sensation de relief, et l'on distingue bien moins facilement les ensembles des disques par rapport à l'arrière-fond. Cette expérience confirme que le regroupement s'effectue à partir des formes tridimensionnelles.

a *b* *c*

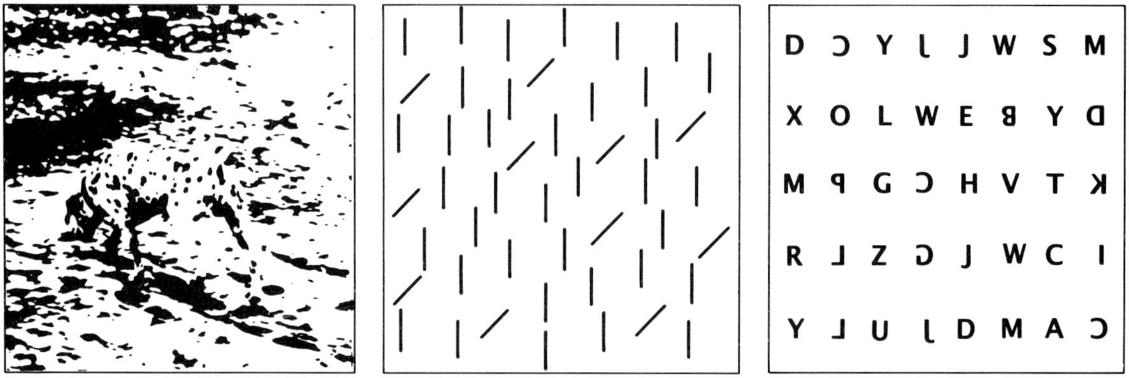

5. LE REGROUPEMENT DES FORMES ÉLÉMENTAIRES au cours du processus de perception permet d'identifier un chien dalmatien sur un fond blanc à taches noires (*a*). Des traits inclinés peuvent être regroupés et vus sur un autre plan que celui des traits verticaux (*b*). En revanche, il n'est pas possible de dégager mentalement un ensemble de lettres inversées, mêlées à des lettres normales.

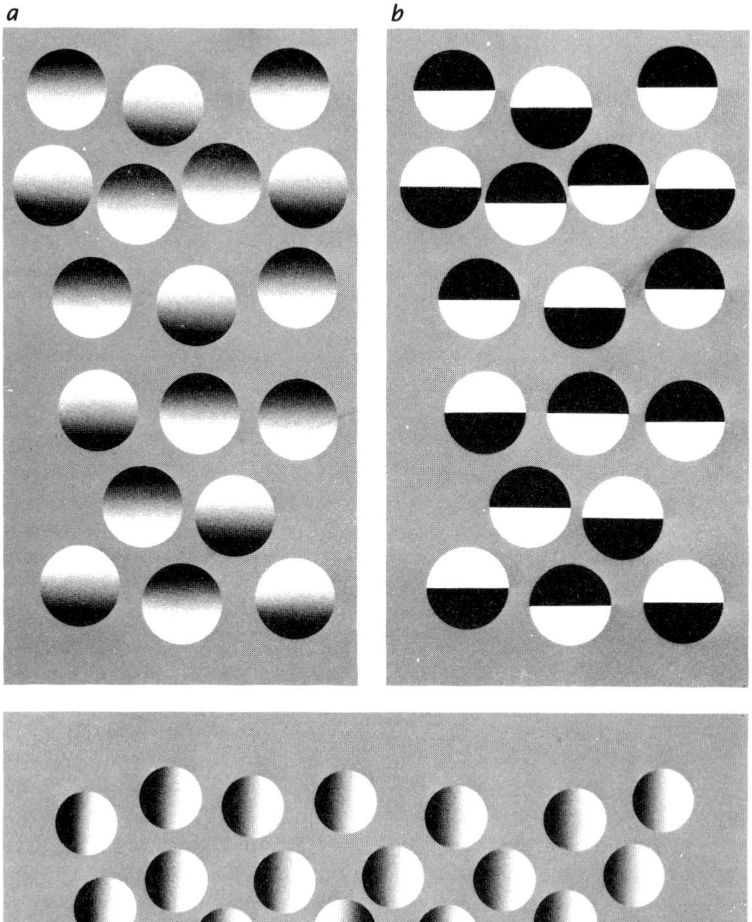

6. LE SYSTÈME VISUEL isole les formes convexes des formes concaves et les regroupe en un ensemble homogène (a). Toutefois, quand on conserve les mêmes polarités de luminance, mais en éliminant toute information concernant le relief (b), il est impossible de séparer mentalement les objets. Avec une série d'objets éclairés par le côté (c), le regroupement devient plus facile si l'on tourne la figure de 90 degrés. Les objets convexes ressortent nettement et forment un triangle. Les ombres peuvent ainsi définir des formes convexes en vue d'un traitement supplémentaire par le système visuel. Une idée similaire a été avancée par Alex Pentland, de l'Institut de technologie du Massachusetts.

De plus, les groupes ainsi constitués peuvent eux-mêmes former des figures de niveau supérieur, comme par exemple des triangles. Il serait intéressant de tester des stimuli de ce type afin de déterminer si les nouveau-nés et certaines victimes de lésions cérébrales parviennent à percevoir des formes en relief à partir de leurs ombres. Un nourrisson, par exemple, réagirait-il à un ensemble de sphères disposées de façon à former un visage ?

La reconnaissance des symétries

Une autre propriété remarquable du système de perception visuelle est sa capacité à détecter les symétries, même dans des figures complexes comme les plantes, les visages et les taches du test de Rorschach. Comment cette reconnaissance s'effectue-t-elle ? Le système visuel compare-t-il successivement toutes les formes d'un des côtés aux formes correspondantes de l'autre côté ? Ou regroupe-t-il d'abord ces formes en des ensembles de structures plus pertinentes avant de rechercher des symétries éventuelles au niveau de ces structures ? Les expériences qui suivent tentent de répondre à ces questions.

Nous avons d'abord comparé deux séries de cercles ombrés (voir la figure 7). On perçoit généralement l'ensemble de gauche comme un ensemble de sphères et de cavités sphériques disposées symétriquement par rapport à un axe horizontal, mais quand on examine attentivement l'image, on constate que la moitié inférieure n'est pas symétrique de la moitié supérieure ; c'est l'ensemble de droite qui est parfaitement symétrique. Cette expérience démontre que la perception de la symétrie résulte de critères tridimensionnels plutôt que d'une simple répartition des zones d'ombre et de lumière. On peut le vérifier en tournant simplement la figure de 90 degrés, de façon à éliminer la forte impression de relief, on voit alors parfaitement que la série de dessins de droite est plus symétrique que celle de gauche.

Il semble que les informations concernant les ombres soient extraites au tout début du processus d'interprétation visuelle ; il est même probable que des circuits neuronaux soient spécifiquement

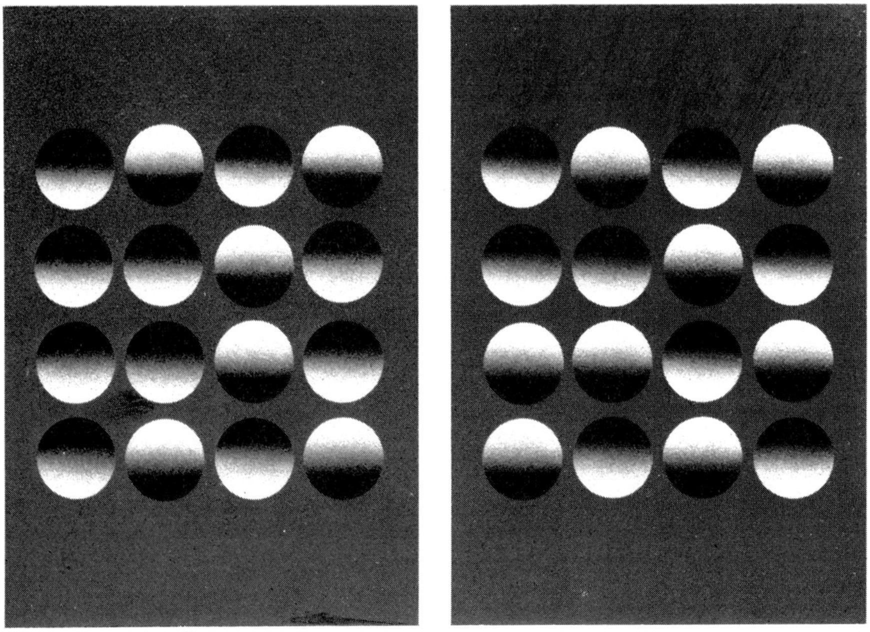

7. LA PERCEPTION DES SYMÉTRIES ne peut se faire qu'après que le cerveau a construit des formes en trois dimensions à partir des ombres. A gauche, les sphères et les cavités semblent disposées symétriquement par rapport à un axe horizontal, mais, en deux dimensions, on voit que ce sont les dessins de droite qui sont réellement symétriques. Cette expérience démontre que la perception de la symétrie résulte de critères tridimensionnels plutôt que d'une simple répartition des zones d'ombre et de lumière. On peut le vérifier en tournant la figure de 90 degrés, de facon à éliminer l'impression de relief. On vérifie que c'est bien le dessin de droite qui est parfaitement symétrique.

affectés à cette tâche. Terrence Sejnowski et Sidney Lekhy, de l'Université Johns Hopkins, ont été récemment mis sur la piste de tels circuits après des simulations sur ordinateur. Ils ont d'abord construit un réseau neuronal à trois couches de cellules : une couche d'entrée, une couche centrale cachée et une couche de sortie. Les cellules de la couche d'entrée réagissaient comme les cellules réceptrices de l'œil du Chat, dont les champs récepteurs sont formés de deux zones circulaires et concentriques de polarités opposées. Un algorithme d'apprentissage permettait d'ajuster progressivement l'intensité des signaux échangés par les cellules de couches différentes, si bien qu'après 40 000 tentatives, le réseau calculait correctement la position des axes de courbure correspondant aux zones ombrées.

Étudiant alors les réactions des cellules de la couche centrale à divers stimuli, T. Sejnowski et S. Lekhy constatèrent, à leur grande surprise, qu'elles réagissaient à des traits de longueur, d'épaisseur et de direction variables, comme le font les cellules détectrices de contours du cortex visuel du Chat et du Singe. Toutefois, aussi étrange que puisse paraître cette ressemblance, sa validité biologique n'est pas établie, car les expérimentateurs ont délibérément exclu, dans leurs tests, certains éléments jouant un rôle fondamental dans la vision humaine, comme par exemple les contours. Il reste donc à vérifier si cette ressemblance de fonctionnement entre les cellules de la couche centrale du réseau neuronal et les cellules détectrices de contours n'est qu'une coïncidence ou si ces cellules détectrices de contours interviennent effectivement dans la reconstitution des formes tridimensionnelles à partir des ombres

La perception des images mobiles

Jusqu'à présent, nous n'avons considéré que des images stationnaires : que se passe-t-il dans le cas des images mobiles ? Dans la nature, tout ce qui bouge est généralement un prédateur ou une proie. Il n'est donc pas étonnant que les différentes espèces aient progressivement acquis de multiples mécanismes visuels de détection des mouvements ; l'expérience indique que ces mécanismes sont assurés par des groupes de neurones spécialisés. La question qui nous intéresse ici est de savoir si ces mécanismes prennent en compte les informations fournies par les ombres. Pour le savoir, nous nous sommes servis d'une illusion visuelle bien connue, le mouvement apparent.

On observe cette illusion en allumant alternativement, et à un rythme rapide, deux lampes électriques bien séparées l'une de l'autre. On ne voit alors généralement qu'une seule lampe, sautant d'un endroit à l'autre. Pour étudier le rôle des ombres dans la perception des mouvements, nous avons mis au point un système permettant de passer rapidement d'une image représentant une sphère au-dessus d'une cavité sphérique à une image représentant les mêmes objets, mais en position inversée. Onze sujets non avertis ont alors vu une sphère sauter de haut en bas entre deux trous creusés dans l'arrière-fond.

Il semble donc que le cerveau élabore des images en trois dimensions avant de percevoir les mouvements apparents. En effet, les sujets ne percevaient généralement aucun mouvement apparent avant plusieurs dizaines de secondes, temps nécessaire à la construction d'une image tridimensionnelle. Il est donc tout à fait improbable que l'impression de mouvement apparent dérive d'un critère plus élémentaire. Pour le prouver, nous avons pivoté l'ensemble de l'image de 90 degrés, afin de réduire la sensation de relief : le mouvement apparent disparut alors presque complètement.

Nous concluons de cette expérience que le système visuel construit d'abord des images tridimensionnelles à partir de la forme des ombres, puis perçoit les mouvements à partir de ces images complexes, et non directement à partir des images rétiniennes « primitives », à deux dimensions. Certains neurones du cortex visuel de Singe réagissent au mouvement de stimuli simples telles que les alternances de lumières décrites précédemment ; il serait intéressant de déterminer si ces neurones réagissent à des mouvements de formes perçues par leurs ombres.

L'interprétation de la cohérence

De toute évidence, le système visuel recourt à un ensemble de sous-systèmes biologiques variés pour construire une représentation tridimensionnelle du monde ; il utilise notamment un certain nombre d'hypothèses simplificatrices, comme par exemple l'hypothèse d'une source de lumière unique. Qu'advient-il alors lorsque le cerveau essaie de constituer une image cohérente à partir d'éléments disparates ? C'est ce que Patrick Cavanagh, Diane Rogers-Ramachandran et moi-même avons récemment étudié.

Nous avons dessiné des groupes de chevrons, disposés au hasard, chacun d'entre eux pouvant être interprété comme deux faces adjacentes d'un

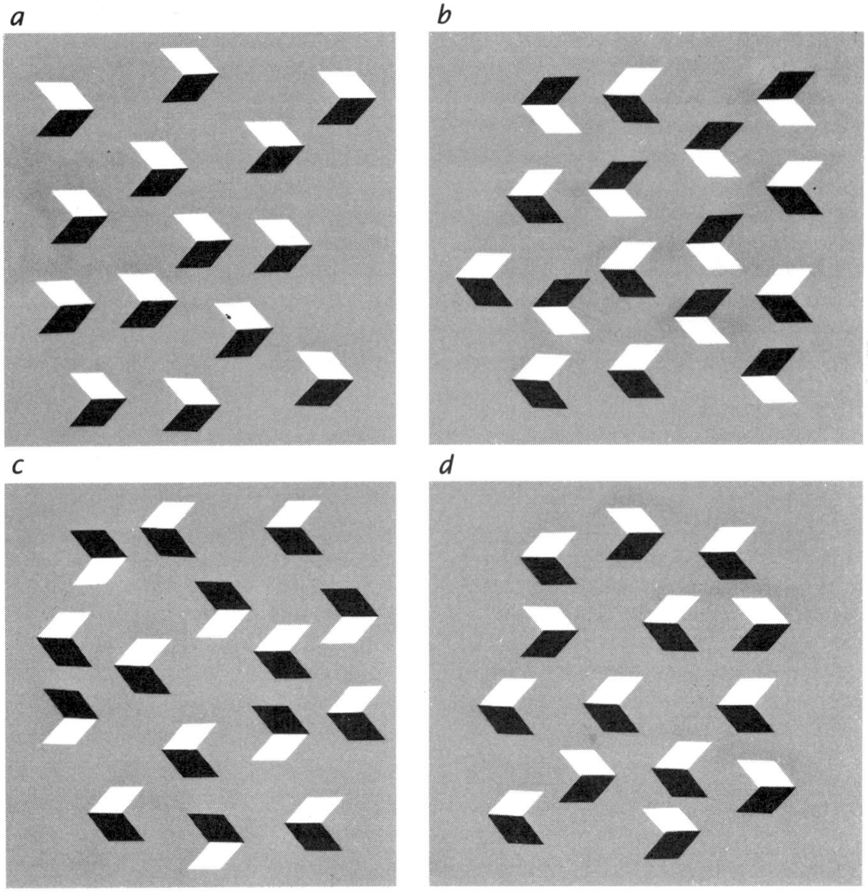

8. LES CHEVRONS du groupe *(a)* peuvent être vus comme des cubes ou des stèles dont les ombres résultent d'un éclairage parallèle. Dans le groupe *(b)*, il semble qu'une règle de direction provoque le rejet de la règle d'éclairage unique, ce qui fait que l'image est perçue comme un ensemble de cubes dont les différentes faces n'ont pas la même réflectance. Le groupe *(c)* apparaît toujours comme un mélange de cubes et de stèles, car cette interprétation satisfait la règle d'éclairage unique. Le groupe *(d)* est ambigu, et il est difficile d'en réunir les différents éléments en une structure cohérente.

cube (voir la figure 8). On voit souvent, sur l'image, une série de cubes orientés parallèlement, tous éclairés sous le même angle et dont les parallélogrammes noirs seraient les faces non éclairées ; on peut tout aussi bien y voir un ensemble de stèles blanches à ombres noires. On peut passer d'une interprétation à l'autre en déplaçant mentalement la source de lumière, mais dès que l'on interprète une des figures selon un cube, il en va automatiquement de même pour toutes les autres, et inversement ; on ne voit jamais simultanément des cubes et des stèles, car la règle de la source unique de lumière serait violée. Lorsque les figures apparaissent comme des cubes, on a tendance à voir des faces imaginaires à la place des faces manquantes. Ces faces imaginaires disparaissent dès que l'on voit à nouveau des stèles.

Nous avons ensuite inversé à peu près la moitié des cubes, au hasard. Cette nouvelle disposition illustre bien la dialectique subtile entre les règles d'interprétation internes et les contraintes extérieures que doit suivre le cerveau lorsqu'il s'efforce de constituer des structures cohérentes à partir de fragments isolés. Dans le groupe *b*, par exemple, on voit généralement tous les dessins comme des cubes, bien que cela enfreigne la règle d'éclairage unique.

Il semble en effet que lorsque cette règle ne peut pas être respectée, elle est remplacée par une règle de direction (selon laquelle les dessins orientés de la même façon sont interprétés comme des surfaces parallèles). Le cerveau résout les conflits en supposant que les faces des cubes sont de couleurs différentes.

Dans le groupe *c*, on perçoit un mélange de tombes et de cubes, car cette interprétation permet au système visuel de satisfaire la règle d'éclairage unique. Il est en revanche impossible de n'y voir que des cubes ou que des tombes, car une telle interprétation enfreint soit la règle de direction, soit la règle d'éclairage unique. Par ailleurs, on a tendance à regrouper les éléments du groupe en une structure cohérente suggérant une sorte de surface métallique sculptée, pourvue d'un certain nombre de « marches » placées n'importe comment. Ainsi là où une fourmi parcourant la surface ne percevrait que des fluctuations aléatoires de la luminosité, le système visuel humain traite l'image dans son ensemble et cherche à raccorder les plans parallèles en une sorte de mosaïque afin de recréer un ordre spatial et une structure cohérente.

Dans le groupe *d*, les différentes figures ne sont pas parallèles et ne respectent pas non plus la règle d'éclairage unique. On a donc tendance à y voir un ensemble de chevrons plats, inversés, disposés aléatoirement. Même si certains éléments de l'image apparaissent transitoirement comme des cubes ou des stèles, il est très difficile d'unifier l'ensemble en une structure tridimensionnelle cohérente.

Les interprétations visuelles de plus haut niveau

Dans le monde réel, l'imagerie visuelle, c'est-à-dire l'ensemble des connaissances de haut niveau que possède le cerveau sur ce que l'on voit, joue un rôle important dans l'interprétation des formes à partir des ombres. En fait, cette interaction entre l'imagerie visuelle et la perception constitue même l'une des plus grandes énigmes de la psychologie (voir p. 170) ; pour l'illustrer, nous avons dessiné un ensemble de cercles ombrés, qui apparaît au premier abord comme une suite alternée de rangées de sphères et de cavités sphériques (voir la figure 9). On peut également y voir tout autre chose, notamment une surface grise unie, percée de 16 trous circulaires, qui recouvre deux bandes horizontales. Ce changement d'interprétation fait aussitôt disparaître le relief des sphères.

Cette tendance à voir des bandes plutôt que des sphères et des cavités s'accentue si l'on y ajoute un effet stéréoscopique. Ainsi le groupe *b* de la figure 9 semble formé de sphères, mais en les fusionnant dans un appareil de vision stéréo-

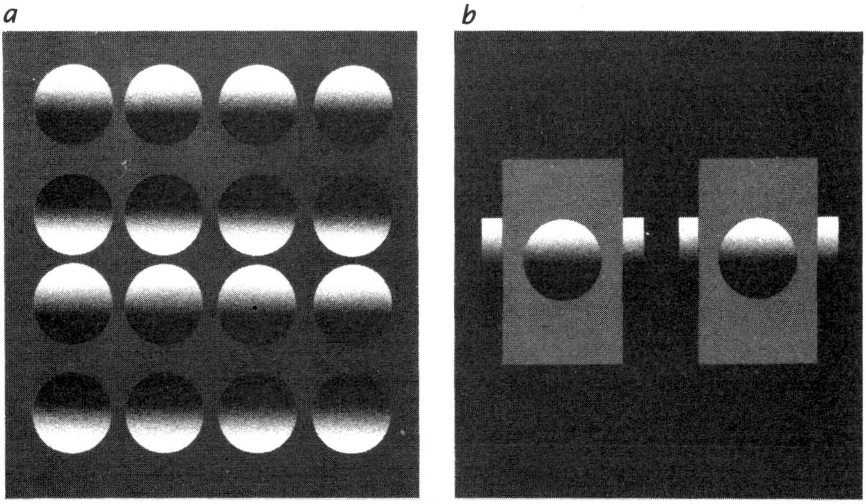

9. L'IMAGERIE VISUELLE, c'est-à-dire les informations de niveau supérieur que possède le cerveau sur les objets que l'on voit, exerce une profonde influence sur la perception des formes à partir des ombres. Ainsi on peut aussi bien voir des rangées de sphères et de cavités (*a*) ou deux bandes floues, vues au travers de 16 trous découpés dans une cloison opaque, mais on perd alors le relief des sphères. En (*b*), chacune des deux figures représente une sphère, mais lorsqu'on les « fusionne » pour former une image stéréoscopique, les sphères disparaissent et cèdent la place à une fenêtre circulaire découpée dans une surface rectangulaire, placée devant un arrière-plan sombre.

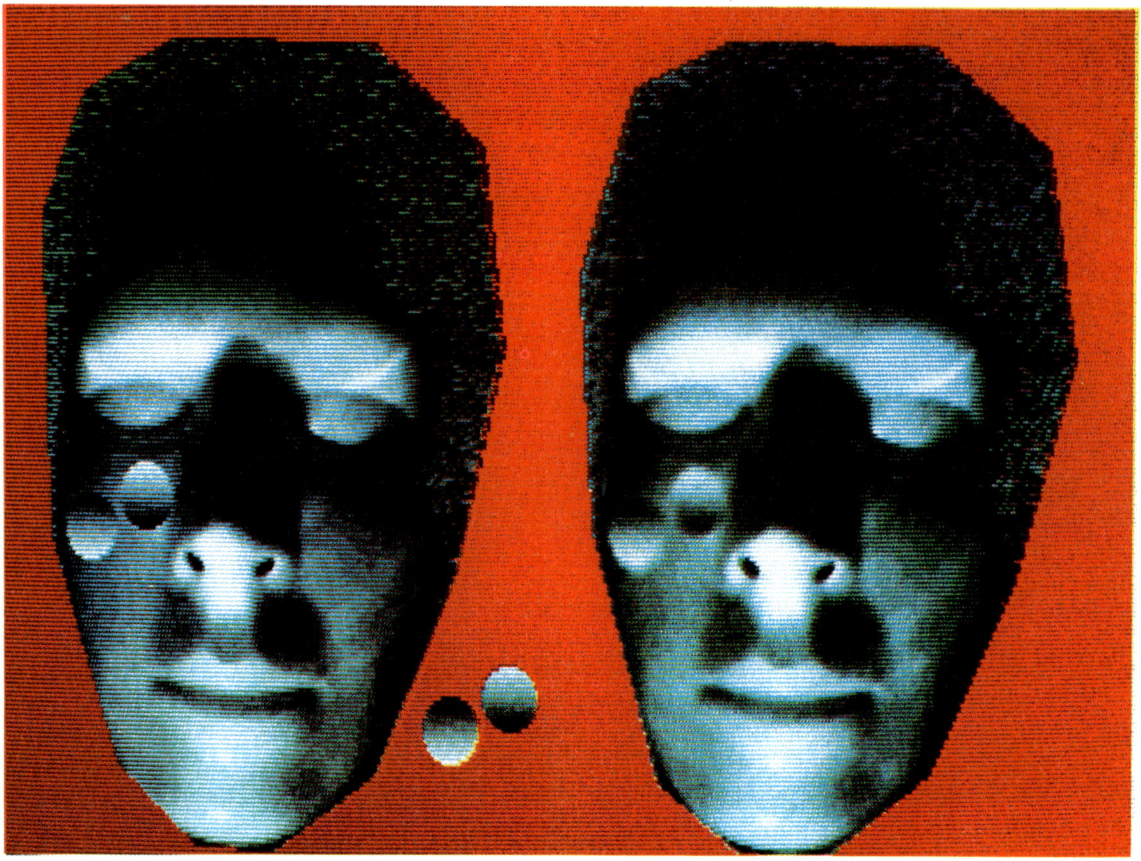

10. LES FORMES D'UN MASQUE CREUX, éclairé par le haut, donnent l'impression étrange et terrifiante d'un visage éclairé par le bas. Pour reconstituer une vue en relief à partir de la position des ombres, le cerveau considère généralement que la lumière vient du haut, mais, dans le cas ci-dessus, il rejette cette hypothèse afin d'interpréter les visages sous une forme plus habituelle, c'est-à-dire convexe. Il est à noter, en revanche, que les deux disques situés près du menton semblent toujours éclairés par le haut, le disque de droite paraissant convexe et celui de gauche concave. Toutefois, lorsque les deux disques sont collés sur la joue de gauche, leur relief devient ambigu, et quand leurs contours sont moins nets, comme dans la joue de droite, ils semblent alors éclairés par le bas, comme le reste.

scopique, on voit apparaître un cadre avec une fenêtre circulaire sur fond gris (on peut remplacer la lunette stéréoscopique par une plaque de carton blanc de 15 centimètres environ de côté, que l'on place perpendiculairement à l'image et contre laquelle on pose l'arête du nez). Il devient même pratiquement impossible, dans ces conditions, de voir une sphère au lieu d'un trou circulaire : la perception des formes à partir des ombres est fortement influencée par la vision stéréoscopique.

L'interprétation des formes à partir des ombres dépend également des connaissances du système visuel sur les objets représentés, comme le montrent bien les photographies de la figure 10. Ce sont des formes en creux de masque faciaux, éclairées par le haut. Conformément aux règles d'éclairage, elles devraient apparaître comme des reliefs en creux, mais le système visuel rejette cette interprétation, par trop inhabituelle, et préfère y voir des visages normaux, éclairés par le bas. Il enfreint donc la règle de l'éclairage par le haut pour produire une image plus conforme à ce qu'il connaît de ce type de figure.

En revanche, les deux petits disques ombrés situés entre les deux mentons apparaissent tous deux éclairés par le haut, conformément à la règle, alors même que le reste de l'image semble éclairé par le bas. Il est probable que le cerveau considère ces objets comme totalement distincts des visages et susceptibles, de ce fait, de se conformer à la règle d'éclairage par le haut, plus élémentaire que les critères d'interprétation utilisés pour le reste de l'image. Toutefois, si les disques sont collés sur les joues d'un des visages, les reliefs deviennent ambigus, celui de droite pouvant sembler concave et celui de gauche convexe. Enfin, si les contours des disques sont moins nettement séparés des joues, de façon que ceux-ci s'intègrent au reste du visage, on les voit toujours éclairés par le bas, comme le reste du visage. Le visage de droite apparaît alors en creux et celui de gauche en saillie.

Nos recherches ont permis de dégager des règles intervenant dès les premières étapes du processus de reconstruction des formes tridimensionnelles à partir des ombres. Nous avons montré qu'il est possible de suivre le flux des informations, des premiers stades de la perception des formes jusqu'au stade final, où ces informations interfèrent avec les connaissances de niveau supérieur, sur la nature de l'éclairage et les caractéristiques des objets complexes à trois dimensions. L'aspect neurobiologique de ce processus demeure mystérieux, mais certaines données psychologiques expliquent en partie le fonctionnement de ces mécanismes cérébraux. Par ailleurs, les nouveaux systèmes de simulation sur ordinateur permettent de définir des modèles plausibles de ces différents mécanismes, ce qui permet de focaliser les recherches sur les pistes les plus intéressantes. Tous ces développements ouvrent de nouvelles perspectives de recherche sur la perception visuelle.

Imagerie mentale et système visuel

12

Quelle est la relation entre l'imagerie mentale et la perception visuelle ? Des travaux récents suggèrent qu'elles mettent en jeu les mêmes processus neuroniques du système visuel.

Ronald Finke

Nous pouvons former des images mentales d'un objet ayant l'apparence réelle de cet objet ; la construction de telles images engendre souvent des sensations visuelles qui semblent tout à fait réalistes. Imaginez par exemple que vous regardiez un éléphant. A-t-il relevé sa trompe ? De quelle couleur sont ses défenses ? Quelle est la taille de ses yeux ? La plupart des gens prétendent qu'ils s'efforcent de répondre à de telles questions en « examinant » une image mentale, à peu près comme ils examineraient un éléphant véritable.

Ces constatations banales nous incitent à rechercher des relations entre imagerie et perception visuelle ; elles suggèrent en particulier que l'imagerie mentale met en jeu plusieurs mécanismes neuroniques identiques à ceux qui sont à la base de la perception visuelle, hypothèse qui aurait des implications théoriques et pratiques importantes. Si l'imagerie mentale et la perception visuelle ont en commun certains processus neuroniques on peut analyser ces mécanismes d'interaction entre l'imagerie mentale et la perception visuelle et étudier comment les processus d'imagerie facilitent, augmentent ou même remplacent la perception visuelle.

Au cours des dix dernières années, nous avons mis au point des techniques pour étudier les relations fonctionnelles entre l'imagerie mentale et la perception visuelle. Les sujets qui participent aux expériences devinent souvent ce qui doit se passer lors d'une expérience sur l'imagerie mentale, ce qui nous a obligés à affiner nos techniques pour mettre à jour les correspondances subtiles qui existent entre imagerie et perception. Notre travail a montré que les propriétés des images mentales sont plus riches qu'on ne le supposait et en quoi l'imagerie mentale se distingue de la perception visuelle.

On peut constater, par introspection, qu'il est plus difficile de distinguer les détails d'une image mentale de petite taille ou perçue éloignée, que ceux d'une image mentale de grande taille ou perçue rapprochée. Essayez, par exemple, d'imaginer une fourmi sur un journal à quelques mètres de vous, puis sur la pointe d'un cure-dent, juste devant vos yeux. Vous devez « voir » mentalement d'autant plus de détails sur la fourmi (sa tête et les parties de son corps) que vous l'imaginez près de vous.

Les limites de résolution de l'imagerie mentale

Stephen Kosslyn, de l'Université Harvard, a étudié la relation entre la taille de l'image et la résolution des détails en évaluant des temps de réaction. Il montra que plus on demande aux sujets de se représenter des images grandes ou proches, plus rapidement ils discernent les traits d'un animal imaginé, comme les yeux ou les oreilles d'un chat. Ces expériences étaient inspirées par une observation bien connue : les caractéristiques d'objets réels sont d'autant plus

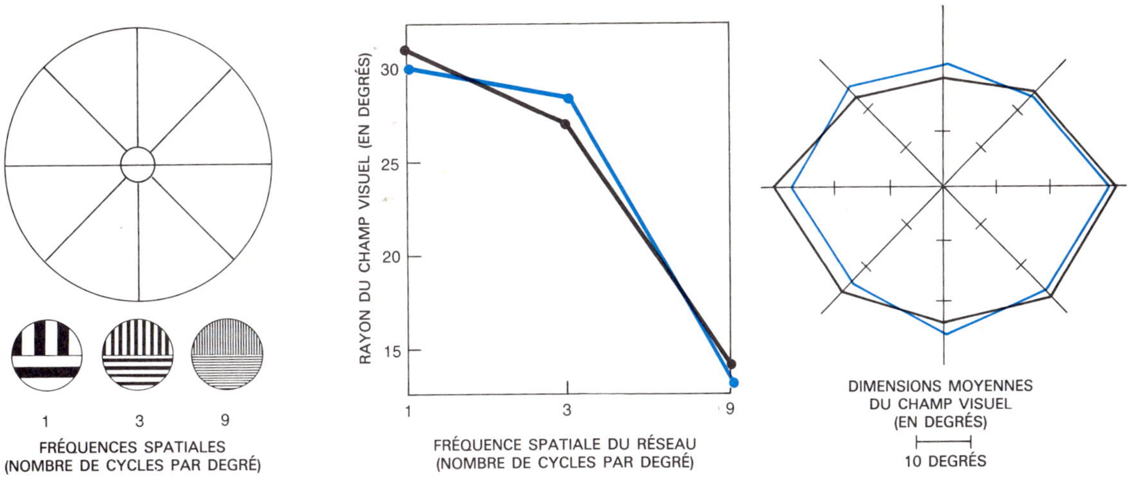

1. LES CONTRAINTES EXERCÉES sur la résolution visuelle, c'est-à-dire la capacité de distinguer les détails, ont été mesurées avec trois modèles présentés en bas à gauche. On demandait aux sujets participant à l'expérience de former une image mentale de chacun des modèles et de la projeter au centre d'un grand écran circulaire (*en haut à gauche*). Après quoi les sujets indiquaient jusqu'à quelle distance ils pouvaient éloigner leur regard de cette image mentale dans la direction de chacune des huit lignes tout en continuant à distinguer les deux moitiés du modèle imaginé. Les champs visuels dans lesquels on peut distinguer les réseaux de barres des modèles imaginés, diminuent lorsque la fréquence spatiale du réseau augmente, c'est-à-dire lorsque la largeur des barres diminue (*courbe en couleur au milieu*). En moyenne ces champs avaient une dimension horizontale plus grande que la dimension verticale, elle-même légèrement décalée vers le bas (*courbe en couleur à droite*). On obtient des résultats pratiquement identiques (*courbe noire au milieu et courbe noire à droite*) quand les modèles sont réellement projetés sur l'écran, ce qui indique que la résolution des formes est soumise aux mêmes contraintes qu'il s'agisse d'images mentales ou réellement perçues.

rapidement perçues que les objets sont proches.

Plus récemment, nous avons effectué, avec Howard Kurtzman, à l'Université Cornell, des expériences pour déterminer précisément comment la résolution et la distinction des caractéristiques des objets se modifient au niveau de l'imagerie et au niveau de la perception. Nous nous sommes particulièrement intéressés à la manière dont la taille des caractéristiques, leur espacement et leur position dans le champ visuel, influent sur la résolution, c'est-à-dire la capacité à distinguer les détails. Nous avons prédit que la résolution visuelle dans l'imagerie mentale devait correspondre à la résolution dans la perception.

En perception visuelle, la résolution décroît lorsque l'on observe un objet de plus en plus éloigné du point que les yeux fixent. De plus, la finesse des détails que l'on peut distinguer n'est pas la même dans toutes les directions. En règle générale, la résolution décroît moins vite le long de l'axe horizontal du champ visuel que le long de l'axe vertical, et au-dessous du point de fixation qu'au-dessus. On sait également que des réseaux composés de barres sont plus difficiles à distinguer au fur et à mesure que les espaces entre les barres diminuent ou plus précisément lorsque la fréquence spatiale fondamentale du réseau augmente.

Notre méthode de mesure des limites de la résolution dans l'imagerie mentale repose sur certaines techniques classiques en psychophysique visuelle. On présente d'abord aux sujets un disque plat dont la moitié supérieure comporte une série de barres verticales, et la moitié inférieure, une série de barres horizontales, les barres étant de même largeur dans les deux réseaux. Nous demandons ensuite aux sujets de former une image mentale du disque et de le « projeter » au centre d'un écran situé juste en face d'eux. Huit lignes issues du centre sont dessinées au préalable sur l'écran.

Les sujets indiquent alors jusqu'à quelle distance ils peuvent éloigner leur regard, de l'image mentale projetée au centre de l'écran, tout en continuant à distinguer les deux moitiés de la structure imagée et ceci dans les huit directions dessinées sur l'écran. Il apparaît que les réseaux sont d'autant plus flous et indistincts qu'on les imagine plus éloignés dans le périmètre visuel et qu'à partir d'un certain point on ne les distingue plus. On obtient les mêmes résultats en projetant réellement le même disque au centre de l'écran placé face aux sujets.

Nous avons répété l'expérience avec trois disques différents (voir la figure 1). Les barres du troisième disque sont trois fois plus fines que celles du second, elles-mêmes trois fois moins larges que celles du premier. En moyenne l'étendue des champs de résolution visuelle décroît lorsque la fréquence spatiale augmente, c'est-à-dire lorsque la largeur des barres diminue et ne varie pratiquement pas qu'il s'agisse de réseaux imaginés ou réellement observés : en imagerie comme en perception réelle la résolution décroît plus lentement le long de l'axe horizontal que le long de l'axe vertical et plus lentement au-dessous du point de fixation qu'au-dessus.

Nous avons, par la suite, fait une expérience de contrôle au cours de laquelle nous avons montré à d'autres sujets la série originale des trois disques, et nous leur avons demandé de prévoir le champ de résolution de l'image mentale. Leurs prévisions différaient considérablement de ce que nous avions observé, ce qui tendait à prouver que nos observations ne pouvaient être interprétées comme des présomptions que d'aucun taxerait d'évidentes.

Nous en déduisons que la discrimination des formes au niveau de l'imagerie et de la perception visuelle obéit aux mêmes règles et nous suggérons que ces contraintes réciproques obéissent à certains mécanismes neuroniques qui interviennent dans le système visuel au niveau du traitement des formes et qui peuvent limiter la capacité de discerner des détails petits ou rapprochés. Avec H. Kurtzman nous avons entrepris d'autres expériences qui confirment ce résultat ; nous n'avons en revanche pas observé de corrélations entre les descriptions d'images et celles d'objets comportant des contrastes visuels et des luminances différentes. On pense que ces aspects de la perception sont assujettis à des processus neuroniques plus élémentaires, opérant à des niveaux inférieurs à ceux du traitement des formes.

La rotation dans l'espace d'objets imaginés ou réels

Nos découvertes sur la résolution de l'image reposaient sur des images mentales bidimensionnelles planes. Or l'imagerie mentale est typiquement tridimensionnelle puisqu'elle décrit l'aspect, en volume, des objets vus sous différents angles. La plupart des gens lorsqu'ils imaginent par exemple leur salon peuvent « voir » mentalement les dispositions relatives des meubles, selon l'endroit du salon, où ils s'imaginent être.

Pour étudier les propriétés tridimensionnelles des images, Steven Pinker et moi-même avons demandé à des sujets de former mentalement des images d'un ensemble d'objets à trois dimensions et de les faire tourner. Lorsque l'on regarde des objets réels sous différentes perspectives, on voit habituellement les objets changer de position les uns par rapport aux autres en même temps que l'on se déplace, ou que l'on fait tourner l'ensemble.

Vous avez peut-être déjà observé des gens sur un manège, et vous avez alors probablement remarqué que les positions relatives des gens semblent changer au fur et à mesure que le manège tourne, rappelant parfois une figure bidimensionnelle familière, de la même façon que les étoiles d'une constellation dessinent souvent des formes particulières. Dans nos expériences à Harvard, nous nous sommes demandé si les sujets qui imaginent une configuration d'objets en rotation étaient capables d'identifier des motifs connus. Les résultats ont été concluants : ils le peuvent.

Nous avons demandé à nos sujets de retenir les localisations de quatre petits animaux en plastique, suspendus à différentes hauteurs dans un cylindre transparent, d'en former des images mentales après que l'opérateur les a retirés. Après quoi, on a fait tourner le cylindre vide de 90 degrés et demandé aux sujets de dessiner la configuration telle qu'ils se l'imaginaient sous ce nouvel angle. S'ils avaient fait tourner mentalement les animaux imaginés avec une précision parfaite, en même temps que nous tournions le cylindre, les animaux auraient dû former un parallélogramme.

Les dessins exécutés après l'expérience révélèrent dans tous les cas que les images mentales des sujets, après rotation, correspondaient à peu près à un parallélogramme, bien que les positions des objets, juste avant l'expérience n'aient pas permis de prévoir cette forme géométrique particulière. Il est curieux de noter que les dessins présentaient des déformations légères mais systématiques, ce qui fait penser que des rotations mentales n'avaient pas été parfaitement exactes.

Une autre expérience, au cours de laquelle les sujets tournaient à la main le cylindre, de façon à aligner verticalement deux animaux imaginés, nous a suggéré une explication vraisemblable de

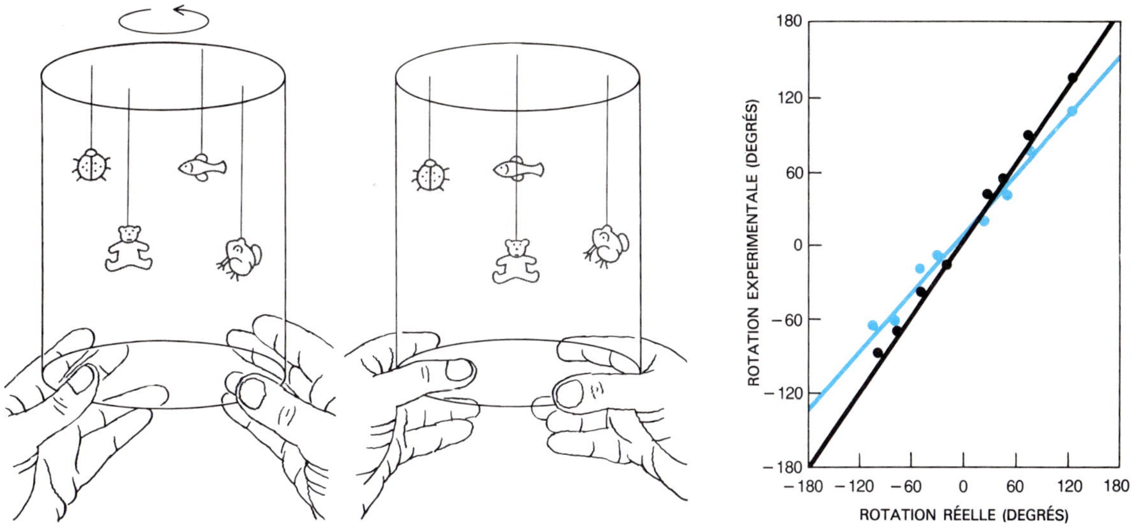

2. LES PROPRIÉTÉS TRIDIMENSIONNELLES des images mentales ont été étudiées à l'aide d'un cylindre transparent. Les sujets devaient apprendre la position de quatre petits animaux en plastique, suspendus à différentes hauteurs dans le cylindre, et en former une image mentale alors qu'ils avaient été retirés. En même temps que nous tournions le cylindre de 90 degrés, les sujets faisaient tourner leurs images mentales (*à gauche*). L'orientation initiale des objets ne permettait pas de prévoir qu'un parallélogramme ayant un animal à chaque sommet pouvait apparaître et pourtant les sujets décrivirent cette figure. Leurs dessins présentaient toutefois des déformations légères mais systématiques. Une autre expérience dans laquelle les sujets tournaient manuellement le cylindre de façon à aligner verticalement deux animaux imaginés (*au milieu*) explique ces erreurs systématiques : pour aligner deux animaux imaginés, les sujets tournaient le cylindre un peu moins (*ligne en couleur à droite*) qu'ils ne le faisaient au cours d'un test similaire où les animaux étaient physiquement (*ligne noire à droite*). En d'autres termes, les sujets avaient fait davantage tourner leurs images mentales que le cylindre.

ces petits écarts. Nous avons été surpris de constater que la rotation du cylindre, nécessaire à l'alignement de deux animaux imaginés, était toujours inférieure à la rotation nécessaire à l'alignement des animaux réellement présents. En d'autres termes, la rotation de l'image dans l'esprit du sujet précède toujours la rotation réelle du cylindre ; cette tendance explique les petits écarts que nous avons mentionnés. De fait, cette expérience a renforcé notre conviction selon laquelle on peut imaginer avec précision les différentes perspectives visuelles alliées à une représentation tridimensionnelle. De plus, nous avons établi certaines propriétés généralement inattendues des images mentales.

La vision à travers un prisme

Montrer que les sujets ne peuvent pas deviner le résultat d'une expérience d'imagerie mentale, n'élimine toutefois pas la possibilité que leurs performances résultent d'une connaissance inconsciente des modifications de l'apparence visuelle des objets – connaissance qui pourrait modifier indirectement les jugements sur les images.

Une méthode pour éviter cette difficulté consiste à faire imaginer à des sujets des situations tellement inattendues qu'elles ne peuvent avoir été déjà expérimentées. Si dans ces conditions, les réponses obtenues par l'imagerie correspondent encore à celles obtenues par la perception, les résultats de l'imagerie ne pourront pas avoir été influencés par des expériences perceptives préalables.

A cette fin, nous avons réalisé une série d'expériences pour évaluer la valeur fonctionnelle de l'imagerie mentale : nous avons étudié le rôle éventuel que des images mentales pourraient jouer lors de la vision à travers un prisme. En effet, les prismes optiques modifient la position apparente des objets.

De nombreuses études ont montré que les gens s'adaptent rapidement à l'observation du

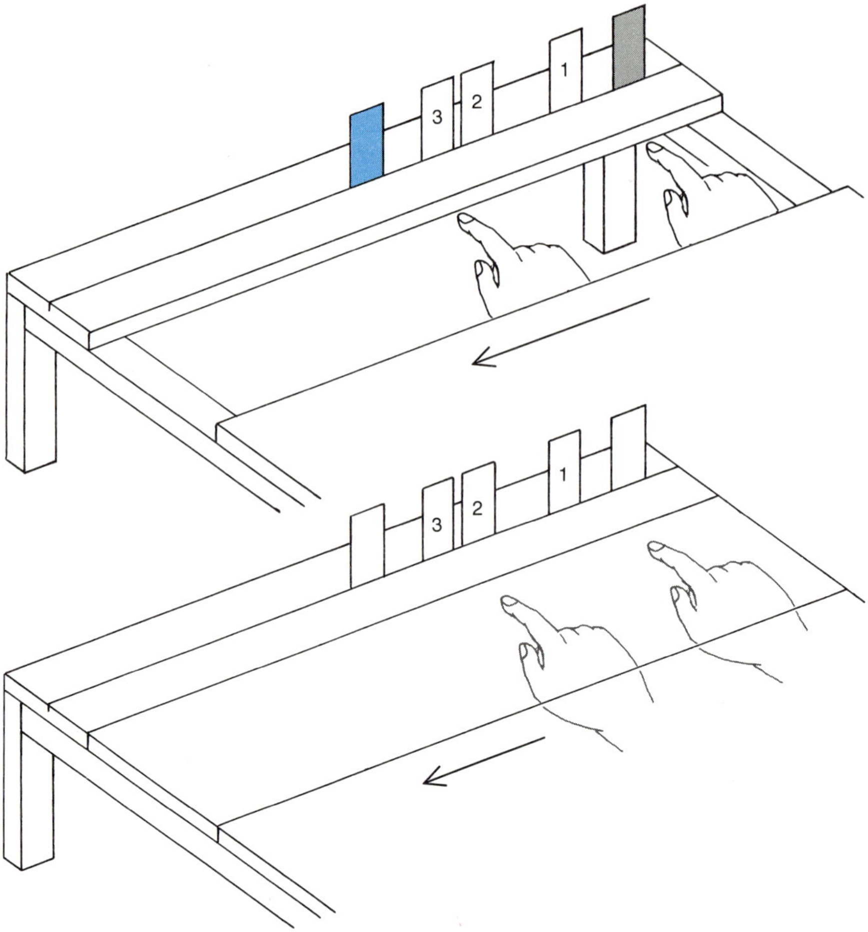

3
2
1
3
2
1

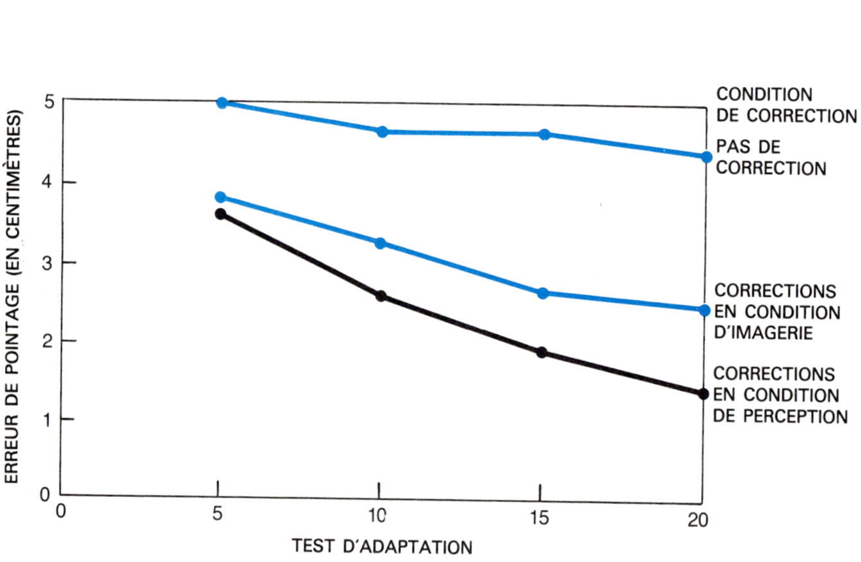

ERREUR DE POINTAGE (EN CENTIMÈTRES)
0
1
2
3
4
5
0
5
10
15
20
TEST D'ADAPTATION
CONDITION DE CORRECTION
PAS DE CORRECTION
CORRECTIONS EN CONDITION D'IMAGERIE
CORRECTIONS EN CONDITION DE PERCEPTION

monde à travers de tels prismes, s'ils ont la possibilité de se rendre compte de leurs erreurs. Si l'on enlève les prismes alors que les sujets y sont habitués ils continuent à faire des erreurs de mouvements mais dans la direction opposée, reflétant ainsi des changements dans leur coordination visuo-motrice Nos expériences ont révélé que les sujets montrant du doigt un objet sont capables de corriger les déformations dues au prisme en imaginant tout simplement qu'ils sont en train de commettre les erreurs de mouvement typiquement engendrées par des prismes.

Dans ces expériences, les sujets portaient des lunettes constituées de prismes optiques. Je demandais aux sujets d'un des groupes d'étendre leur bras droit et de pointer un repère rouge placé à hauteur des yeux sur une table devant eux. Compte tenu de l'effet des prismes, ils visaient d'abord cinq centimètres à droite de la cible. Les prismes déplacent tout le champ visuel, mais les sujets, une fois leurs bras tendus, pouvaient se rendre compte de leur erreur et la corriger au cours d'essais suivants.

J'ai fait les mesures, établi la moyenne de ces erreurs parmi les différents groupes et matérialisé l'erreur moyenne de localisation par trois repères. Ces repères devaient servir à un deuxième groupe de sujets, appelés « sujets témoins pour l'imagerie », qui portaient aussi les lunettes spéciales, mais qui ne voyaient pas leurs doigts car une planche recouvrait l'espace les séparant de la table. Je demandai à ces sujets, de pointer du doigt le repère rouge en regardant à travers les prismes, d'imaginer alors qu'ils voyaient leur doigt pointer non pas le repère rouge mais un des trois repères d'erreur (1, 2 ou 3) et d'imaginer comment ils pouvaient corriger leur erreur (voir la figure 3).

En d'autres termes, les repères d'erreurs garantissaient que les erreurs imaginées correspondaient bien aux erreurs de pointage moyennes faites par le premier groupe de sujets. Un troisième groupe de sujets servait de contrôle. Les individus de ce groupe de contrôle devaient pointer vers le repère rouge sans avoir la possibilité d'observer leurs erreurs et sans qu'on leur demande de les imaginer.

Seuls les sujets étudiés dans les conditions de perception ou d'imagerie réussirent à réduire notablement les erreurs de pointage et les vitesses d'adaptation, c'est-à-dire de correction des erreurs, furent identiques. Les résultats qui apparaissent après coup, lorsqu'on enlève les lunettes, fournissent d'autres arguments en faveur d'une équivalence fonctionnelle entre les erreurs imaginées et les erreurs observées. Bien que les effets consécutifs soient moindres dans les conditions d'imagerie que dans celles de perception, les sujets des deux groupes pointaient à gauche de la cible rouge, lorsqu'on leur restituait les conditions normales de vision. J'ai également mis en évidence que les sujets pointaient à gauche avec leur main droite (la main « adaptée ») mais aussi avec leur main gauche (la main « non adaptée »).

Ces résultats ont diverses conséquences ; premièrement, il est tout à fait improbable que les sujets aient prévu les caractéristiques des perturbations dues au prisme au niveau de la coordination entre leur vision et leur motricité. Il est également peu vraisemblable qu'ils aient eu des expériences visuelles de même nature leur procurant une connaissance inconsciente de tels effets. Deuxièmement, ces résultats montrent que l'imagerie mentale peut induire certains changements dans la coordination visuo-motrice qui persistent même lorsque l'image mentale n'est plus formée. Ils suggèrent aussi que l'utilisation

3. ON ÉVALUE LA VALEUR FONCTIONNELLE de l'imagerie en considérant le rôle que les images mentales jouent dans l'adaptation de la vision à travers un prisme. Les prismes optiques déplacent la position apparente d'un objet. On demandait à des sujets portant des lunettes spéciales formées de tels prismes, de montrer du doigt une cible (*plaquette colorée dans le schéma du haut*). Étant donné l'effet de prisme, ils visaient d'abord à environ cinq centimètres à droite de la cible (*plaquette grise*). Toutefois, comme les prismes déplacent tout le champ visuel, une fois leur bras étendu, ils pouvaient se rendre compte de leur erreur et la corriger par des tentatives successives (*plaquettes 1, 2 ou 3*). Un deuxième groupe de sujets, les sujets tests pour l'imagerie mentale, travaillaient ensuite avec les mêmes plaquettes. Ils portaient aussi les lunettes spéciales, mais l'espace les séparant de la table portant les plaques était recouvert par une planche, ce qui les empêchait de voir les doigts de leur bras tendu (*deuxième schéma*). On leur demandait d'imaginer, une fois leur bras complètement étendu, qu'ils voyaient leur doigt arriver juste au-dessous d'un des trois repères d'erreur appropriés (*1, 2 ou 3*) et de corriger leurs erreurs dans les tentatives suivantes. Les sujets d'un troisième groupe, le groupe de contrôle, montraient la plaquette colorée sans avoir la possibilité d'observer leur erreur et sans qu'on leur ait demandé de l'imaginer. Le graphique montre que la réduction significative des erreurs lorsque les sujets imaginent leurs erreurs, est pratiquement égale à celle que l'on constate lorsque les sujets voient réellement les erreurs.

de l'imagerie mentale peut avoir d'importantes applications pratiques si l'on veut provoquer de telles modifications de la coordination. Les athlètes professionnels, par exemple, constatent souvent qu'il leur est utile de répéter mentalement leur exercice, mais il est raisonnable de penser, d'après nos expériences, que le succès de telles techniques dépend de la clarté et de la précision avec lesquelles la performance est revécue en imagination.

Formation de l'image mentale et perception de l'objet

Les résultats des recherches, mentionnés jusqu'ici, illustrent le rôle fonctionnel des images mentales associées à la perception physique d'objets ou d'événements. En supposant qu'une telle équivalence fonctionnelle existe, il est du plus grand intérêt pratique de savoir si l'imagerie mentale peut directement faciliter les processus

4. AQUARELLE peinte par une Écossaise aveugle qui travaille d'après ses images mentales. L'artiste, Carolyn James, atteinte de rétinite pigmentaire, devint aveugle à l'âge de 21 ans, il y a maintenant plus de 20 ans. Lorsqu'elle peint une image mentale, elle aligne devant elle 24 pots d'aquarelle, selon un ordre déterminé. Elle se déplace sur le papier de place en place, déterminant l'endroit où elle est, en tâtant l'humidité du bout de ses doigts. Chacune de ses aquarelles est toujours composée de six couches de peinture.

concomitants de perception. Étant donné que des contraintes similaires régissent la résolution visuelle dans l'imagerie et dans la perception, serait-il possible, par exemple, de voir plus rapidement un objet en imaginant une représentation appropriée de cet objet avant qu'il apparaisse réellement ?

Ulric Neisser, Lynn Cooper, et Roger Shepard ont suggéré il y a une dizaine d'années que le mécanisme de formation d'une image mentale peut avoir une fonction anticipatrice de la perception en préparant le sujet à recevoir des informations concernant des objets imaginés. L'imagerie mentale pourrait dès lors améliorer la perception d'un objet, en déclenchant sélectivement les mécanismes neuroniques appropriés du système visuel.

En d'autres termes, une représentation mentale d'un objet est susceptible de déclencher certaines chaînes neuroniques identiques à celles déclenchées au moment de la vision de l'objet, ce qui facilite le processus de perception.

Toutefois, s'il apparaît un objet différent de celui imaginé, la formation de l'image risque d'interférer avec les mécanismes normaux du système visuel. Imaginez, par exemple, que vous êtes en avion et que vous traversez un nuage. Vous pourriez voir la piste d'atterrissage dès la sortie du nuage si vous étiez en train de l'imaginer dans sa position exacte ; en revanche, si vous l'imaginiez à un autre endroit, vous mettriez peut-être plus longtemps pour la voir correctement que si vous ne l'aviez pas imaginée du tout.

Quelques expériences récentes aident à clarifier la relation entre formation d'images et perception d'objets. Au cours de l'une de ces expériences les sujets devaient dire s'ils voyaient, sur un écran circulaire, une barre horizontale ou une barre verticale nommées barres repères. Je demandai aux sujets, soit de former à l'avance une image mentale d'une barre identique, orientée quelque part entre l'horizontale et la verticale, soit de ne pas former d'image mentale du tout.

Dans chacun des essais, une des deux barres repères se superposait à la barre imaginée (quand elle avait été formée) et j'enregistrai les temps de réaction nécessaires à l'identification de la barre repère en fonction de la position relative de la barre réelle et de la barre imaginée. Les temps de réaction des essais où les sujets ne formaient pas d'image mentale préalable servaient de mesures de référence.

On a obtenu les réponses les plus rapides lorsque l'angle entre la barre repère et la barre imaginée ne dépassait pas dix degrés. A mesure que l'angle entre la barre imaginée et la barre repère augmentait, et ceci jusqu'à 45 degrés, le temps de réaction augmentait, alors qu'il diminuait à nouveau pour des angles supérieurs à 45 degrés. Le temps de réponse maximal nécessaire à l'identification se situait donc lorsque la barre imaginée était orientée exactement entre les deux barres repères.

Pourquoi le temps de réaction n'augmentait-il pas proportionnellement au décalage entre la barre imaginée et la barre repère ? Une des raisons est que le choix des réponses des sujets reposait sans doute sur une comparaison entre l'image mentale et la barre repère. Si l'orientation de l'image correspond à celle du repère, le sujet sélectionne rapidement sa réponse sur l'orientation de l'image. Si l'image et le repère font un angle de 90 degrés, la comparaison des deux indique que ce n'est pas l'orientation de l'image qui donne la réponse correcte, mais l'orientation perpendiculaire. Si l'orientation de la barre imaginée est intermédiaire entre celles des deux barres repères, la comparaison est source de confusion, et l'image mentale retarde au contraire le processus de décision.

Figures-contextes et formation d'images

Au cours d'une autre expérience dont les résultats vont dans le sens de cette hypothèse, je demandai aux sujets de dire aussi rapidement que possible si l'une ou l'autre des deux barres apparaissaient. Dans l'expérience précédente, ils devaient faire une distinction entre les deux repères, mais dans le cas présent ils devaient seulement détecter la présence d'une barre sans l'identifier. Les résultats de cette expérience montrent clairement que, dans ces conditions, l'imagerie mentale n'affectait pas la simple détection. Il semble donc que si la formation d'images influence l'identification d'un ensemble d'objets, elle n'intervient pas dans le processus plus élémentaire de simple détection d'un changement de l'information visuelle.

D'après certaines expériences complémentaires réalisées avec Jennifer Freyd, on peut faciliter la représentation d'une image mentale et ce phénomène n'est pas simplement un choix entre différentes réponses. Nous avons ainsi étudié comment la formation d'une image mentale était parfois une aide ou parfois un obstacle à des discriminations délicates de longueurs. Nous présentions à nos sujets des assemblages de deux

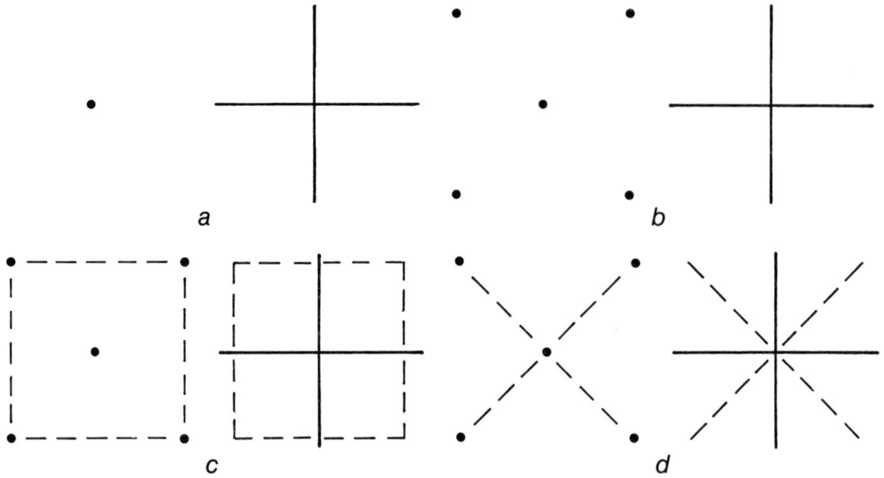

5. TÂCHE DE DISCRIMINATION assistée par imagerie mentale. On demandait aux sujets de déterminer laquelle des deux lignes, verticale ou horizontale, d'une croix était la plus longue. Dans le cas de figure *(a)* de l'exemple étudié, les sujets devaient fixer leur regard sur un point et on leur montrait ensuite les deux lignes se croisant juste sur ce point. Dans le cas de figure *(b)* on leur montrait d'abord quatre points entourant le point où le regard est fixé. Dans le cas de figure *(c)* on leur montrait les mêmes points qu'en *(b)* et on leur demande de former une image mentale d'un carré les reliant. Dans le cas de figure *(d)* on leur demandait de former à partir des quatre points l'image d'un *X* passant par les points. C'est l'image mentale du carré qui facilite le plus la discrimination des longueurs.

lignes droites formant une simple croix, et nous leur demandions d'indiquer quelle ligne était la plus longue. Au début de certains essais nous demandions aux sujets de former l'image d'un carré qui, s'il avait été réellement superposé et centré sur la croix, aurait mis en évidence les petites différences de longueur des deux lignes (voir la figure 4). Lors d'autres essais, nous demandions aux sujets de former l'image d'un *X* (dont les extrémités correspondaient aux quatre coins du carré précédemment imaginé), ce qui n'aurait probablement pas été aussi utile à la discrimination des longueurs des lignes de la croix.

Nous avons trouvé que les sujets ayant formé l'image mentale d'une figure facilitant le jugement (le carré) discriminent les différences des deux longueurs plus rapidement qu'un sujet ayant imaginé un modèle inutile (le *X*) ou n'en ayant imaginé aucun. De plus, on obtenait des résultats identiques en présentant réellement les mêmes figures-contextes (carré et *X*) aux sujets.

Nous avons aussi constaté que les sujets choisissent souvent d'imaginer la figure-contexte la plus utile lorsqu'on leur présente les éléments nécessaires et qu'ils décident eux-mêmes de leur assemblage. Ces figures-contextes aident (ou n'aident pas) à déterminer laquelle des deux longueurs est la plus longue mais ne risquent en aucun cas de fausser la réponse. On considère dès lors qu'elles facilitent réellement la représentation de l'image mentale, indépendamment d'un processus plus élémentaire de choix entre différentes réponses. Il s'agit sans doute d'une synthèse mentale entre caractéristiques réelles et imagées, à un niveau élevé du système visuel – où l'apport d'une information contextuelle renforce les différences entre les objets comparés.

D'un point à un autre d'une image mentale

Dans chacune des techniques décrites jusqu'ici, nous indiquions explicitement aux sujets quel type d'image mentale ils devaient former. Cette procédure entraîne une difficulté, car elle risque d'encourager les sujets à se conduire dans une tâche perceptive, en croyant que c'est ce qu'on attend d'eux. On peut éviter ce problème en s'efforçant de mesurer des effets de perception subtils ou inattendus, mais il est préférable de montrer que l'on peut, dans certains cas, former spontanément des images sans instruction particulière au niveau de l'imagerie.

Les premiers travaux sur l'exploration de l'image mentale de M. Kosslyn et S. Pinker ont bien souligné l'importance de ces considérations.

Ils demandaient à des sujets d'examiner un assemblage d'objets (tel que certains éléments d'une carte), d'en former une image mentale et de « se concentrer » sur l'un des éléments. Après quoi, les auteurs nommaient un second élément et demandaient aux sujets d'explorer mentalement l'image de l'ensemble du premier élément jusqu'au second en suivant un chemin direct. D'après M. Kosslyn et S. Pinker, le temps nécessaire à l'exploration complète de l'image mentale est directement proportionnel à la distance physique entre les deux objets et les images mentales préservent donc les caractéristiques spatiales d'une représentation réelle.

Leurs découvertes ont pourtant été critiquées, car les sujets participant à l'expérience pouvaient aisément deviner que le temps d'exploration est d'autant plus long que les distances à parcourir sont grandes. Depuis, S. Pinker et moi-même avons développé une expérience qui semble pallier cette difficulté, en demandant à un sujet de former des images mentales et de les explorer sans préciser dans quelle direction. Les sujets examinent donc un ensemble de points, puis on leur montre une flèche, et on leur demande de dire si elle est dirigée vers un quelconque des points observés précédemment. Nous avions prévu que les sujets devraient explorer l'image mentale de l'ensemble des points, en suivant la direction indiquée par la flèche pour voir si un des points se trouvait sur le chemin.

L'expérience fut un succès : le temps de décision augmentait linéairement avec la distance à explorer entre la flèche et les points (voir la figure 6). De plus, la plupart des sujets notèrent qu'ils avaient dû former et explorer une image mentale de l'ensemble des points. L'exploration d'image mentale est donc utile chaque fois qu'il est nécessaire de choisir un chemin particulier, à partir d'un point de départ donné.

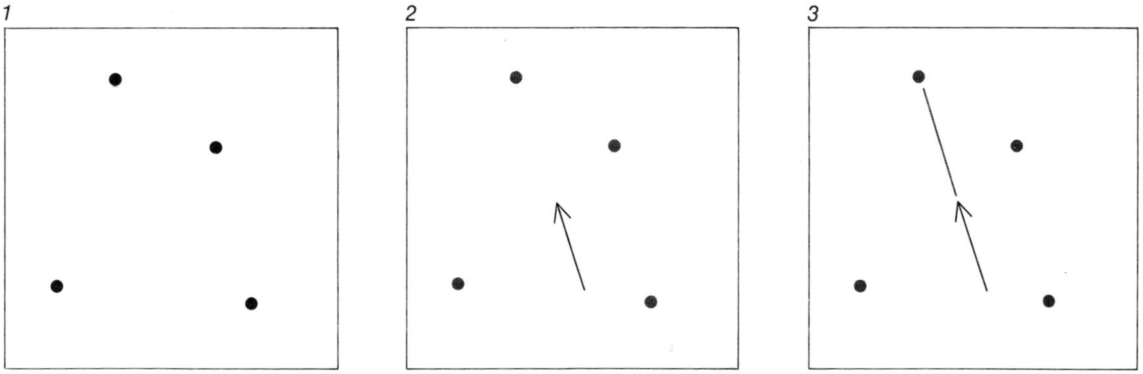

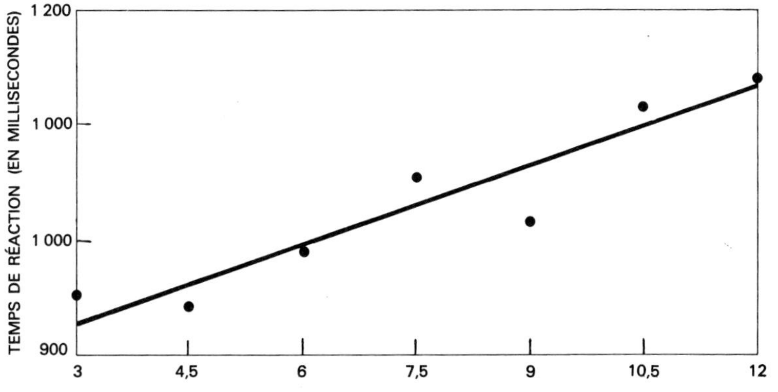

6. LES IMAGES MENTALES peuvent être utilisées pour l'exploration d'un ensemble de points. On montrait d'abord aux sujets un ensemble de points (*1*), puis on ajoutait une flèche après avoir retiré les points. On leur demandait alors de dire si la flèche visait un des points précédents. Les sujets expliquèrent que pour pouvoir répondre ils devaient former une image de l'ensemble des points (*2*) et l'explorer le long de la direction indiquée par la flèche pour voir si un des points se trouvait sur le chemin (*3*). Le graphique de droite montre que le temps d'analyse du sujet augmente avec la distance qui existe entre les points et la flèche, ce qui montre qu'il s'agit d'un processus d'exploration de l'image.

Supposez que vous essayiez de deviner le point d'arrivée d'une boule de billard sur la table après l'avoir lancée dans une certaine direction. Même si vous ne pouvez pas faire véritablement rouler la boule sur la table, ni mettre son mouvement en équation, vous pouvez quand même imaginer ce qui pourrait arriver en suivant mentalement le déplacement de la boule et ses rebonds sur les bandes. L. Cooper et R. Shepard ont décrit des résultats semblables lors d'études sur la rotation mentale d'un objet.

Les différents niveaux du système visuel

A la lumière de ces études, il semble raisonnable de suggérer que lorsque l'imagerie mentale et la perception réelle partagent des mécanismes neuroniques communs du système visuel, l'imagerie mentale facilite les processus de perception régis par ces mécanismes. On peut dès lors chercher à déterminer le niveau le plus bas des processus visuels, où ces mécanismes communs interviennent. Si l'on conçoit par

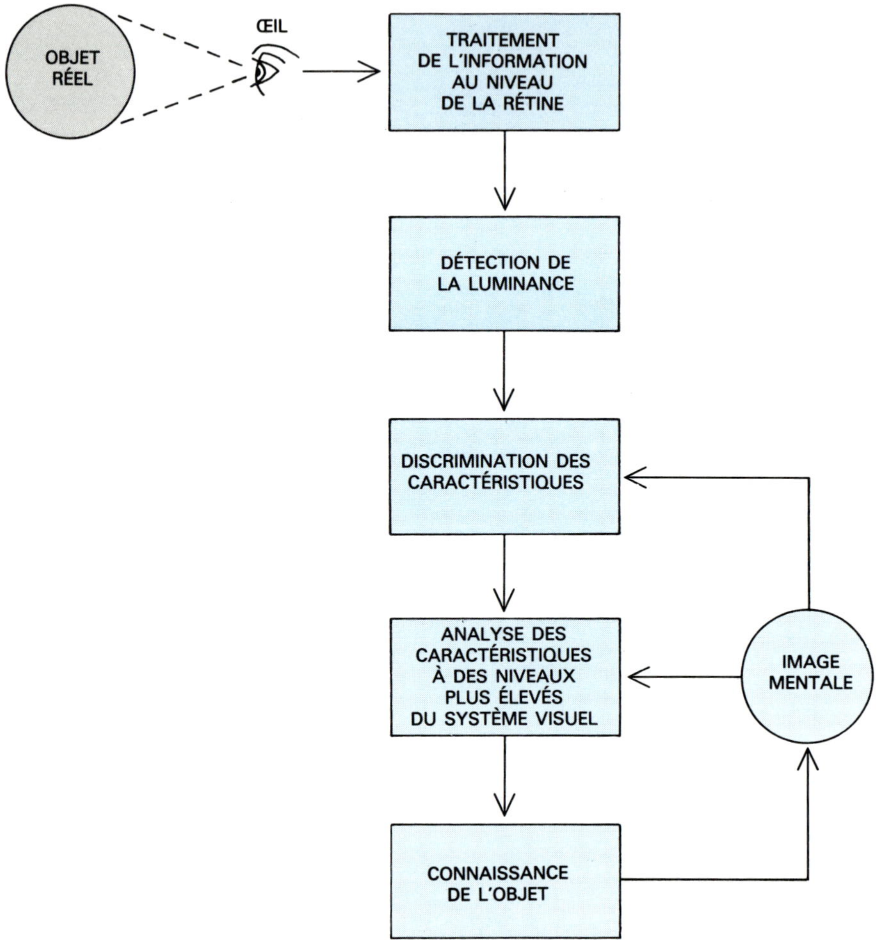

7. CE MODÈLE DE L'INFLUENCE vraisemblable de l'imagerie sur la perception visuelle résulte de nos travaux et de ceux d'autres chercheurs. La perception d'un objet est le résultat d'une activation neuronique au cours d'une des séquences de traitement d'informations du système visuel, processus qui débute au niveau rétinien. La formation d'une image qui apparaît probablement aux niveaux les plus élevés est déterminée par la connaissance que l'observateur possède des caractéristiques de l'objet. Une fois formée, une image influence vraisemblablement, à des niveaux intermédiaires, les mécanismes neuroniques responsables de la discrimination des caractéristiques ou d'autres types d'analyse plus complexes, modifiant peut-être la perception de l'objet. L'imagerie mentale n'a probablement aucune influence sur les niveaux visuels inférieurs à ceux qui sont impliqués dans la discrimination des détails.

exemple la perception visuelle d'un modèle comme une séquence ordonnée de stades de traitements d'informations s'échelonnant du niveau le plus bas jusqu'au niveau le plus élevé du système visuel, il faudrait essayer de découvrir jusqu'à quel niveau de cette séquence, la formation d'image influence les mécanismes sous-jacents.

Au niveau le plus bas, niveau de formation de l'image sur la rétine, on trouve les types de traitement d'informations les plus élémentaires et l'imagerie mentale n'a pas d'effets. L'imagerie mentale n'altère pas non plus le traitement de l'information aux niveaux précorticaux, siège des mécanismes responsables de la détection des variations de luminance ou de contraste. Ce n'est qu'aux niveaux plus élevés responsables de la reconnaissance des formes (comme dans le cortex visuel) que l'on commence à mettre en évidence l'influence des images mentales sur la perception. A des niveaux encore plus complexes, l'évidence de l'influence de l'imagerie sur la perception est manifeste.

Enfin, aux niveaux les plus élevés, les processus de perception interagissent avec des processus plus abstraits en rapport avec la connaissance et la compréhension des objets réels. A ce niveau, il convient de faire une distinction entre la forme et la fonction de l'image mentale. Lorsqu'un individu décide de créer une image mentale d'un objet particulier, il façonne l'image en fonction des données qu'il possède sur l'objet, comme sa taille, sa couleur et sa forme.

L'image une fois formée commence presque à fonctionner, comme l'objet lui-même, activant certains types de mécanismes neuroniques à des niveaux plus élémentaires du système visuel. Ainsi, ces mécanismes imposent les mêmes contraintes à la qualité de l'image mentale qu'à la qualité de la perception. L'image mentale peut donc acquérir des caractéristiques visuelles et servir à modifier la perception elle-même.

Auteurs et bibliographie

L'œil : son accommodation et son vieillissement

Jane KORETZ et George HANDELMAN enseignent tous les deux à l' Institut polytechnique de Rensselaer.

J.F. KORETZ, G.H. HANDELMAN et N.P. BROWN, *Analysis of Human Crystalline Lens Curvature as a Function of Accommodative State and Age* in *Vision Research.* vol. 24, n° 10, pp. 1141-1151, 1984.
D. Jackson COLEMAN, *On the Hydraulic Suspension Theory of Accommodation* in *Transactions of the American Ophthalmological Society,* vol. 84, pp. 846-868, 1986.
Jane F. KORETZ et George H. HANDELMAN, *Modeling Age-Related Accommodation Loss in the Human Eye* in *Mathematical Modelling,* vol. 7, pp. 1003-1014, 1986.
R. AUGUSTEYN et J. KORETZ, *A Possible Structure for α-Crystallin* in *FEBS Letters*, vol. 222, n° 1, pp. 1-5, septembre 1987.

Les cellules photoréceptrices de l'œil

Julie SCHNAPF et Denis BAYLOR ont commencé à collaborer lorsque J. SCHNAPF est entrée, après son doctorat à l'Université de Washington, dans le laboratoire de D. BAYLOR à Stanford. Elle est actuellement professeur à l'Université de Californie à San Francisco. D. BAYLOR a fait ses études de neurophysiologie à Yale ; il a fait des recherches dans les instituts américains de la santé et à l'Université de Cambridge, puis il est entré à l'École de médecine de l'Université du Colorado à Denver. Il est professeur de neurobiologie à Stanford depuis 1978.

Selig HECHT, Simon SCHLAER et Maurice Henri PIRENNE, *Energy, Quanta and Vision* in *The Journal of General Physiology,* vol. 25, n° 6, pp. 819-840, 20 juillet 1942.
D.A. BAYLOR, T.D. LAMB et K.-W. YAU, *Responses of Retinal Rods to Single Photons* in *The Journal of Physiology*, vol. 288, pp. 613-634, mars 1979.
B.J. NUNN, J.-L. SCHNAPF et D.A. BAYLOR, *Spectral Sensitivity of Single Cones in the Retina of* Macaca fascicularis, in *Nature,* vol. 309, n° 5965, pp. 264-266, 17 mai 1984.
D.A. BAYLOR, B.J. NUNN et J.L. SCHNAPF, *The Photocurrent, Noise and Sectral Sensitivity of Rods of the Monkey* Macaca fascicularis, in *The Journal of Physiology,* vol. 357, pp. 575-607, décembre 1984.

Les molécules de la vision

Lubert STRYER est professeur de biologie cellulaire à l'École de médecine de l'Université Stanford depuis 1976. De 1963 à 1969, il a enseigné la biochimie à Stanford et il occupait à la même époque la chaire de biophysique moléculaire et de biochimie à l'Université de Yale.
L. STRYER est membre de l'Académie des Sciences des États-Unis.

P. LIEBMAN et E. PUGH, *Control of Rod Disk Membrane Phosphodiesterase and a Model for Visual Transduction in Current Topics* in *Membranes and Transport,* vol. 15, pp. 157-170, 1981.
Bernard K.K. FUNG, James B. HURLEY et Lubert STRYER, *Flow of Information in the Lighttriggered Cyclic Nucleotide Cascade of Vision* in *Proceedinds of the National Academy of Sciences of the United States of America,* vol. 78, n° 1, pp. 152-156, janvier 1981.
T.M. VUONG, M. CHABRE et L. STRYER, *Millisecond Activation of Transducin in the Cyclic Nucleotide Cascade of Vision* in *Nature,* vol. 311, n° 5987, pp. 659-661, 18 octobre 1981.
Lubert STRYER, *Cyclique GMP Cascade of Vision* in *Annual Review of Neuroscience,* vol. 9, pp. 87-119, 1986.

Les gènes de la vision des couleurs

Jeremy NATHANS est assistant au Département de biologie moléculaire et de génétique de l'École de médecine de l'Université Johns Hopkins.

George WALD, *The Molecular Basis of Visual Excitation* in *Nature,* vol. 219, n° 5156, pp. 800-807, 24 août 1968.
Jeremy NATHANS, Darcy THOMAS et David S. HOGNESS, *Molecular Genetics of Human Color Vision : The Genes Encoding Blue, Green, and Red Pigments* in *Science,* vol. 232, n° 4747, pp. 193-202, 11 avril 1986.
NATHANS, T. PIANTANIDA, R. EDDY, T. SHOWS et D. HOGNESS, *Molecular Genetics of Inherited Variation in Human Color Vision* in *Science,* vol. 232, n° 4747, pp. 203-210, 11 avril 1986

L'architecture fonctionnelle de la rétine

Richard MASLAND est professeur associé de physiologie à l'École de médecine de Harvard. Il a soutenu sa thèse à l'Université McGill entre 1968 et 1971. Il a effectué des recherches en neurophysiologie à l'École de médecine de Stanford, puis il est entré à l'Hôpital général du Massachusetts. R. MASLAND y créa son propre laboratoire en 1973 et, en 1975, il devint membre de la Faculté de l'École de médecine de Harvard.

M. TAUCHI et R.H. MASLAND, *The Shape and Arrangement of the Cholinergic Neurons in the Rabbit Retina* in *Proceedings of the Royal Society of London, Series B,* vol. 223, n° 1230, pp. 101-119, 22 novembre 1984.
The Retina-From Molecules to Networks in Trends in *Neuroscience,* vol. 9, n° 5, mai 1986.

La perception visuelle du mouvement

Tomaso POGGIO et Christof KOCH étudient les mécanismes de « calcul » effectués par les machines et par les êtres vivants. T. POGGIO est professeur au Laboratoire d'intelligence artificielle du MIT et C. KOCH est professeur associé à l'Institut de technologie de Californie en tant que spécialiste des systèmes neuronaux. T. POGGIO a soutenu en 1970 une thèse de physique théorique à l'Université de Gènes, puis il a étudié le traitement de l'information dans la vision à l'Institut Max Planck de cybernétique biologique, à Tübingen. Au MIT il poursuit des recherches sur la vision au Laboratoire d'intelligence artificielle et codirige le Centre de traitement de l'information en biologie (CBPI). C. KOCH a fait des études de physique et de philosophie à l'Université de Tübingen et il a obtenu en 1982 un Ph.D, à l'Institut Max Planck de cybernétique biologique, pour des travaux effectués en collaboration avec T. POGGIO. Il a travaillé ensuite au MIT sur la vision par ordinateur et le traitement de l'information dans une cellule nerveuse isolée. C. KOCH est entré à Caltech en 1986.

H.B. BARLOW et W.R. LEVICK, *The Mechanism of Directionally Selective Units in the Rabbit's Retina* in *The Journal of Physiology,* vol. 178, n° 3, pp. 477-504, juin 1965.
V. TORRE et T. POGGIO, *A Synaptic Mechanism Possibly Underlying Directional Selectivity to Motion* in *Proceedings of the Royal Society of London, Series B,* vol. 202, n° 1148, pp. 409-416, 26 juillet 1978.
Theoretical Approaches to Neurobiology sous la direction de Werner E. Reichardt et Tomaso Poggio, The MIT Press, 1980.

La découverte du cortex visuel

Mitchell GLICKSTEIN est professeur de neurologie au Collège universitaire de Londres.

Le cerveau, Bibliothèque *Pour la Science,* 1981 . E. CLARKE et C.D. O'MALLEY, *The Human Brain and Spinal Cord : A historical Study Illustrated by Writtings from Antiquity to the Twenthieth Century,* University of California Press, 1968.
M. GLICKSTEIN et G. RIZZOLATTI, *Francesco Gennari and The Structure of the Cerebral Cortex in Trends* in *Neuroscience,* vol. 7 n° 12, pp. 464-467 décembre 1984.
M. GLICKSTEIN, *Ferrier's Mistake* in *Neuroscience,* vol. 8, n° 8, août 1985.
M. GLICKSTEIN et D. WHITTERIDGE, *Tatsuji Inouye and the Mapping of the Visual Fields in the Human Cerebral Cortex in Trends* in *Neuroscience,* vol. 10, n° 9, septembre 1987.

Les mécanismes cérébraux de la vision

David HUBEL et Torsen WIESEL ont collaboré pendant près de 30 ans à l'étude du système visuel des Mammifères et ont obtenu le prix Nobel en 1981.

David HUBEL est professeur de neurobiologie à la faculté de médecine de Harvard. Né à Windsor, au Canada, il passa sa licence et sa maîtrise à l'Université McGill. Il étudia la neurologie durant trois ans à l'Institut de neurologie de Montréal. Il vint aux États-Unis en 1954 où il passa une année en tant que neurologue permanent à l'Hôpital Johns Hopkins. L'année suivante, il entreprit des recherches en neurophysiologie à l'Institut de Recherche à Washington et, en 1958, il entra à la Faculté de physiologie de l'Université Johns Hopkins. Il travaille à la Faculté de médecine de Harvard depuis 1960.
Torsen WIESEL est professeur et président du Département de neurobiologie de l'École de médecine de Harvard. Né en Suède, il obtint sa maîtrise en 1954 à l'Institut Karolinska de Stockholm. Après y avoir passé une année en tant que chargé de cours en physiologie, il partit aux États-Unis à la Faculté de médecine de l'Université Johns Hopkins. Il est entré à l'Université de Harvard en 1959. Il travaille maintenant à la Fondation Rockefeller (New York).

V. B. MOUNTCASTLE, *Modality and Topographic Properties of Single Neurons of Cat's Somatic Sensory Cortex* in *The Journal of Neurophysiology,* vol. 20, n° 4, pp. 408-434, juillet 1957.
D. H. HUBEL et T. N. WIESEL, *Receptive Fields and Functional Architecture of Monkey Striate Cortex* in *The Journal of Physiology,* vol. 195, n° 2, pp. 215-244, novembre 1968.
D. H. HUBEL et T. N. WIESEL, *Ferrier Lecture: Functional Architecture of Macaque Monkey Visual Cortex* in *Proceedings of the Royal Society of London, Series B,* vol. 198, pp. 1-59, 1977.
David H. HUBEL, Torsten N. WIESEL et Michael P. STRYKER, *Anatomical Demonstration of Orientation Columns in Macaque Monkey* in *The Journal of Comparative Neurology,* vol. 177, n° 3, pp. 361-379, 1er février 1978.

Art, illusion et système visuel

Margaret LIVINGSTONE est professeur de neurobiologie à l'École de médecine d'Harvard.

D.H. HUBEL et T.N. WIESEL in *Proceedings of the Royal Society of London, Series B,* vol. 198, n° 1130, pp. 1-59, juillet 1977.
Margaret S. LIVINGSTONE et David H. HUBEL in *The Journal of Neuroscience,* vol. 4, n° 1, pp. 309-356, janvier 1984.
La perception visuelle, Bibliothèque *Pour la Science,* 1984.
P. BUSER et M. IMBERT, *Vision*, Paris, Hermann, 1987.
Y. GALIFRET, *Vision (physiologie).* Paris, Encyclopædia Universalis, 1986.

Les mécanismes cérébraux de l'attention visuelle

Robert WURTZ, Michael GOLDBERG et David ROBINSON travaillent au laboratoire de recherche « sensoriel-moteur » du *National Eye Institute* américain. R. WURTZ est directeur de ce laboratoire. Il a passé son doctorat en 1962 à l'Université du Michigan. De 1962 à 1965, il a été chercheur associé à l'Université de Washington. R WURTZ est entré à l'Institut Américain de la Santé (le NIH) en 1965 et a été nommé à son poste actuel en 1978. Michael GOLDBERG est directeur de la section « mécanismes neuro-ophtalmologiques fondamentaux » du laboratoire. Il a obtenu son doctorat en médecine (en 1968) à la Faculté de médecine d'Harvard. En 1969, il est entré dans l'équipe du NIH comme neurologiste. Puis il partit travailler à l'Institut de Recherche Radiologique des Forces Armées Américaines, retournant au NIH en 1978. Depuis1976, il est également professeur associé de neurologie à l'Université de Georgetown. David ROBINSON est chercheur en physiologie au Laboratoire du *National Eye Institute.* Il a obtenu son doctorat (en 1972) à l'Université de Rochester. De 1971 à 1974, il a été chercheur en neurologie à l'Institut National de la Santé Mentale, qu'il quitta pour travailler comme physiologiste à l'Institut de Recherche radiobiologique des Forces armées. Il est retourné au NIH en1978.

Robert H. WURTZ, Michael E. GOLDBERG et David Lee ROBINSON, *Behavioral Modulation of Visual Responses in the Monkey : Stimulus Selection for Attention and Movement* in *Progress in Psychobiology and Physiological Psychology,* vol. 9, pp. 43-83, 1980.
M. Catherine BUSHNELLE, Michael E. GOLDBERG et David Lee ROBINSON, *Behavioral Enhancement of Visual Responses in Monkey Cerebral Cortex, I : Modulation in Posterior Parietal Cortex Related to Selective Visual*

Attention in *Journal of Neurophysiology,* vol. 46, n°4, pp. 755-772, octobre 1981.

Les ombres et la perception des formes

Vilayanur RAMACHANDRAN est professeur de psychologie à l'Université de Californie, à San Diego.

Albert YONAS, Michael KUSKOWSKI et Susan STERNFELS, *The Role of Frames of Reference in the Development of Responsiveness to Shading* in *Child Development,* vol. 50, n° 2, pp. 495-500, juin 1979.
James T. TODD et Ennio MINGOLLA, *Perception of Surface Curvature and Direction of Illumination from Patterns of Shading* in *Journal of Experimental Psychology : Human Perception and Performance,* vol. 9, n°4, pp. 583-595, août 1983.
V.S. RAMACHANDRAN, *Perception of Shape from Shading* in *Nature.* vol. 331. n° 6152, pp. 133-166, 14 janvier 1988.

Imagerie mentale et système visuel

Ronald FINKE est assistant de psychologie à l'Université d'État de New York à Stony Brook. Après une licence de physique (1972) et une licence de psychologie (1974) effectuées à l'Université d'Austin (Texas), il obtint un doctorat de psychologie au MIT en 1979. Après des recherches ultérieures réalisées à Cornell et à Stanford, il fut nommé en 1981 assistant de psychologie à Davis (Université de Californie). R. FINKE est arrivé à Stony Brook en 1983 où il étudie l'imagerie mentale, les déformations de la mémoire visuelle et la psychologie des croyances dans les phénomènes paranormaux.

Stephen Michael KOSSLYN, *Image and Mind,* Harvard University Press, 1980.
Ronald A. FINKE, *Levels of Equivalence in Imagery and Perception* in *Psychological Review,* vol. 87, n° 2, pp. 113-132, mars 1980.
Steven PINKER, *Mental Imagery and the Third Dimension* in *Journal of Experimental Psychology : General,* vol. 109, n° 3, pp. 354-371, septembre 1980.

Références des illustrations

pp. 19, 26 Patricia N. Farnsworth, University of Medicine and Dentistry of New Jersey in Newark ❒ pp. 21, 23, 24 Carol Donner ❒ p. 22 from Tissues and organs : a Text-Atlas of Scanning Electron Microscopy, by Richard G. Kessel et Randy H. Kardon, © 1979 W.H. Freeman and Company ❒ p. 25, 28 Jane F. Koretz ❒ p. 31 Scott Mittman et Maria T. Maglio ❒ pp. 36 à 39, et 46 Alan D. Iselin ❒ p. 40 Julie Schnapf et Denis A. Baylor ❒ p. 40 Carol Donner ❒ p. 44 Tom Prentiss ❒ p. 47 Luber Stryer ❒ pp. 45, 49, 50, 45, 54, 55 George V. Kelvin, Science Graphics ❒ pp. 58 Bruce Coleman Inc. Nicholas de Vore III ❒ pp. 60, 62, 63, 65, 67 George Kelvin ❒ pp. 70, 75(milieu et bas), 79 Richard H. Masland ❒ p. 72 Julie H. Sandell ❒ pp. 73, 74, 75 (haut), 76, 77, 77, 79, 80, 81 Alan D. Iselin ❒ pp. 83 Ramon F. Dacheux et Elio Raviola ❒ p. 87 Frank R. Amthor, Clyde W. Oyster et Ellen S. Takahashi, University of Alabama ❒ p. 87, 89, 90, 92 Alan D. Iselin ❒ p. 94 James Kilkelly ❒ p. 98 Wellcome Institute Library, London ❒ p. 100 C. Donner ❒ p. 105 Print courtesy of the New York Public Library, Astor, Lenox and Tilden Foundations gift of D. Keene, photograph by R. Rubic ❒ pp. 109, 111, 115, 116, 118 (haut), 120 (bas) 121, 124, 128 David H. Hubel et Torsten N. Wiesel ❒ pp. 122, 113, 117, 118 (bas), 120 (haut), 122, 124, 127 Alan D. Iselin ❒ pp. 132, 142 Patricia J. Wynne ❒ pp. 139, 134 (bas) Margaret S. Livingstone ❒ pp. 134 (haut), 140 Richard MacDonald ❒ p. 138 David H. Hubel ❒ p. 137 The Bettmann Archive ❒ p. 141 The Baltimore Museum of Art : The Cone Collection, formed by Dr Claribel Cone and Miss Etta Cone of Baltimore, Md ❒ p. 146 Caroline Keating, Colgate University, et Gregory Keating, Upsate Medicale center à Syracuse, State University of New York ❒ pp. 147, 148, 155 Patricia Wynne ❒ p. 151 Richard Jung, University of Freiburg ❒ pp. 158, 159, 160, 161, 162 (milieu, droite) G. Kelvin ❒ p. 162 (gauche) R. James ❒ pp. 163, 164, 166, 167, G. Kelvin ❒ pp. 171, 173, 174 , 178, 179, 180 Jerome Kuhl ❒ p. 176 Stephen Cass.

Imprimerie Moderne de l'Est - 25-Baume-les-Dames
Dépôt légal : Octobre 1990
N° édition : 1843-01 - N° impression : 7777
Imprimé en France